MATLAB 在自动控制中的应用

吴晓燕　张双选　编著

西安电子科技大学出版社

内 容 简 介

本书以 MATLAB 在自动控制中的应用为主线，全面、系统地介绍了应用 MATLAB 7.1 进行控制系统建模、仿真、分析与设计的原理和方法。本书主要内容包括 MATLAB 入门及常用功能，控制系统数学模型的建立及转换，控制系统分析与设计，基于 Simulink 6.3 的控制系统建模与仿真，反馈控制系统分析与设计工具等。在这些内容的基础上，本书还给出了许多精心设计的实例以及 MATLAB 的典型应用案例。

本书可作为高等院校自动化专业本科生的教材或参考书，还可作为研究生、教师和科技工作者的参考书。

图书在版编目(CIP)数据

MATLAB 在自动控制中的应用/吴晓燕等编著.
—西安：西安电子科技大学出版社，2006.9(2024.3 重印)
ISBN 978 - 7 - 5606 - 1695 - 7

Ⅰ. M… Ⅱ. 吴… Ⅲ. 自动控制系统－计算机辅助计算－软件包，MATLAB
Ⅳ. TP273

中国版本图书馆 CIP 数据核字(2006)第 066503 号

策　　划　臧延新　陈宇光
责任编辑　阎　彬　臧延新　陈宇光
出版发行　西安电子科技大学出版社(西安市太白南路 2 号)
电　　话　(029)88202421　88201467　　邮　编　710071
网　　址　www. xduph. com　　　　电子邮箱　xdupfxb001@163. com
经　　销　新华书店
印刷单位　广东虎彩云印刷有限公司
版　　次　2006 年 9 月第 1 版　　2024 年 3 月第 7 次印刷
开　　本　787 毫米×1092 毫米　1/16　印张 22.75
字　　数　538 千字
定　　价　46.00 元
ISBN 978 - 7 - 5606 - 1695 - 7 / TP
XDUP 1987001 - 7

＊ ＊ ＊如有印装问题可调换＊ ＊ ＊

前　言

MATLAB 最初主要用于矩阵数值的计算，随着它的版本的不断升级，其功能越来越强大，应用范围也越来越广阔。如今，MATLAB 已经发展成为国际上非常流行的科学与工程计算语言之一，它使用方便、输入简捷、运算高效、内容丰富，是高等院校理工科教学和科研中常用且必不可少的工具之一，掌握MATLAB 已经成为相关专业大学生、研究生和教师的必备技能。

MATLAB 在我国的应用已有十多年的历史，而自动控制则是其最重要的应用领域之一，自动控制系统的建模、分析、设计及应用等都离不开 MATLAB的支持。本书作者长期从事自动控制理论课程的教学，从 MATLAB 4.0 开始，就一直将其应用于教学和科研工作中。在多年的教学与科研实践中，作者深深感到，对于自动化专业的本科生来说，MATLAB 是一种必须掌握的现代计算工具，由此萌发了编写本书的想法。

本书内容取自作者多年来为本科生讲授"控制系统 CAD"、"控制系统数字仿真"等课程的讲义以及本科生的课程设计和毕业设计，并经过作者进一步的充实与提炼，在 MATLAB 7.1/Simulink 6.3 的基础上编写而成。本书具有以下特点：

(1) 与自动控制理论课程衔接紧密，内容全面广泛，例题丰富，实用性强。

(2) 突出了应用 Simulink 进行控制系统建模、仿真与分析的内容。

(3) 系统地介绍了基于 MATLAB 的反馈控制系统分析与设计实用工具。

(4) 提供了 MATLAB 应用的典型案例。

全书共分为 7 章。第 1 章是 MATLAB 简介，介绍 MATLAB 的特点及概况，使读者对 MATLAB 有一个概略的了解；第 2 章介绍 MATLAB 的基本使用方法及常用功能，如 MATLAB 的基本操作、数值运算与符号运算、图形表达功能以及程序设计基础等，本章内容是后续章节的基础；第 3 章介绍应用MATLAB 建立和转换控制系统数学模型的方法，涉及的数学模型包括线性定常系统的传递函数（或传递函数矩阵）、脉冲传递函数以及状态空间表达式，本章内容为控制系统的分析与设计打下基础；第 4 章介绍应用 MATLAB 进行控制系统分析与设计的方法；第 5 章介绍基于 Simulink 的控制系统建模与仿真，读者可以在本章领略 Simulink 的强大功能；第 6 章介绍 MATLAB 的反馈控制系统分析与设计工具；第 7 章介绍 MATLAB 应用案例。本书附录 A 介绍 MATLAB Notebook 与 Microsoft Word 的连接方法，附录 B 为缩略词表。

本书第 1、2、5 章和 6.3、7.4 节由吴晓燕编写，第 3、4 章和 6.1、6.2、7.1～7.3 节及附录由张双选编写，周延延为本书的编写做了许多工作。本书由吕辉教授主审，他仔细阅读了书稿，并提出了许多有益的建议，在此表示衷心的感谢。

本书在编写过程中参考了大量的资料和文献，由于篇幅所限，没有全部列入参考文献，我们对这些资料的作者深表谢意。

由于作者水平有限，难免有错漏之处，敬请读者批评指正。欢迎读者通过作者的电子信箱 x_ywu@126.com 和 sx-zh@126.com 与作者联系。

作　者
2006 年 5 月

目 录

第1章 MATLAB 简介

1.1 概　　述

MATLAB 是 **MAT**rix **LAB**oratory(矩阵实验室)的缩写,是由美国 The MathWorks 公司于 1984 年推出的一种科学与工程计算语言。20 世纪 80 年代初,MATLAB 的创始人 Cleve Moler 博士在美国 New Mexico 大学讲授线性代数课程时,构思并开发了 MATLAB。该软件一经推出,就备受青睐和瞩目,其应用范围也越来越广阔。后来,Moler 博士等一批数学家与软件专家组建了 The MathWorks 软件开发公司,专门扩展并改进 MATLAB。这样,MATLAB 就于 1984 年推出了正式版本,到 2005 年,MATLAB 已经发展到了 7.1 版。

与其他计算机语言相比较,MATLAB 具有其独树一帜的特点:

(1) 简单易学。尽管 MATLAB 是一门编程语言,但与其他语言(如 C 语言)相比,它不需要定义变量和数组,使用更加方便,并具有灵活性和智能化特色。用户只要具有一般的计算机语言基础,很快就可以掌握它。

(2) 代码短小高效。MATLAB 程序设计语言集成度高,语句简洁,往往用 C/C++等程序设计语言编写的数百条语句,若使用 MATLAB 编写,几条或十几条语句就能解决问题,而且程序可靠性高,易于维护,可以大大提高解决问题的效率和水平。

(3) 功能丰富,可扩展性强。MATLAB 软件包括基本部分和专业扩展部分。基本部分包括矩阵的运算和各种变换、代数与超越方程的求解、数据处理及数值积分等,可以充分满足一般科学计算的需要。专业扩展部分称为工具箱(Toolbox),用于解决某一方面和某一领域的专门问题。MATLAB 的强大功能在很大程度上都来源于它所包含的众多工具箱。大量实用的辅助工具箱适合具有不同专业研究方向及工程应用需求的用户使用。

(4) 强大的图形表达功能。MATLAB 提供了丰富的图形表达函数,可以用最直观的语句将实验数据或计算结果用图形的方式显示出来,并可以将一些难以表示出来的隐函数直接用曲线绘制出来,不仅可以方便、灵活地绘制一般的二维、三维图形,还可以绘制工程特性较强的特殊图形。MATLAB 还允许用户用可视化的方式编写图形用户界面(Graphical User Interface,GUI),其难易程度与 Visual Basic 相仿,从而使用户可以容易地应用 MATLAB 编写通用程序。

(5) 强有力的系统仿真功能。应用 MATLAB 最重要的软件包之一——Simulink 提供的面向框图的建模与仿真功能,可以很容易地构建动态系统的仿真模型,准确地进行仿真分析。Simulink 模块库的模块集允许用户在一个 GUI 框架下对含有控制环节、机械环节和电子/电机环节的系统进行建模与仿真,这是目前其他计算机语言无法做到的。

正是因为 MATLAB 具有这些特点，因而风靡全球，不仅成为国际上最受欢迎的科学与工程计算软件之一，而且成为国际上最流行的控制系统计算机辅助设计的工具。很多国际控制界的名流以及相应领域的著名专家都将自己擅长的控制理论及计算机辅助设计（Computer Aided Design，CAD）方法用 MATLAB 加以实现，编写了大量的控制理论及 CAD 应用工具箱（即控制理论与 CAD 应用程序集），这不仅大大提高了 MATLAB 的声誉与可信度，而且也进一步促进了 MATLAB 的普及与应用。

现在的 MATLAB 已经不仅仅是一个"矩阵实验室"了，它已经成为一种具有广阔应用前景的全新的计算机高级编程语言。特别是图形交互式仿真环境——Simulink 的出现，为 MATLAB 的应用拓展了更加广阔的空间。目前，MATLAB 不仅流行于控制界，而且在系统仿真、信号分析与处理、通信与电子工程、雷达工程、虚拟制造、生物医学工程、语音处理、图像信号处理、计算机技术以及财政金融等领域中也都有着极其广泛的应用。可以毫不夸张地说，掌握了 MATLAB 就好比拥有了开启这些专业领域大门的钥匙。

图 1.1 为 MATLAB 及其产品系列示意图。

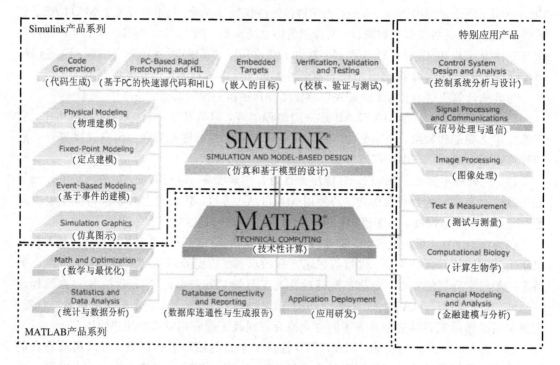

图 1.1　MATLAB 及其产品系列示意图

MATLAB 是美国和其他发达国家大学教学和科学研究中最常用且必不可少的工具。同时，在国外的大学工科院校中，尤其是在数值计算应用最为频繁的电子信息类学科中，它已成为每个学生都应掌握的工具之一。使用 MATLAB 后，大大提高了课程教学、作业解题和分析研究的效率。近年来，MATLAB 在国内的知名度也越来越高，已被广泛地应用于教学和科研的许多领域，并逐渐成为国内一些高校的本科生必须学习和掌握的工具之一。

本章基于 MATLAB 7.1 版，对 MATLAB 作以简要介绍，希望能为读者学习和掌握 MATLAB 起到引导作用。

1.2 桌 面 启 动

MATLAB 7.1 版含有大量的交互工作界面，包括通用操作界面、工具包专用界面、帮助界面及演示界面等。所有这些交互工作界面按一定的次序和关系被链接在称为"MATLAB 桌面(Desktop)"的一个高度集成的工作界面中。图 1.2 为缺省的 MATLAB 7.1 桌面。桌面的上层铺放着三个最常用的界面(或窗口)，即：命令窗口(Command Window)、命令历史(Command History)窗口及当前目录(Current Directory)浏览器。缺省情况下，还有一个只能看到窗口名称的工作空间(Workspace)浏览器，它被铺放在桌面下层。

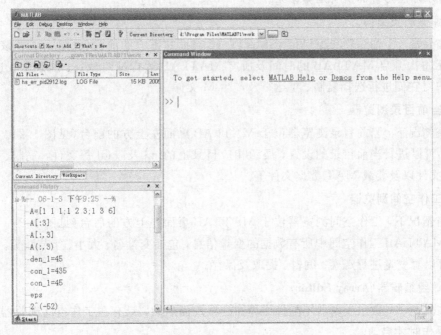

图 1.2　缺省的 MATLAB 7.1 桌面

通常，启动 MATLAB 桌面主要采用以下两种方法。

方法一：在 Windows 桌面上，用鼠标左键双击 MATLAB 的快捷方式图标，系统就会进入 MATLAB 的工作环境，首先出现 MATLAB 的标志图形，接着打开 MATLAB 桌面，如图 1.2 所示。采用这种方式打开的 MATLAB 桌面以 matlab71\work 为当前目录。

注意，在 MATLAB 成功安装后，会在 Windows 桌面上自动生成 MATLAB 的快捷方式图标。而且，MATLAB 桌面上窗口的多少与设置有关，图 1.2 所示的桌面为缺省情况，前台有三个窗口。

方法二：用鼠标左键双击 matlab71\bin\win32 文件夹中的 MATLAB. exe(其图标是　)，也会打开类似于图 1.2 所示的 MATLAB 桌面。方法二与方法一的惟一区别是，采用这种方式打开的 MATLAB 桌面以 matlab71 文件夹为当前目录。

建议读者优先采用"方法一"启动 MATLAB。

1.3　通用操作界面简介

MATLAB 通用操作界面是 MATLAB 交互工作界面的重要组成部分，涉及内容很多，本节仅简要介绍最基本和最常用的八个交互工作界面，其中一些交互工作界面的基本操作方法将在 2.2 节详细介绍。

1. 命令窗口

缺省情况下，命令窗口位于 MATLAB 桌面的右侧（见图 1.2），是用户与 MATLAB 进行人机对话的最主要环境。在该窗口内，可输入各种由 MATLAB 运行的命令、函数、表达式，显示除图形外的所有运算结果。

2. 命令历史窗口

缺省情况下，命令历史窗口位于 MATLAB 桌面左下方的前台（见图 1.2）。该窗口记录并显示每次开启 MATLAB 的时间及所有 MATLAB 运行过的命令、函数及表达式等，允许用户对它们进行选择复制、重运行及产生 M 文件。

3. 当前目录浏览器

缺省情况下，当前目录浏览器位于 MATLAB 桌面左上方的前台（见图 1.2）。在该浏览器中，可以进行当前目录的设置，展示相应目录上的 .m 及 .mdl 等文件，复制、编辑和运行 M 文件以及装载 MAT 数据文件等。

4. 工作空间浏览器

缺省情况下，工作空间浏览器位于 MATLAB 桌面左上方的后台（见图 1.2）。该窗口列出了 MATLAB 工作空间中所有数据的变量信息，包括变量名、大小、字节数等。在该窗口中，可以对变量进行观察、编辑、提取及保存。

5. 数组编辑器（Array Editor）

缺省情况下，数组编辑器不随操作界面的出现而启动，只有在工作空间浏览器中对变量进行操作时才启动。

6. 开始（Start）按钮

启动 MATLAB 后，在 MATLAB 桌面的左下角可以看到一个图标 Start（见图 1.2），这是在 MATLAB 6.5 及以后版本中新增加的开始按钮。用鼠标左键单击该按钮之后会出现 MATLAB 的现场菜单，见图 1.3。该菜单的菜单子项列出了已安装的各类 MATLAB 组件和桌面工具。

7. M 文件编辑/调试器（Editor/Debugger）

缺省情况下，该编辑/调试器不随操作界面的出现而启动，只有当进行"打开文件"等操作时，该编辑/调试器才启动。详细介绍见 2.2 节。

8. 帮助导航/浏览器（Help Navigator/Browser）

缺省情况下，该浏览器并不随操作桌面的出现而启动，只有在特意选择或设置的情况下，才以独立交互界面的形式出现。该浏览器详尽展示了由超文本写成的在线帮助。

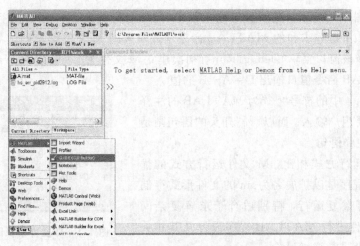

图 1.3　单击 Start 按钮后的 MATLAB 桌面

1.4　运 行 方 式

MATLAB 提供了两种运行方式，即命令行方式和 M 文件方式。

1. 命令行运行方式

可以通过在 MATLAB 命令窗口中输入命令行来实现计算或绘图功能。

【例 1.1】　已知矩阵 $A = \begin{bmatrix} 5 & 6 \\ 7 & 8 \end{bmatrix}$，$B = \begin{bmatrix} 1 & 2 \\ 3 & 4 \end{bmatrix}$，完成矩阵求和运算 $A + B$。

【解】　在 MATLAB 命令窗口输入下述内容：

>> A=[5 6；7 8]；
>> B=[1 2；3 4]；
>> C=A+B

按下"回车"键后，在 MATLAB 命令窗口显示运行结果如下：

C=

　6　　8
　10　12

说明：本例中每个命令行行首的符号"＞＞"是命令输入提示符，它不需要用户输入，而由 MATLAB 自动生成。

2. M 文件运行方式

命令行运行方式实际上也是 MATLAB 语言的一种程序编制方式，即在 MATLAB 命令窗口中逐行输入命令（也称为程序），计算机每次对一行命令做出反应。但这种方式只能编写简单的程序，作为入门学习可以采用。若程序较为复杂，就应该把程序写成一个由多行命令组成的程序文件，即程序扩展名为.m 的 M 文件，让 MATLAB 语言执行这个文件。而编写和修改这种文件程序就要用到 M 文件编辑/调试器。

在 MATLAB 命令窗口中选择菜单"File | New | M-File"，即可打开一个缺省名为Untitled.m的 M 文件编辑/调试器窗口（即 M 文件输入运行界面），亦称 M 文件窗口或文

本编辑器，如图 1.4 所示。在该窗口输入程序（即命令行的集合），可以进行调试或运行。例如，可将例 1.1 矩阵求和的 MATLAB 命令全部输入到 M 文件编辑调试器窗口中（见图 1.4），然后选择该窗口菜单"Debug|Run"（初次建立 M 文件为"Debug|Save and Run"），同样会在 MATLAB 命令窗口输出 C＝A＋B 的值。

说明：图 1.4 中的符号"％"为 MATLAB 的注释标点符，它需要用户输入。而以"％"开头的语句则是 MATLAB 的注释语句。

与命令行运行方式相比，M 文件运行方式的优点是所编写的程序是以扩展名为 .m 的文件形式存储的，可调试，可重复运行，特别适合于求解复杂问题。应用 M 文件进行 MATLAB 程序设计及其相关问题将在 2.7 节进行详细讨论。

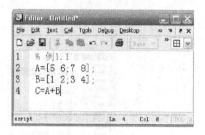

图 1.4　M 文件编辑调试器窗口

1.5　图　形　窗　口

在 MATLAB 命令窗口中选择菜单"File|New|Figure"，或在命令窗口中输入"figure"或其他绘图命令，即可打开 MATLAB 的图形窗口，如图 1.5 所示。MATLAB 的绘图都在这样一个图形窗口中进行。如果想再创建一个图形窗口，则可再输入"figure"，MATLAB 就会新建一个图形窗口，并自动给它依次排序。

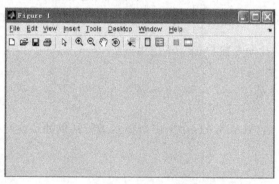

图 1.5　MATLAB 的图形窗口

1.6　帮　助　系　统

MATLAB 的帮助系统包括命令行帮助、联机帮助和演示帮助。

1. 命令行帮助

命令行帮助是一种"纯文本"帮助方式。MATLAB 的所有命令、函数的 M 文件都有一个注释区。在该区中，用纯文本形式简要地叙述了该函数的调用格式和输入、输出变量的含义。该帮助内容最原始，但也最真切可靠。每当 MATLAB 不同版本中的函数文件发生变化时,该纯文本帮助也跟着同步变化。所以,纯文本帮助具有独特的作用。

利用"help"命令,即在 MATLAB 命令窗口中运行"help",就可以获得命令行帮助。

【例 1.2】 命令行帮助实例。

【解】

(1) 运行"help"(直接在 MATLAB 命令窗口中输入"help"),则显示的帮助信息将列出所有函数类别及工具箱的名称和功能。

在 MATLAB 命令窗口中输入:

```
>> help
```

运行结果为:

```
HELP topics

matlab\general        - General purpose commands.

matlab\ops            - Operators and special characters.

matlab\lang           - Programming language constructs.

matlab\elmat          - Elementary matrices and matrix manipulation.

matlab\elfun          - Elementary math functions.
    ⋮
```

注意:为减少篇幅,所给出的运行结果省略了部分内容,以下类同。

(2) 运行"help help",将得到如何使用"help"的说明。

在 MATLAB 命令窗口中输入:

```
>> help help
```

运行结果为:

```
HELP Display help text in Command Window.

    HELP, by itself, lists all primary help topics. Each primary topic

    corresponds to a directory name on the MATLABPATH.
        ⋮
```

(3) 若在 help 命令后面添加工具箱名,则可以获得该工具箱中各种类别函数的名称和功能说明。例如,运行 help control,将获得控制系统工具箱中各种类别函数的名称和功能说明。

在 MATLAB 命令窗口中输入:

```
>> help control
```

运行结果为:

```
Control System Toolbox

    Version 6.2.1 (R14SP3) 26-Jul-2005

    General.

    ctrlpref          - Set Control System Toolbox preferences.

    ltimodels         - Detailed help on the various types of LTI models.

    ltiprops          - Detailed help on available LTI model properties.
        ⋮
```

(4) 若在 help 命令后面添加函数名,则可以获得该函数的具体使用方法。如运行"help rank",即可以获得矩阵求秩函数的具体用法。

在 MATLAB 命令窗口中输入：

>> help rank

运行结果为：

RANK Matrix rank.

　　RANK(A) provides an estimate of the number of linearly

　　independent rows or columns of a matrix A.

　　RANK(A, tol) is the number of singular values of A

　　that are larger than tol.

　　RANK(A) uses the default tol＝max(size(A)) * eps(norm(A)).

　　⋮

2. 联机帮助（帮助导航/浏览器）

联机帮助由 MATLAB 的帮助导航/浏览器完成。该浏览器是 MATLAB 专门设计的一个独立帮助子系统，由帮助导航器（Help Navigator）和帮助浏览器（Help Browser）两部分组成，见图 1.6。构成这个子系统的文件全部存放在 matlab71\help 目录下，与 M 文件完全无关。该帮助子系统对 MATLAB 功能的叙述系统、丰富、详尽，而且界面十分友好、方便，随版本的更新速度也快，是寻求帮助的主要资源之一。

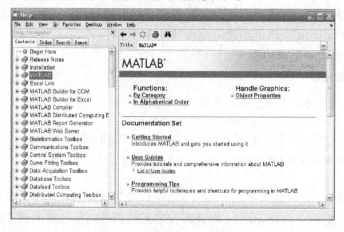

图 1.6　帮助导航/浏览器界面

打开图 1.6 的帮助导航/浏览器的方法有以下几种：

（1）在 MATLAB 命令窗口中运行命令"helpbrowser"或"helpdesk"。

（2）在 MATLAB 桌面上，用鼠标左键单击工具栏图标 ，或选择菜单"Help|MATLAB Help"。

（3）在 MATLAB 各独立出现的交互窗口中，选择菜单"Help|MATLAB Help"。

3. 演示帮助

MATLAB 及其工具箱都有很好的演示程序，即 Demos，其交互界面如图 1.7 所示。这组演示程序由交互界面引导，操作非常方便。通过运行这组程序，对照屏幕上的显示，仔细研究实现演示的 M 文件，无论是对 MATLAB 的初学者还是对老用户来说，都是十分有益的。该演示程序的示范作用独特，是包括 MATLAB 用户指南在内的有关书籍所不能替代的。对于想学习和掌握 MATLAB 的人来说，不可不看这组演示程序。但对初学者来说，则不必急于求成去读那些太复杂的程序。

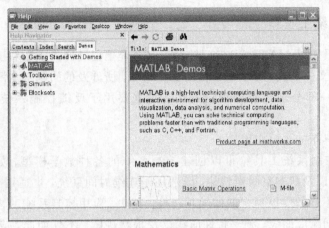

图 1.7 演示帮助(Demos)界面

运行演示程序主要有以下两种方法：

(1) 在 MATLAB 命令窗口中运行命令"demos"。

(2) 在 MATLAB 命令窗口中选择菜单"Help|Demos"。

4. Web 帮助

MATLAB 具有非常丰富的网络资源，其 Internet 网址为：

> http://www.mathworks.com

这是 The MathWorks 公司的官方网站。从该网站不仅可以了解 MATLAB 的最新动态，也可以找到相关 MATLAB 的书籍介绍、MATLAB 的使用建议、常见问题解答及其他 MATLAB 用户提供的应用程序等。

由此可见，丰富的帮助资源以及获取帮助的方法使得学习和使用 MATLAB 变得更加容易。

5. PDF 帮助

MATLAB 还以便携式文档格式(Portable Documentation Format，PDF)的形式提供了详细的 MATLAB 使用文档，用户可从 The MathWorks 公司的官方网站下载。

1.7 工 具 箱

MATLAB 的工具箱分为辅助功能性工具箱和专业功能性工具箱。前者用来扩充 MATLAB 内核(即 MATLAB 的核心内容)的各种功能，如符号计算工具箱(Symbolic Math Toolbox)等；后者则是由不同领域的知名专家、学者编写的针对性很强的专业性函数库，如控制理论系统工具箱(Control System Toolbox)等。

目前，MATLAB 已拥有适用于不同专业类别的六十多个工具箱，可以解决数学和工程领域的绝大多数问题。而用于解决控制领域问题的工具箱就不下 10 个，这里，仅对其中一部分给予简要介绍。

需要说明的是，用户在使用某个工具箱时，必须确保该工具箱已安装在 MATLAB 中，否则将不能正常使用该工具箱。

1.7.1 控制系统工具箱

控制系统工具箱是 MATLAB 专门针对控制系统工程设计的函数和工具的集合。该工具箱主要采用 M 文件形式,提供了丰富的算法程序,所涉及的问题基本涵盖了经典控制理论的全部内容和一部分现代控制理论的内容,主要用于反馈控制系统的建模、分析与设计。

控制系统工具箱的主要作用如下:

首先,应用控制系统工具箱可以创建控制系统的各种数学模型,如传递函数模型、零/极点增益模型以及状态空间模型等,既适用于连续时间系统,也适用于离散时间系统,并且还可以实现不同数学模型之间的相互转换。其次,应用控制系统工具箱能够轻松地绘制控制系统的时间响应曲线、频率特性曲线以及根轨迹图。不仅如此,应用控制系统工具箱中的控制系统设计函数,还能够快速完成系统的极点配置、二次型最优控制器的设计等。尤其是 MATLAB 自身提供的开放式环境,还可以让用户通过编写 M 文件,建立自己的控制模型和控制算法。

1.7.2 Simulink

Simulink 是用来进行建模、分析和仿真各种动态系统的一种交互环境,它提供了采用鼠标拖放的方法建立系统框图模型的图形交互平台。通过 Simulink 模块库提供的各类模块,可以快速地创建动态系统的模型。同时,Simulink 还集成了状态流(Stateflow),用来进行复杂事件驱动系统逻辑行为的建模与仿真。另外,Simulink 也是实时代码生成工具(Real-Time Workshop,RTW)的支撑平台。

Simulink 的主要功能如下。

1. 交互建模

Simulink 模块库提供了大量的、功能各异的模块,可以方便用户快速地建立动态系统模型。建模时只需使用鼠标拖放 Simulink 模块库中的模块,并将它们连接起来即可。

2. 交互仿真

Simulink 提供了交互性很强的仿真环境,可以通过下拉菜单执行仿真,或使用命令进行批处理。仿真结果可以在运行的同时通过示波器(一种输出显示/观测装置)或图形窗口查看。

3. 扩充和定制

Simulink 的开放式结构允许用户扩展仿真环境的功能,即可以用 MATLAB、Fortran 或 C 语言代码等生成自定义模块库,并拥有自己的图标和界面,还可以将原有的 Fortran 或 C 语言代码连接起来。

4. 与 MATLAB 和工具箱集成

由于 Simulink 可以直接利用 MATLAB 的数学、图形和编程功能,因此用户可以直接在 Simulink 下完成诸如数据分析、过程自动化、优化参数等工作。MATLAB 工具箱提供的高级设计和分析能力可以通过 Simulink 的屏蔽手段在仿真过程中执行。

1.7.3 其他解决控制领域问题的工具箱

除了控制系统工具箱之外，The MathWorks 公司还在 MATLAB 中集成了控制系统分析和设计的其他相关工具箱和软件包。这些工具箱有些是控制系统工具箱的补充，有些是独立的软件包，主要以控制系统为研究对象。

借助这些工具箱和软件包，用户可以完成诸如系统辨识、系统建模、系统仿真以及鲁棒控制、模糊控制和神经网络控制等控制系统建模、分析与设计任务。这些工具箱所包含的内容几乎涉及到现代控制理论与智能控制理论的所有内容。这里，仅简要介绍其中一些工具箱。

1. 系统辨识工具箱（System Identification Toolbox）

系统辨识工具箱基于预先测试得到的输入、输出数据来建立动态系统的线性模型，可以使用时域或频域技术对单通道数据或多通道数据进行模型辨识。利用该工具箱可以对一些不容易用数学方法描述的复杂动态系统建立数学模型，例如发动机系统、飞行动力学系统及机电系统等。

2. 模糊逻辑工具箱（Fuzzy Logic Toolbox）

模糊逻辑工具箱利用基于模糊逻辑的系统设计工具扩展了 MATLAB 的科学计算。通过图形用户界面，可以完成模糊推理系统设计的全过程。该工具箱中的函数提供了多种通用的模糊逻辑设计方法，可以利用简单的模糊规则对复杂的系统行为进行建模，然后将这些规则应用于模糊推理系统。

3. 鲁棒控制工具箱（Robust Control Toolbox）

鲁棒控制工具箱提供了分析和设计具有不确定性的多变量反馈控制系统的工具与函数。应用该工具箱，可以建立包含不确定性参数和不确定性动力学的线性定常（Linear Time-Invariant，LTI）系统模型，分析系统的稳定裕度及最坏性能，确定系统的频率响应，设计针对不确定性的控制器。该工具箱还提供了许多先进的鲁棒控制理论分析与综合的方法，例如 H_2 控制、H_∞ 控制、线性矩阵不等式（Linear Matrix Inequalities，LMI）以及 μ 综合鲁棒控制等。

4. 模型预估控制工具箱（Model Predictive Control Toolbox）

模型预估控制工具箱用于设计、分析和仿真基于 MATLAB 建立的或由 Simulink 线性化所得到的对象模型的模型预估控制器。该工具箱提供了所有与模型预估控制系统设计相关的主要特性。

本书将重点介绍控制系统工具箱和 Simulink 软件包。

1.8 安装和内容选择

与一般的应用软件相同，当 MATLAB 光盘插入光驱后，会自启动"安装向导"并开始安装。安装过程中出现的所有界面都是标准的，读者只要按照屏幕提示操作，如输入用户名、单位名及口令等即可。

在安装过程中，需要选择 MATLAB 组件。MATLAB 软件光盘包含很多工具包，它们有些是通用的，有些则专业性很强。对一般用户来说，这些组件不必全部安装（即默认安装），而应根据需要有所选择，否则安装的组件将占据很多硬盘空间。表 1.1 描述了 MATLAB 各组件的功用，供读者选择时参考。

表 1.1　MATLAB 各组件的功用

分　类	组 件 名 称	功　用
必须选择的本原性组件	MATLAB	MATLAB 最核心的部分。没有它，就没有 MATLAB 环境。有了它，就可以对除符号类数据以外的各类数据进行操作、运算和可视化
最常选的通用性工具包组件	Symbolic Math Toolbox	符号类数据的操作和计算
其他通用性工具包组件	Simulink	不用编写程序，利用系统框图实现建模和仿真；主要研究用确定型数学模型（如微分方程、传递函数、结构图及差分方程等）描述的动态系统
其他通用性工具包组件	Optimization Toolbox	包含求函数零点、极值、动态规划等优化程序
其他通用性工具包组件	MATLAB Compiler	将 MATLAB 的 M 文件编译成 DLL 文件或 EXE 独立应用程序
其他通用性工具包组件	MATLAB C/C++ Math Library	与 MATLAB Compiler 配合使用
其他通用性工具包组件	MATLAB C/C++ Graphic Library	与 MATLAB Compiler 配合使用
常用专业性工具包组件	Control System Toolbox	解决控制领域问题的最基本的工具箱。对于其他解决控制问题的工具箱，用户可根据需要选择
常用专业性工具包组件	Signal Processing Toolbox	MATLAB 信号处理中的基本工具包
常用专业性工具包组件	Spline	内含样条和插值函致
常用专业性工具包组件	Statistics	包含进行复杂统计分析所需的程序
其他专业性工具包组件	Stateflow	与 Simulink 配合使用。主要用于较大型、复杂的（离散事件）动态系统的建模、分析及仿真
	⋮	⋮

第 2 章　MATLAB 基本使用方法及常用功能介绍

正如第 1 章所述，MATLAB 简单易学，功能强大。本章将在第 1 章的基础上，介绍 MATLAB 的基本使用方法及常用功能，内容包括：MATLAB 的基本操作、数值运算与符号运算、图形表达功能以及程序设计基础等。通过本章的学习，读者可掌握 MATLAB 的基本使用方法，了解和熟悉各种科学计算及绘图功能，学会程序设计方法，为控制系统的建模、分析与设计打下基础。

2.1　应　用　基　础

2.1.1　最简单的计算器使用方法

MATLAB 的基本特性之一就是其演草纸式的数学运算功能，用户可以在命令窗口中随心所欲地进行各种数学演算，就如同在草稿纸上进行算术运算一样方便。

【例 2.1】　求算术运算 $[9\times(10-1)+19]\div 2^2$ 的结果。

【解】

(1) 在 MATLAB 命令窗口中输入：

>> (9 * (10-1)+19)/2^2

(2) 在上述表达式输入完成后，按"回车"键，该命令被执行。

(3) 在命令执行后，MATLAB 命令窗口中将显示下述结果：

ans=

　　25

说明：① 在全部输入一个命令行内容后，必须按下回车键，该命令才会被执行。但注意，无需在命令行的末尾处执行此操作，在一个命令行中的任一处均可执行此项操作。

② 命令行行首的符号">>"是命令输入提示符，如前所述，它由 MATLAB 自动产生，用户不必输入。

③ MATLAB 的运算符号(如＋、－、＊、/等)都是各种计算程序中常见的习惯符号，且运算符号均为西文字符，不能在中文状态下输入。

④ 本例计算结果显示中的"ans"是英文"answer"的缩写，其含义是"运算答案"，它是 MATLAB 的一个默认变量。

⑤ 如果不显示本例的计算结果，可以在命令行末尾添加分号";"。对于以分号结尾的命令行语句，尽管该命令已执行，但 MATLAB 不会把其运算结果显示在命令窗口中。

通过上面的这个小例子，相信读者已经对 MATLAB 方便、快捷及灵活的数学运算功能有了初步的体会。MATLAB 强大的数学运算功能将会在接下来的内容中向读者进行详细介绍。

2.1.2　矩阵

矩阵是 MATLAB 的基本运算单元，矩阵运算则是 MATLAB 的核心。

1. 矩阵的生成

在 MATLAB 中，矩阵的生成有很多方法。既可以以矩阵格式输入数据，也可以用"load"命令调用已存储的矩阵数据或矩阵变量，还可以应用 MATLAB 提供的函数生成特殊矩阵。

在 MATLAB 中输入矩阵需要遵循以下基本规则：

(1) 矩阵元素之间用空格或逗号","分隔，矩阵行之间用分号";"隔离，整个矩阵放在方括号"[]"里，且标点符号一定要在英文状态下输入。

(2) 不必事先对矩阵维数做任何说明，存储时将自动配置。

(3) MATLAB 区分字母的大小写。下例中的矩阵赋给了变量 A，而不是小写的 a。

用户可以在命令窗口中自定义矩阵，见例 2.2。

【例 2.2】　以矩阵格式输入数据，自定义一个三阶帕斯卡矩阵 $A=\begin{bmatrix} 1 & 1 & 1 \\ 1 & 2 & 3 \\ 1 & 3 & 6 \end{bmatrix}$。

【解】　在 MATLAB 命令窗口中输入：

  >> A=[1,1,1;1,2,3;1,3,6]

运行结果为：

```
A=
    1   1   1
    1   2   3
    1   3   6
```

或在 MATLAB 命令窗口中输入：

  >> A=[1 1 1;1 2 3;1 3 6]

运行后会得到同样的输出结果。

说明：例 2.2 中的命令被执行后，矩阵 A 将被保存在 MATLAB 的工作空间中。如果用户不用"clear"命令清除它或对它重新赋值，那么该矩阵会一直保存在工作空间中，直到本次 MATLAB 命令窗口被关闭为止。

进一步地，$A(i,j)$ 表示矩阵 A 中第 i 行第 j 列元素；$A(i,:)$ 表示矩阵 A 中第 i 行全部元素；$A(:,j)$ 表示矩阵 A 中第 j 列全部元素。

【例 2.3】　取出例 2.2 中矩阵 A 的第 2 行。

【解】　在 MATLAB 命令窗口中输入：

  >> A(2,:)

运行结果为：

ans＝

    1   2   3

显见，取出矩阵中的某行元素，若用计算机高级语言来实现，或许要用到循环语句，而用 MATLAB 来实现，却是如此的简单。

MATLAB 还有一个实用的操作，就是利用方括号"[ ]"将小矩阵合成一个大矩阵，请看下例。

【例 2.4】 将例 2.2 的矩阵 **A** 连接起来，生成矩阵 **B**。

【解】 在 MATLAB 命令窗口中输入：

    ＞＞B＝[A，A＋12；A＋24，A＋16]

运行结果为：

    B＝

1	1	1	13	13	13
1	2	3	13	14	15
1	3	6	13	15	18
25	25	25	17	17	17
25	26	27	17	18	19
25	27	30	17	19	22

2. 特殊矩阵的生成

MATLAB 中内置了许多特殊的矩阵生成函数，通过这些函数，可以自动生成一些具有某种特殊性质的矩阵。

1）空矩阵

空矩阵用方括号"[ ]"表示。空矩阵的大小为零，但变量名却保存在工作空间内。

2）单位矩阵

单位矩阵使用函数 eye()实现，其调用格式如下：

eye(n)   生成 n×n 维单位矩阵

eye(n, m)   生成 n×m 维单位矩阵

【例 2.5】 生成 4×4 维单位矩阵。

【解】 在 MATLAB 命令窗口中输入：

    ＞＞ A＝eye(4)

运行结果为：

    A＝

1	0	0	0
0	1	0	0
0	0	1	0
0	0	0	1

3）零矩阵

零矩阵可用函数 zero()实现，其调用格式与函数 eye()完全相同。

【例 2.6】 生成 3×4 维的零矩阵。

【解】 在 MATLAB 命令窗口中输入：

    ＞＞ zero(3，4)

运行结果为：

```
ans =
    0    0    0    0
    0    0    0    0
    0    0    0    0
```

4）全部元素是 1 的矩阵

全部元素为 1 的矩阵可用函数 ones( )实现，其调用格式也与函数 eye( )完全相同。

5）对角矩阵的生成

对角矩阵指对角线上的元素为任意数，其他元素为零的矩阵。对角矩阵可使用函数 diag( )实现。

格式：

diag(V)

diag(V, K)

说明：V 为某个向量，K 为向量 V 偏离主对角线的列数。K＝0，V 在主对角线上；K＞0，V 在主对角线以上；K＜0，V 在主对角线以下。

【例 2.7】 对角矩阵生成演示。

【解】 在 MATLAB 命令窗口中输入：

```
>> v=[1 2 3 4 5];
>> diag(v)
```

运行结果为：

```
ans=
    1    0    0    0    0
    0    2    0    0    0
    0    0    3    0    0
    0    0    0    4    0
    0    0    0    0    5
>> diag(v, 1)
```

运行结果为：

```
ans=
    0    1    0    0    0    0
    0    0    2    0    0    0
    0    0    0    3    0    0
    0    0    0    0    4    0
    0    0    0    0    0    5
    0    0    0    0    0    0
>> diag(v, -1)
```

运行结果为：

```
ans=
    0    0    0    0    0    0
    1    0    0    0    0    0
    0    2    0    0    0    0
```

```
0   0   3   0   0   0
0   0   0   4   0   0
0   0   0   0   5   0
```

2.1.3　MATLAB 的基本要素

MATLAB 的基本要素包括变量、预定义变量、数值、字符串、运算符、标点符及复数等。

1. 变量

MATLAB 不要求用户在输入变量的时候进行声明，也不需要指定变量类型，MATLAB 会自动依据所赋予变量的值或对变量所进行的操作来识别变量的类型。在赋值过程中，如果赋值变量已存在，MATLAB 将使用新值代替旧值，并以新值类型代替旧值类型。

MATLAB 变量的命名遵循如下规则：

(1) 变量均先定义、后使用。

(2) 变量名以英文字母开头。

(3) 变量名可以由字母、数字和下划线混合组成。

(4) 对于 6.5 以上版本，变量名最多可包含 63 个字符。

(5) 变量名中不得包含空格和标点，但可以包含下划线。如"my_var_121"是合法的变量名，且读起来更方便。而"my,var121"由于逗号的分隔，就不是一个合法的变量名。

(6) MATLAB 区分变量大小写。如变量"myvar"和"MyVar"表示两个不同的变量。

【例 2.8】　生成一个固定变量，其值为 45。

【解】　在 MATLAB 命令窗口中输入：

>> con_1=45

运行结果为：

con_1=
    45

即：生成一个变量名为 con_1 且仅有一个元素(其值为 45)的矩阵(固定变量)。

2. 预定义变量

在 MATLAB 中存在一些固定变量(也称为常量)，这就是 MATLAB 默认的预定义变量，也称为默认变量，如表 2.1 所示。每当 MATLAB 启动时，这些变量就被产生。

表 2.1　MATLAB 的预定义变量

名　称	变量含义	名　称	变量含义
ans	计算结果的缺省变量名	nargin	函数输入变量个数
beep	使计算机发出"嘟嘟"声	nargout	函数输出变量个数
bitmax	最大正整数，9.0072×10^{15}	pi	圆周率 π
eps	计算机中的最小数 ε，$\varepsilon = 2^{-52}$	realmin	最小正实数，2^{-1022}
i 或 j	虚数单位，定义为 $\sqrt{-1}$	realmax	最大正实数，$(2-\varepsilon)2^{1023}$
Inf 或 inf	无穷大，如 1/0	varagin	可变的函数输入变量个数
NaN 或 nan	不定值，如 $0/0$，∞/∞，$0*\infty$	varagout	可变的函数输出变量个数

【例 2.9】　求 2π 之值。

【解】 在 MATLAB 命令窗口中输入：

>> 2 * pi

运行结果为：

ans＝

  6.2832

说明：在定义变量时，应避免与表 2.1 中的预定义变量名重复，以免改变这些常量的值。如果已经改变了某个常量的值，可以通过"clear＋常量名"命令恢复该常量的初始设定值。

3. 数值

在 MATLAB 中，数值的表示方法很多，既可以使用传统的十进制计数法表示一个数值，也可以使用科学计数法表示一个数值。下列描述都合法：

－99 0.01 7.386 1.5e－10 4.5e33 3

在 MATLAB 中，所有的数值均按 IEEE 浮点标准规定的长型格式存储，数值的有效范围为 $10^{-308} \sim 10^{308}$。

4. 字符串

在 MATLAB 中，创建字符串的方法是：在 MATLAB 命令窗口中，先将待建的字符串放在一个"单引号对"中，再按"回车"键。且该"单引号对"必须在英文状态下输入，但字符串内容可以为中文。

【例 2.10】 显示字符串"Welcome to MATLAB!"和"欢迎使用 MATLAB!"。

【解】 在 MATLAB 命令窗口中输入：

>> c＝'Welcome to MATLAB!'   %显示字符串"Welcome to MATLAB! "

运行结果为：

c＝

Welcome to MATLAB!

>> '欢迎使用 MATLAB!'   %显示字符串"欢迎使用 MATLAB!"

运行结果为：

ans＝

欢迎使用 MATLAB!

说明：如前所述，本例中以"%"开头，直至本行末尾的语句为 MATLAB 的注释语句。

5. 运算符

MATLAB 的运算符包括算术运算符、关系运算符和逻辑运算符。

1）算术运算符

MATLAB 的算术运算符如表 2.2 所示。

表 2.2　MATLAB 的算术运算符

操作符	功　能	操作符	功　能
＋	算术加	/	算术右除
－	算术减	.*	点乘
*	算术乘	.^	点乘方
^	算术乘方	.\	点左除
\	算术左除	./	点右除

说明：表 2.2 中，算术加、减、乘及乘方与传统意义的矩阵加、减、乘及乘方相同。而点乘、点乘方等点运算是指操作元素点对点的运算，即矩阵内元素对元素之间的运算。

【例 2.11】 矩阵算术乘运算演示。

【解】 在 MATLAB 命令窗口中输入：

```
>> A=[1,2,3;4,5,6;7,8,9];
>> B=[1,2,3;4,5,6;7,8,9];
>> C=A*B                    %算术乘，按矩阵乘法规则进行运算
```

运行结果为：

```
C=
    30    36    42
    66    81    96
   102   126   150
```

【例 2.12】 矩阵点乘运算演示。

【解】 在 MATLAB 命令窗口中输入：

```
>> A=[1,2,3;4,5,6;7,8,9];
>> B=[1,2,3;4,5,6;7,8,9];
>> D=A.*B                   %点乘，元素对元素做乘法
```

运行结果为：

```
D=
     1     4     9
    16    25    36
    49    64    81
```

2）关系运算符

MATLAB 的关系运算符如表 2.3 所示。

表 2.3 MATLAB 的关系运算符

操作符	功　能	操作符	功　能
==	等于	>=	大于等于
~=	不等于	<	小于
>	大于	<=	小于等于

3）逻辑运算符

MATLAB 的逻辑运算符如表 2.4 所示。

表 2.4 MATLAB 的逻辑运算符

操作符	功　能
&	与
|	或
~	非

6. 标点符

在 MATLAB 中，一些标点符号也被赋予了特殊的意义或表示要进行一定的运算等，如表 2.5 所示。注意，表中所有标点符号均在西文状态下输入。

表 2.5　MATLAB 的标点符

标点符	功　能	标点符	功　能
:	冒号，具有多种应用功能	.	小数点及域访问符等
;	分号，区分行及取消运行显示等	...	续行符
,	逗号，区分列及函数参数分隔符等	%	百分号，注释标记
( )	括号，指定运算优先级等	!	惊叹号，调用操作系统运算
[ ]	方括号，矩阵定义的标志等	=	等号，赋值标记
{ }	花括号，用于构成元胞数组等	'	单引号，字符串的标识符，必须成对使用

表 2.5 只对 MATLAB 的标点符作了简单说明，下面对其中两个较为重要的符号作进一步介绍。

1）冒号（:）

在 MATLAB 中，冒号的作用最为丰富。冒号不仅可以定义行向量，还可以截取指定矩阵中的部分元素。下面举例说明。

【例 2.13】　用冒号定义增量为 1 的行向量。

【解】　在 MATLAB 命令窗口中输入：

```
>> a=2:8                    %产生增量默认为 1 的行向量
```

运行结果为：

```
a=
    2   3   4   5   6   7   8
```

【例 2.14】　用冒号定义增量为给定值的行向量。

【解】　在 MATLAB 命令窗口中输入：

```
>> a=0:10:80               %产生增量为 10 的行向量
```

运行结果为：

```
a=
    0   10   20   30   40   50   60   70   80
```

【例 2.15】　用冒号截取指定矩阵中的部分元素。

【解】　在 MATLAB 命令窗口中输入：

```
>> A=[1,2,3;4,5,6;7,8,9];
>> B=A(1:2,:)              %取出矩阵 A 的第 1 行和第 2 行
```

运行结果为：

```
B=
    1   2   3
    4   5   6
```

显见，矩阵 **B** 由 **A** 的前两行组成。

2) 分号（;）

分号在矩阵中用来分隔行，如果不希望某些运算结果显示在屏幕中，还可以用分号作为该行结束的标志。对于以分号结尾的行语句，MATLAB 不会把其运算结果显示在命令窗口中。

7. 复数

MATLAB 提供了复数的表达和运算功能，复数的基本单位表示为 i 或 j。复数的生成可以利用如下语句：

$$z = a + bi$$

或

$$z = r * \exp(\theta * i)$$

其中，r 是复数的模，θ 是复数幅角的弧度数。

下面列出的数值表示方法在 MATLAB 中都是合法的：

1	45.12345	36i
-0.3456	4.3214e12	12e5i

【例 2.16】 已知复数 $z_1 = 3 + i4$，$z_2 = 1 + i2$，$z_3 = 2e^{i\frac{\pi}{6}}$，计算 $z = \dfrac{z_1 z_2}{z_3}$。

【解】 在 MATLAB 命令窗口中输入：

```
>> z1=3+4i;
>> z2=1+2i;
>> z3=2*exp(pi/6)*i;
>> z=z1*z2/z3
```

运行结果为：

```
z=
    0.3349+5.5801i
```

2.2　基　本　操　作

1.3 节已简要介绍了 MATLAB 的常用交互操作界面。本节在前述内容的基础上，进一步介绍其中一些交互操作界面的使用方法。

2.2.1　命令窗口

图 2.1 为脱离 MATLAB 桌面的几何独立命令窗口。获得该窗口的方法是，用鼠标左键单击 MATLAB 命令窗口右上角的图标 ▣（见图 1.2）即可。若希望将几何独立命令窗口嵌放回 MATLAB 桌面，则只要用鼠标左键单击几何独立命令窗口右上角的图标 ▣ 即可。

注意，采用上述类似方法，也可打开其他脱离 MATLAB 桌面的几何独立窗口（或几何独立浏览器），以下不再赘述。

1. 命令窗口显示及设置

命令窗口显示主要采用缺省显示方式。MATLAB 对该窗口内的字符及数码采用不同的颜色分类，这样看起来十分醒目。在缺省显示方式下，诸如 for、while 等关键词采用蓝

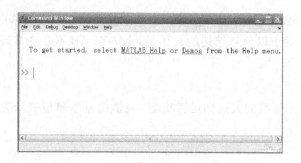

图 2.1 几何独立的命令窗口

色字体,输入的指令、表达式以及计算结果等采用黑色字体,而字符串则采用赭红色字体。此外,数值计算结果都以简洁的"短(Short)"格式显示。

可以根据需要对命令窗口的字体风格、大小、颜色及数值计算结果的显示格式进行设置,其步骤如下:

(1) 选择 MATLAB 桌面或命令窗口菜单"File|Preference",即可打开一个如图 2.2 所示的参数设置对话框。

(2) 选中此对话框左栏的"Fonts"、"Colors"及"Command Window"等项,对话框的右边就出现相应的选择内容(图 2.2 右部为选中"Fonts"项后的选择内容)。

(3) 根据需要并通过对话框提示,对数据显示格式、字体或数值计算结果的显示格式等进行设置。

(4) 用鼠标左键单击"OK"按钮完成设置。

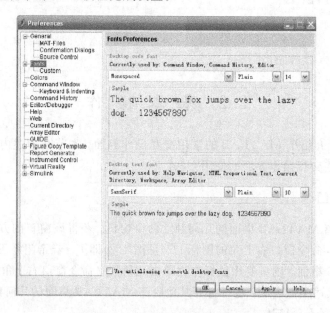

图 2.2 命令窗口参数设置对话框

2. 命令窗口的常用控制命令

命令窗口的常用控制命令见表 2.6。

表 2.6　命令窗口的常用控制命令

命令	功　　能	命令	功　　能
cd	设置当前工作目录	exit	关闭/退出 MATLAB
clf	清除图形窗口	quit	关闭/退出 MATLAB
clc	清除命令窗口中显示的内容	more	使其后的显示内容分页进行
clear	清除工作空间中保存的变量	type	显示指定 M 文件的内容
dir	列出指定目录下的文件和子目录清单	which	指出其后文件所在的目录
edit	打开 M 文件编辑器		

说明：① "clc"及"clear"命令的等价操作是，选择 MATLAB 操作桌面或命令窗口菜单中的"Edit|Clear Command Window"及"Edit|Clear Workspace"。

② "edit"命令的等价操作是，选择 MATLAB 桌面或命令窗口菜单中的"File|New|M-File"或点击相应工具栏上的图标 □ 。

3. 命令窗口中命令行的编辑

MATLAB 不但允许在命令窗口中对输入的命令行进行各种编辑和运行，而且也允许对过去已经输入的命令行进行回调、编辑和重运行，这些操作均可用计算机键盘上的常用操作键完成，具体内容见表 2.7。

表 2.7　命令窗口命令行编辑的常用操作键及功能

键名	功　　能	键名	功　　能
↑	前寻式调回已输入过的命令行	Home	使光标移到当前行的首端
↓	后寻式调回已输入过的命令行	End	使光标移到当前行的尾端
←	在当前行中左移光标	Delete	删去光标右边的字符
→	在当前行中右移光标	Backspace	删去光标左边的字符
PageUp	前寻式翻阅当前窗口中的内容	Esc	清除当前行的全部内容
PageDown	后寻式翻阅当前窗口中的内容		

说明：命令窗口中输入的所有命令都被记录在 MATLAB 工作空间中专门开辟的命令历史空间中，只要不专门进行删除操作，它们将不会因为对命令窗口进行"清屏"操作（即运行"clc"命令）而消失，也不会因为用户对工作空间进行"清除工作空间变量"（即运行"clear"命令）而消失。命令窗口中输入过的所有命令都被显示在命令历史窗口中，以供随时观察和调用。

下面的例子说明命令行的编辑操作过程。

【例 2.17】　计算 $x_1 = \dfrac{5\cos(0.1\pi)}{1+\sqrt{2}}$ 和 $x_2 = \dfrac{5\sin(0.1\pi)}{1+\sqrt{2}}$ 的值。

【解】　首先计算 x_1 的值。在 MATLAB 命令窗口中输入：

$\gg$ x1=5*cos(0.1*pi)/(1+sqrt(2))

运行结果为：

x1=

    1.9697

计算 x_2 的值，既可以采用计算 x_1 的值的方法，通过键盘把相应字符一个一个"输入"，也可以应用操作键，通过命令回调和编辑，进行新的计算。后一种方法的操作过程如下：

（1）用"↑"键调回已输入过的命令：

    >>x1＝5 * cos(0.1 * pi)/(1＋sqrt(2))

（2）移动光标，把 x1 改成 x2，把 cos 改成 sin，得到：

    >>x2＝5 * sin(0.1 * pi)/(1＋sqrt(2))

（3）按"回车"键，即可得到计算结果：

x2=

    0.6400

2.2.2 命令历史窗口

几何独立的命令历史窗口如图 2.3 所示。该窗口记录着用户在 MATLAB 命令窗口中所输入过的所有命令行。历史记录包括：每次开启 MATLAB 的时间及每次开启 MATLAB 后在命令窗口中运行过的所有命令行。同时，命令历史窗口不但能清楚地显示命令窗口中运行过的所有命令行，而且所有这些被记录的命令行都能被复制或送到命令窗口中再运行。

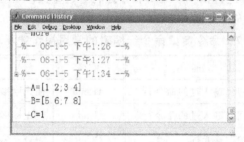

图 2.3　几何独立的命令历史窗口

命令历史窗口的主要应用功能及操作方法见表 2.8。

表 2.8　命令历史窗口的主要应用功能及操作方法

应用功能	操　作　方　法	简捷操作方法
复制单行或多行命令	选中单行或多行命令；单击鼠标右键打开现场菜单；选择菜单"Copy"；把选中的单行或多行命令"粘贴"到包括命令窗口在内的任何地方	选中变量之后，按"Ctrl＋C"键
运行单行命令	选中单行命令；单击鼠标右键打开现场菜单；选择菜单"Evaluate Selection"；在命令窗口中运行	用鼠标左键双击单行命令
运行多行命令	选中多行命令；单击鼠标右键打开现场菜单；选择菜单"Evaluate Selection"；在命令窗口中运行	—
将多行命令写成 M 文件	选中多行命令；单击鼠标右键打开现场菜单；选择菜单"Create M-File"，打开书写着这些命令的 M 文件编辑/调试器；进行相应操作，即建立所需的 M 文件	—

2.2.3　当前目录浏览器

几何独立的当前目录浏览器如图 2.4 所示。该图展示的是最完整的当前目录浏览器界面，它的组件自上而下有：菜单条、当前目录设置区与工具栏、文件详细列表区、M 文件或 MAT 文件描述区（缺省情况下没有此描述区）等。

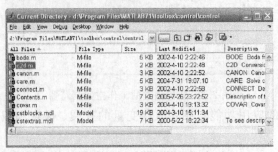

图 2.4　几何独立的当前目录浏览器

在当前目录浏览器界面中，最重要的是文件详细列表区，它具有多种应用功能，包括运行 M 文件、装载 MAT 文件、编辑文件等，其操作方法详见表 2.9。

表 2.9　文件详细列表区的主要应用功能及操作方法

应 用 功 能	操 作 方 法	简捷操作方法
运行 M 文件	选中文件；单击鼠标右键打开现场菜单；选择菜单"Run"，即可运行 M 文件	—
编辑 M 文件	选中文件；单击鼠标右键打开现场菜单；选择菜单"Open"，该 M 文件就出现在动态编辑/调试器中	用鼠标左键双击 M 文件
把 MAT 文件的全部数据输入工作空间	选中数据文件；单击鼠标右键打开现场菜单；选择菜单"Open"，该文件的数据就会全部输入工作空间	用鼠标左键双击 MAT 文件
把 MAT 文件的部分数据输入内存	选中数据文件；单击鼠标右键打开现场菜单；选择菜单"Import Data"，打开数据预览选择对话框"Import Wizard"；选中待装载数据变量名，用鼠标左键单击"Finish"按钮，完成操作	—

改变当前目录浏览器外貌的方法是：选择当前目录浏览器中的菜单"File | Preferences"，打开"Preferences"对话框，选中右下方不同条目即可。

2.2.4　工作空间浏览器

几何独立的工作空间浏览器如图 2.5 所示。在 MATLAB 中，工作空间是一个重要的概念，它是指运行 MATLAB 的程序或命令时生成的所有变量与 MATLAB 提供的常量构成的空间，也称为内存空间（简称内存）。一旦 MATLAB 启动，就会自动建立一个工作空间，该工作空间在 MATLAB 运行期间一直存在，关闭 MATLAB 后自动消失。当运行 MATLAB 程序时，程序中的变量将被加入到工作空间中，只有特定的命令才可删除某一变量，否则该变量在关闭 MATLAB 之前一直存在。由此可见，一个程序中的运算结果以变量的形式保存在工作空间后，在 MATLAB 关闭之前，该变量还可被别的程序调用。

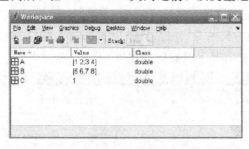

图 2.5　几何独立的工作空间浏览器

工作空间浏览器的应用功能包括：内存变量的查阅、保存和编辑，其操作方法见表 2.10。

表 2.10　工作空间浏览器的主要应用功能及操作方法

应用功能	操作方法	简捷操作方法
变量的字符显示	选中变量；单击鼠标右键打开现场菜单；选择菜单"Open Selection"，则数值类、字符类变量将显示在数组编辑器中	用鼠标左键双击变量
变量的图形显示	选中变量；单击鼠标右键打开现场菜单；选择菜单"Plot all columns"，则可以使变量可视化显示	—
全部内存变量保存为 MAT 文件	单击鼠标右键打开现场菜单；选择菜单"Save As…"，则可把当前内存中的全部变量保存为数据文件	—
部分内存变量保存为 MAT 文件	选中若干变量；单击鼠标右键打开现场菜单；选择菜单"Save As…"，则可把所选变量保存为数据文件	—
重命名变量名	选中欲重命名的变量；单击鼠标右键打开现场菜单；选择菜单"Rename"，可对所选变量进行重新命名	—
变量复制	选中若干变量；单击鼠标右键打开现场菜单；选择菜单"Copy"；将所选变量名复制到包括命令窗口在内的任何地方	选中变量之后，按"Ctrl＋C"键

说明：也可用 MATLAB 命令对工作空间中的变量进行显示、删除或保存等操作。例如，在 MATLAB 命令窗口中直接输入"who"和"whos"命令，即可看到当前工作空间的所有变量；用"save"命令可以保存工作空间里的变量；用"clear"命令可删除工作空间里的全部变量。

2.2.5　数组编辑器

数组编辑器是 MATLAB 工作空间浏览器中的一个组件，用于生成数组、观察数组内容以及编辑其值。

可采用以下三种方法中的任一种打开数组编辑器：

方法一：选中工作空间浏览器中的任意一维或二维数值数组，再用鼠标左键双击所选数组；

方法二：用鼠标左键单击工作空间浏览器的工具栏图标 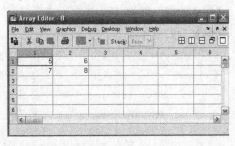 ；

方法三：选择工作空间浏览器的现场菜单项"Open Selection"。

图 2.6 所示为几何独立的数组编辑器交互

界面，所描述的数组为矩阵 $\boldsymbol{B} = \begin{bmatrix} 5 & 6 \\ 7 & 8 \end{bmatrix}$。

通常，在命令窗口中输入较大规模数组的操作方法显得很笨拙。此时，应采用数组编辑器完成，具体操作方法如下：

(1) 在命令窗口中向一个新变量赋"空"矩阵，即方括号[ ]。

图 2.6　几何独立的数组编辑器交互界面

(2) 在工作空间浏览器中用鼠标左键双击该变量，打开数组编辑器。

(3) 逐格填写数组元素值，直到完成为止。

2.2.6　数据文件的存取

MATLAB 中数据文件的存取主要有两种方法：一种是利用"save"和"load"命令实现数据文件存取，这是 MATLAB 的基本操作方法；另一种是通过工作空间浏览器实现数据文件的存取，表 2.10 对此法略有介绍。鉴于篇幅，下面仅介绍第一种方法。

1. 数据文件的保存

数据文件的保存使用"save"命令。该命令将工作空间变量保存为一定格式的数据文件，具体格式如下：

save FileName	将全部变量保存为当前目录下的 FileName. mat 文件
save FileName v1 v2	将变量 v1，v2 保存为 FileName. mat 文件
save FileName v1 v2 -append	将变量 v1，v2 添加到已有的 FileName. mat 文件中
save FileName v1 v2 -ascii	将变量 v1，v2 保存为 FileName 8 位 ASCII 文件
save FileName v1 v2 -ascii -double	将变量 v1，v2 保存为 FileName 16 位 ASCII 文件

2. 数据文件的调入

数据文件的调入使用"load"命令。该命令将一定格式的数据文件中的变量装入工作空间，具体命令如下：

load FileName	将 FileName. mat 文件中的全部变量装入工作空间
load FileName v1 v2	将 FileName. mat 文件中的 v1，v2 变量装入工作空间
load FileName v1 v2 -ascii	将 FileName ASCII 文件中的 v1，v2 变量装入工作空间

说明：① FileName 为文件名。文件名可以包含路径，例如 e:\user\my，但可以不包含扩展名。如果文件名不包含路径，则该文件即在 MATLAB 的当前路径中。缺省情况下，FileName 为二进制文件。

② v1，v2 为变量名。变量名与变量名之间必须以空格相分隔。指定的变量个数不限，只要工作空间或文件中存在即可。

③ -ascii 选项使数据以 ASCII 格式处理。不包含扩展名的 ASCII 文件可以在任何文字处理器中被修改。如果数据较多的变量需要进行修改，则很适合使用 ASCII 格式的数据文件。

④ 如果命令后没有-ascii 选项，那么数据以二进制格式处理，生成的数据文件一定包含 mat 扩展名。

【例 2.18】 数据文件存取演示。

【解】 在 MATLAB 命令窗口中输入：

```
>> A=[1 2；3 4]；        %输入矩阵 A
>> B=[5 6；7 8]；        %输入矩阵 B
>> save e:\user\my A B    %将变量 A,B 保存为 my.mat 文件,该文件所在路径为 e:\user\
>> save my1 A B -ascii    %将变量 A,B 保存为 ASCII 文件 my1,该文件所在路径为当前
                          %路径
>> load e:\user\my        %将 e:\user\my.mat 文件中的全部变量装入内存
```

图 2.7 是用写字板打开的 ASCII 码数据文件 my1。

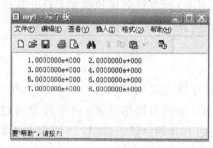

图 2.7　例 2.18 的 ASCII 数据文件

2.3　数　值　运　算

MATLAB 在科学计算及工程中的应用极其广泛，其主要原因是许多数值运算问题都可以通过 MATLAB 简单地得到解决。本节将介绍 MATLAB 一些最基本和最常用的数值运算功能。

2.3.1　向量及其运算

向量是组成矩阵的基本元素之一，MATLAB 提供了关于向量运算的强大功能。

1. 向量的生成

1）在命令窗口中直接生成向量

在 MATLAB 中，生成向量最简单的方法就是在命令窗口中按一定格式直接输入，且遵循与矩阵输入基本相同的规则，即向量元素用方括号"[ ]"括起来，行向量元素之间用空格或逗号相隔，列向量元素之间用分号相隔。

【例 2.19】 命令窗口直接生成向量演示。

【解】 在 MATLAB 命令窗口中输入：

```
>> X1=[1 2 3 4 5]
```

运行结果为：

```
X1=
    1   2   3   4   5
>> X2=[1,2,3,4,5]
```

运行结果为：

    X2=

        1　2　3　4　5

    >> X3=[1；2；3；4；5]′   %求列向量的转置

运行结果为：

    X3=

        1　2　3　4　5

说明：MATLAB 生成向量（或矩阵）转置的符号为右单引号"′"，而不是一般线性代数教材中的上标"T"。

2）等差元素向量的生成

若向量的元素过多，且向量各元素有等差规律，则可采用冒号生成法或使用 linspace() 函数生成向量。

（1）冒号生成法。基本格式为：V＝a：n：b。其中，V 为生成的向量，a 为向量 V 的第一个元素，b 为向量 V 的最后一个元素；n 为步长，缺省设置为 1，且 n＝1 时可忽略。

（2）使用 linspace() 函数。

格式：

    X = linspace(a，b，n)

说明：生成元素在[a，b]之间的线性等分行向量，向量元素个数为 n，n 的缺省值为100。

【例 2.20】　等差元素向量生成演示。

【解】　在 MATLAB 命令窗口中输入：

    >> X1=1：2：9

运行结果为：

    X1=

        1　3　5　7　9

    >> X2=linspace(10，−2，5)

运行结果为：

    X2=

        10　7　4　1　−2

2. 向量的基本运算

1）向量与常数的四则运算

向量与常数的四则运算是指向量中的每个元素与常数进行的加、减、乘、除等运算，运算符号分别为"＋"、"−"、"＊"及"/"。注意，当进行除法运算时，向量只能作为被除数。

2）向量与向量之间的加、减运算

向量与向量之间的加、减运算是指向量中的每个元素与另一个向量中相对应元素的加、减运算，运算符号为"＋"和"−"。

3）向量的点积和叉积运算

根据数学知识可知，向量的点积等于其中一个向量的模与另一个向量的模在这个向量方向上投影的乘积。向量叉积的几何意义是指过两个相交向量的交点并与两向量所在平面垂直的向量，且向量维数只能为3。在 MATLAB 中，使用函数 dot() 与 cross() 分别计算向量的点积与叉积。

【例 2.21】 向量的点积与叉积运算演示。

【解】 在 MATLAB 命令窗口中输入：

```
>> A=[10 20 30];
>> B=[40 50 60];
>> C=dot(A，B)              %计算向量 A 与 B 的点积
```

运行结果为：

```
C=
     3200
>> C=cross(A，B)           %计算向量 A 与 B 的叉积
```

运行结果为：

```
C=
   −300    600   −300
```

2.3.2 数组及其运算

1. 数组的概念

数组是一组实数或复数排成的长方阵列。单维数组通常是指单行或单列的矩阵，即行向量或列向量。而多维数组则可以认为是矩阵在维数上的扩张，实际上也是矩阵中的一种特例。例如，从数据结构上看，二维数组和数学中的矩阵没有区别。

在 MATLAB 中，数组和矩阵的运算有较大的区别。因为，矩阵作为一种变换或映射算子的体现，其运算有着明确而严格的数学规则。而 MATLAB 中的数组运算是 MATLAB 所定义的规则，其目的是为了数据管理方便、操作简单、命令形式自然以及执行计算的有效。

2. 数组的基本数值运算

1）数组与常数的四则运算

数组与常数的四则运算是指数组中的每个元素与数进行加、减、乘、除运算，运算符号分别为"+"、"−"、"＊"及"/"。单维数组与常数的运算与向量与数的运算完全相同。

【例 2.22】 数组与常数的四则运算演示。

【解】 在 MATLAB 命令窗口中输入：

```
>> A=[1，2，3；2，3，4；3，4，5];
>> B=[1，2，3；4，5，6；7，8，9];
>> s=5;
>> C=s＊A−B/s+10
```

运行结果为：

```
C=
   14.8000   19.6000   24.4000
   19.2000   24.0000   28.8000
   23.6000   28.4000   33.2000
```

2）数组间的四则运算

在 MATLAB 中，数组间的四则运算按元素与元素的方式进行。其中，数组之间的加法、减法运算与矩阵的加法、减法运算完全相同，运算符号为"＋"、"－"；数组间的相乘、相除运算符号为"．＊"、"．／"或"．＼"。

【例 2.23】 数组相乘运算演示。

【解】 在 MATLAB 命令窗口中输入：

```
>> A=[1, 3, 5; 2, 4, 6; 3, 5, 7];
>> B=[2, 4, 6; 1, 3, 5; 3, 5, 7];
>> C=A. * B
```

运行结果为：

```
C=
    2    12    30
    2    12    30
    9    25    49
```

【例 2.24】 数组相除运算演示。

【解】 在 MATLAB 命令窗口中输入：

```
>> A=[1, 3, 5; 2, 4, 6; 3, 5, 7];
>> B=[2, 4, 6; 1, 3, 5; 3, 5, 7];
>> C=A.\B              %点左除
```

运行结果为：

```
C=
    2.0000    1.3333    1.2000
    0.5000    0.7500    0.8333
    1.0000    1.0000    1.0000
>> C=A. /B             %点右除
```

运行结果为：

```
C=
    0.5000    0.7500    0.8333
    2.0000    1.3333    1.2000
    1.0000    1.0000    1.0000
```

显见，由于数组点左除与点右除含义不同，因而运算结果不相同。

3）数组的乘方运算

在 MATLAB 中，数组的乘方运算（即幂运算）符号为"．^"，按元素对元素的幂运算进行，这与矩阵的幂运算完全不同。

【例 2.25】 数组的乘方运算演示。

【解】 在 MATLAB 命令窗口中输入：

```
>> A=[1, 3, 5; 2, 4, 6; 3, 5, 7];
>> C=A.^2
```

运行结果为：

C＝

1	9	25
4	16	36
9	25	49

说明：① 数组"乘、除"及"乘方"运算符前的小黑点绝不能遗漏，否则将不按照数组运算规则进行运算。

② 在执行数组与数组之间的运算时，参与运算的数组必须维数相同，运算结果所得数组也总与原数组维数相同。

3. 元胞数组（Cell Array）

元胞数组是 MATLAB 中一种特殊的数组，它的基本元素是元胞（Cell），每个元胞本身在数组中是平等的，它们只能以下标区分。元胞可以存放任何类型、任何大小的数组，包括任意维数值数组、字符串数组以及符号对象等，并且同一个元胞数组中各元胞中的内容可以不同。此外，同数值数组一样，元胞数组维数不受限制，可以是一维、二维或更高维。

在 MATLAB 中，元胞数组必须使用花括号"{}"，这也是元胞数组与一般数组（或矩阵）的区别。例如，元胞数组 A 的第 i 行、第 j 列的元胞（元素）可表示为 A$\{i, j\}$。

生成元胞数组有两种方法。

1）使用函数 cell( )生成元胞数组

格式：c＝cell(n)　　　　　　　生成 n×n 维空元胞数组

c＝cell(m, n)　　　　　　生成 m×n 维空元胞数组

c＝cell(m, n, p, …)　　　生成 m×n×p×…维空元胞数组

c＝cell(size(A))　　　　　生成与 A 维数组相同的空元胞数组，A 为数值数组或元胞数组

【例 2.26】　使用函数 cell( )生成一个 2×2 维元胞数组。

【解】　在 MATLAB 命令窗口中输入：

　　　　＞＞ A＝ones(3, 4)　　　　　　　　　　%生成 3×4 维全部元素为 1 的数值矩阵

运行结果为：

　　　A＝

1	1	1	1
1	1	1	1
1	1	1	1

　　　　＞＞ C＝cell({A, [1, 2]; 'cell', [1; 2]})　　　%使用 cell( )函数生成元胞数组 C

运行结果为：

　　　C＝

　　　　[3x4 double]　[1x2 double]

　　　　'cell'　　　　　[2x1 double]

　　　　＞＞ C(:, 1)　　　　　　　　　　　　　　%显示元胞数组 C 的第 1 列内容

运行结果为：

　　　ans＝

　　　　[3x4 double]

　　　　'cell'

2）使用花括号"{}"生成元胞数组

【例 2.27】 直接使用花括号"{}"生成例 2.26 的元胞数组。

【解】 在 MATLAB 命令窗口中输入：

```
>> A=ones(3，4)；
>> C={A，[1，2]；'cell'，[1；2]}
```

运行结果为：

```
C=
    [3x4 double]      [1x2 double]
    'cell'            [2x1 double]
```

显见，运行结果与例 2.26 完全相同。建议读者优先采用第二种方法生成元胞数组。

2.3.3　基本数学函数运算

MATLAB 之所以被称为是演草纸式的科学计算语言，是因为在其工作空间中可以方便地进行针对数组（或标量）的各种基本数学函数运算。MATLAB 的基本数学函数见表 2.11～2.15。

表 2.11　三角函数和双曲函数

函数名	功　能	函数名	功　能
sin	正弦	cosh	双曲余弦
cos	余弦	tanh	双曲正切
tan	正切	coth	双曲余切
cot	余切	sech	双曲正割
sec	正割	csch	双曲余割
csc	余割	asinh	反双曲正弦
asin	反正弦	acosh	反双曲余弦
acos	反余弦	atanh	反双曲正切
atan	反正切	acoth	反双曲余切
acot	反余切	asech	反双曲正割
asec	反正割	acsch	反双曲余割
acsc	反余割	atan2	四象限反正切
sinh	双曲正弦		

表 2.12　指数与对数函数

函数名	功　能	函数名	功　能
exp	指数	log2	以 2 为底的对数
log	自然对数	pow2	以 2 为底的指数
log10	常用对数	sqrt	平方根

表 2.13　复　数　函　数

函数名	功　能	函数名	功　能
abs	绝对值（复数的模）	imag	复数的虚部
angle	复数的相角	isreal	复数的实部
conj	复数的共轭		

表 2.14　坐标变换函数

函数名	功　　能	函数名	功　　能
cart2sph	直角坐标变为球坐标	pol2cart	柱(或极)坐标变为直角坐标
cart2pol	直角坐标变为柱(或极)坐标	sph2cart	球坐标变为直角坐标

表 2.15　其他特殊函数

函数名	功　　能	函数名	功　　能
sign	符号函数	expint	指数积分函数
erf	误差函数	gamma	Γ 函数
erfc	误差补函数	gammainc	不完全 Γ 函数
erfcx	刻度误差补函数	gammaln	Γ 函数的对数
erfinv	逆误差函数	isprime	质数为真函数

说明：① 表 2.11～2.15 中所列函数既满足数组运算规则，也满足标量运算规则，因此，可以在 MATLAB 工作空间中随心所欲地进行针对数组(或标量)的各种基本函数的运算，尤其是针对标量的各种基本函数的运算，就如同使用一个功能强大的计算器一样方便。

② 表 2.11 中三角函数运算的角度单位均为弧度。

③ 表 2.11～2.15 中各函数的使用格式，可参见 MATLAB 命令行帮助或联机帮助。

【例 2.28】　求 $\tan 45°$ 的函数值。

【解】　由于三角函数运算的角度单位是弧度，因此应先将单位由度转化为弧度再计算。在 MATLAB 命令窗口中输入：

>> tan(pi/4)

运行结果为：

ans=

　　1.0000

【例 2.29】　求复数 $z=5+i5$ 的模和相角。

【解】　在 MATLAB 命令窗口中输入：

>> z=5+5i;

>> Am=abs(z)　　　　　　　%计算复数 z 的模

运行结果为：

Am=

　　7.0711

>> Fm=angle(z)　　　　　　%计算复数 z 的相角

运行结果为：

Fm=

　　0.7854

即：$|z|=|5+i5|=7.0711$，$\angle z=\angle(5+i5)=0.7854(\text{rad})=45°$。

2.3.4　矩阵的函数运算

2.1.2 节已经介绍了矩阵与特殊矩阵的生成等内容。现代控制理论中应用最多的数学运算就是矩阵运算，它包括矩阵特征值运算与矩阵函数运算。其中，矩阵的基本数值运算与数组的基本数值运算基本相同，惟一不同的是，矩阵之间进行"乘、除"及"乘方"运算的运算符没有小黑点，即为" * "、"/"（或"\"）及"^"。鉴于此，本章对矩阵的基本数值运算就不作专门介绍了，而只着重介绍矩阵的函数运算。

矩阵的函数运算是指对矩阵自身进行一些特有的运算，例如矩阵的行列式运算、特征值运算、求逆运算、秩运算等。MATLAB 提供了进行这一类运算的函数，如表 2.16 所示。

表 2.16　实现矩阵特有运算的函数

函数名	功　　能	函数名	功　　能
sqrtm	矩阵开方运算	gsvd	广义奇异值
expm	矩阵指数运算	inv	矩阵求逆
logm	矩阵对数运算	norm 或 normest	求矩阵和向量的范数
cond	求矩阵的条件数	null	矩阵的零空间
condest	求矩阵的 1 范数条件估计	pinv	伪逆矩阵
condeig	求与矩阵特征值有关的条件数	poly	求矩阵的特征值多项式
det	求矩阵的行列式	polyvalm	求矩阵特征值多项式的值
eig 或 eigs	求矩阵的特征值和特征向量	rank	求矩阵的秩
funm	矩阵的任意函数	trace	求矩阵的迹

下面，对表 2.16 中一些常用函数进行详细介绍，读者也可借助 MATLAB 命令行帮助或联机帮助，了解其他函数的用途及使用方法。

1. 矩阵的转置、逆运算与行列式运算

尽管矩阵的转置运算不属于矩阵函数运算之列，但这里都一并给予介绍。与向量转置一样，矩阵的转置也用符号"'"表示。

【例 2.30】　求矩阵的转置演示。

【解】　在 MATLAB 命令窗口中输入：

```
>> A=[1 2 3；4 5 6；7 8 9];
>> C=A'
```

运行结果为：

```
C=
    1    4    7
    2    5    8
    3    6    9
```

与线性代数中复杂的矩阵求逆方法相比，MATLAB 中的矩阵求逆运算实在是太简单了，只需使用函数 inv() 即可实现。

【例 2.31】　矩阵求逆演示。

【解】　在 MATLAB 命令窗口中输入：

```
>> A=[1 2 0；2 5 −1；4 10 −1];
>> B=inv(A)
```

运行结果为：

B=

$$\begin{array}{ccc} 5 & 2 & -2 \\ -2 & -1 & 1 \\ 0 & -2 & 1 \end{array}$$

在 MATLAB 中，求矩阵的行列式可用函数 det() 来实现。

【例 2.32】 求矩阵的行列式演示。

【例】 在 MATLAB 命令窗口中输入：

>> A=[1 2 0; 2 5 −1; 4 10 −1];
>> B=det(A)

运行结果为：

B=

1

2. 矩阵的特征值运算

在线性代数中，矩阵特征值的计算过程相当麻烦，而在 MATLAB 中，只需使用函数 eig() 即可完成。

格式：d=eig(A)

D=eig(A)

[V, D]=eig(A)

说明：d 为矩阵 A 的特征值向量；V、D 分别为矩阵 A 的特征向量矩阵与特征值矩阵。

【例 2.33】 求矩阵 $A = \begin{bmatrix} 1 & 2 & 0 \\ 2 & 5 & -1 \\ 4 & 10 & -1 \end{bmatrix}$ 的特征值向量、特征向量矩阵和特征值矩阵。

【解】 在 MATLAB 命令窗口中输入：

>> A=[1 2 0; 2 5 −1; 4 10 −1];
>> d=eig(A)   %求矩阵 A 的特征值向量

运行结果为：

d=

3.7321

0.2679

1.0000

>> [B, C]=eig(A)   %求矩阵 A 的特征向量矩阵和特征值矩阵

运行结果为：

B=

$$\begin{array}{ccc} -0.2440 & -0.9107 & 0.4472 \\ -0.3333 & 0.3333 & 0.0000 \\ -0.9107 & -0.2440 & 0.8944 \end{array}$$

C=

$$\begin{array}{ccc} 3.7321 & 0 & 0 \\ 0 & 0.2679 & 0 \\ 0 & 0 & 1.0000 \end{array}$$

即：矩阵 A 的特征值向量为 $[3.7321\ \ 0.2679\ \ 1]$；矩阵 A 的特征向量矩阵 B 和特征值矩阵 C 分别为

$$B = \begin{bmatrix} -0.2440 & -0.9107 & 0.4472 \\ -0.3333 & 0.3333 & 0.0000 \\ -0.9107 & -0.2440 & 0.8944 \end{bmatrix}, \quad C = \begin{bmatrix} 3.7321 & 0 & 0 \\ 0 & 0.2679 & 0 \\ 0 & 0 & 1.0000 \end{bmatrix}$$

3. 矩阵的秩运算

线性代数中，矩阵秩的计算非常繁杂，但在 MATLAB 中，只需使用函数 rank() 就可求得。

【例 2.34】 矩阵求秩演示。

【解】 在 MATLAB 命令窗口中输入：

```
>> A=[1 2 0;2 5 -1;4 10 -1];
>> B=rank(A)
```

运行结果为：

```
B=
    3
```

2.3.5 多项式及其运算

在控制系统的分析与设计中，常常需要求出控制系统的特征根或传递函数的零、极点，这些都与多项式及其运算有关。本节对此进行简要介绍。

1. 多项式的表达及其构造

代数运算中，多项式一般可表示为如下形式：

$$P(x) = a_0 x^n + a_1 x^{n-1} + a_2 x^{n-2} + \cdots + a_{n-1} x + a_n \tag{2.1}$$

对于式(2.1)，很容易将其系数按降幂次序存放在如下的行向量中：

$$P = [a_0, a_1, a_2, \cdots, a_{n-1}, a_n] \tag{2.2}$$

在 MATLAB 中，多项式用式(2.2)的系数行向量表示，而不考虑多项式的自变量。即为了将整个多项式输入 MATLAB，可采用类似于向量生成的方法，直接输入由多项式的系数构成的向量即可。

【例 2.35】 用 MATLAB 构造多项式 $P(x) = 2x^5 + 5x^4 + 4x^2 + x + 4$。

【解】 在 MATLAB 命令窗口中输入：

```
>> P=[2 5 0 4 1 4];
>> poly2sym(P)
```

运行结果为：

```
ans=
    2*x^5+5*x^4+4*x^2+x+4
```

说明：函数 poly2sym() 是 MATLAB 符号数学工具箱(见 2.4 节)中的函数。要注意的是，用上述方法构造多项式时，无论多项式的系数是否为零，都必须写完整。

2. 多项式运算函数

MATLAB 提供的用于多项式运算的函数见表 2.17。

表 2.17　多项式运算函数

调用格式	功　能	说　　明
p＝conv(p1, p2)	多项式卷积(乘法)	p 是多项式 p1 和 p2 的乘积多项式
[q, r]＝deconv(p1, p2)	多项式解卷(除法)	q 是 p1 被 p2 除的商多项式，r 是余多项式
p＝poly(AR)	由根求多项式	求方阵 AR 的特征多项式 p，或求向量 AR 指定根所对应的多项式
dp＝polyder(p)	多项式求导数	求多项式 p 的导数多项式 dp
dp＝polyder(p1, p2)		求多项式 p1, p2 乘积的导数多项式 dp
[num,den]＝ployder(p1,p2)		对有理分式(p1/p2)求导数所得的有理分式为(num/den)
p＝polyfit(x, y, n)	多项式曲线拟合	求 x, y 向量给定数据的 n 阶拟合多项式 p
pA＝polyval(p, S)	多项式求值	按数组运算规则计算多项式值，p 为多项式，S 为矩阵
pM＝polyvalm(p, S)	矩阵多项式求值	按矩阵运算规则计算多项式值，p 为多项式，S 为矩阵
[r,p,k]＝residue(num,den)	分式多项式的部分分式展开	num、den 分别是分子、分母多项式系数向量，r、p、k 分别是留数、极点、直项
r＝roots(p)	多项式求根	r 是多项式 p 的根向量

3. 多项式运算举例

1) 代数方程求根

【例 2.36】　求方程 $x^5 + 2x^4 + 24x^3 + 48x^2 - 25x - 50 = 0$ 的根。

【解】　在 MATLAB 命令窗口中输入：

$\gg$ P＝[1 2 24 48 −25 −50]；

$\gg$ r＝roots(P)

运行结果为：

r＝

0.0000 ＋ 5.0000i

0.0000 － 5.0000i

1.0000

−2.0000

−1.0000

2) 用多项式的根构造多项式

【例 2.37】　用多项式的根构造多项式 $P(x) = x^5 + 2.5x^4 + 2x^2 + 0.5x + 2$。

【解】　在 MATLAB 命令窗口中输入：

$\gg$ P＝[1 2.5 0 2 0.5 2]；

$\gg$ r＝roots(P)　　　　　　　%求多项式的根

运行结果为：

    r＝

        －2.7709

        0.5611 ＋ 0.7840i

        0.5611 － 0.7840i

       －0.4257 ＋ 0.7716i

       －0.4257 － 0.7716i

    ＞＞ poly(r)　　　　　　　　%用多项式的根构造多项式

运行结果为：

    ans＝

      1.0000　2.5000　－0.0000　2.0000　0.5000　2.0000

显见，运行结果为多项式 $P(x)=x^5+2.5x^4+2x^2+0.5x+2$ 按降幂次序排列的系数向量。

说明：当用多项式的根生成多项式时，如果某些根有虚部（由于截断误差的存在，用函数 poly() 生成的多项式可能有一些小的虚部），则可以通过使用函数 real() 抽取实部来消除。

3）求矩阵的特征多项式

MATLAB 中的函数 poly() 也可以用来计算矩阵特征多项式的系数。

【例 2.38】 求矩阵 $A=\begin{bmatrix}1.2 & 3 & -0.9\\ 5 & 1.75 & 6\\ 9 & 0 & 1\end{bmatrix}$ 的特征多项式。

【解】 在 MATLAB 命令窗口中输入：

    ＞＞ A＝[1.2, 3, －0.9; 5, 1.75, 6; 9, 0, 1];

    ＞＞ poly(A)

运行结果为：

    ans＝

      1.0000　－3.9500　－1.8500　－163.2750

即：矩阵 A 的特征多项式为

$$f(s)=s^3-3.95s^2-1.85s-163.275$$

4）多项式卷积（乘法）与多项式解卷（除法）

【例 2.39】 已知多项式 $p(x)=x^3+2x^2+3x+4$ 和 $q(x)=10x^2+20x+30$，求两个多项式的卷积 $p(x)*q(x)$，并用多项式解卷验证。

【解】 （1）求两个多项式的卷积。

在 MATLAB 命令窗口中输入：

    ＞＞ p ＝ [1　2　3　4];

    ＞＞ q ＝ [10　20　30];

    ＞＞ c＝conv(p, q)

运行结果为：

    c＝

      10　40　100　160　170　120

即：两个多项式的卷积为
$$c(x) = p(x) * q(x) = 10x^5 + 40x^4 + 100x^3 + 160x^2 + 170x + 120$$
（2）用多项式解卷验证。

在 MATLAB 命令窗口中输入：

>> [s, r]=deconv(c, p)

运行结果为：

s＝

   10   20   30

r＝

   0 0 0 0 0 0

说明：① 本例运行结果中的 s 是向量 c 除以向量 p 所得的结果，r 为余数。

② 由本例可见，多项式卷积函数 conv() 与解卷函数 deconv() 互为逆运算。

③ 用 MATLAB 建立控制系统的传递函数模型时，会经常使用函数 conv()。

5）分式多项式的部分分式展开

在应用时域分析法分析控制系统动态性能时，常常需要求出系统在典型输入信号作用下的时间响应 $c(t)$，为此，必须首先求出 $c(t)$ 的象函数 $C(s)$，并将其展开成部分分式。这项计算尽管不难，但却很繁琐。而使用分式多项式的部分分式展开函数 residue()，可以轻松地解决这个问题。

【例 2.40】 已知控制系统的输出象函数 $C(s) = \dfrac{2(s+4)}{s(s^2 + 5s + 6)}$，将其展开为部分分式。

【解】 在 MATLAB 命令窗口中输入：

>> num=[2 8];

>> den=[1 5 6 0];

>> [z, p, k]=residue(num, den)

运行结果为：

z＝

   0.6667

  −2.0000

   1.3333

p＝

  −3.0000

  −2.0000

   0

k＝

  []

由运行结果可得到 $C(s)$ 的部分分式展开式为

$$C(s) = \frac{0.6667}{s + 3} - \frac{2}{s + 2} + \frac{1.3333}{s}$$

6）多项式曲线拟合

进行控制系统设计与仿真时，常常需要采用曲线拟合方法。所谓曲线拟合，就是要寻找一条光滑曲线，使其在某种准则下能最佳地拟合已知数据。

在 MATLAB 中，使用函数 polyfit()对已知数据进行曲线拟合，拟合方法采用最小二乘法(即最小误差平方和准则)。

【例 2.41】 曲线拟合的实例。

【解】 在 MATLAB 命令窗口中输入：

```
>> x=0:0.1:1;                %生成用行向量表示的自变量数据
>> y=[-.447 1.978 3.28 6.16 7.08 7.34 7.66 9.56 9.48 9.30 11.2];
>> p=polyfit(x, y, 2)        %计算二阶拟合多项式系数
```

运行结果为：

```
p=
    -9.8108   20.1293   -0.0317
```

2.4 符 号 运 算

MATLAB 的强大之处不仅在于其强大的数值运算功能，而且还在于其强大的符号运算功能。MATLAB 的符号运算是通过符号数学工具箱(Symbolic Math Toolbox)来实现的。

应用符号数学工具箱，可完成几乎所有的数学运算功能，如高等数学中的微/积分运算、代数方程和微分方程的求解、工程数学中的积分变换等。这些数学运算在控制理论中也常常用到。

2.4.1 符号对象的创建和使用

在 MATLAB 的数值计算中，数值表达式所引用的变量必须事先被赋值，否则无法计算。因此，前面介绍的有关数值运算，其运算变量都是被赋值的数值变量。而在 MATLAB 的符号运算中，运算变量则是符号变量，所出现的数字也作为符号来处理。实际上，符号数学是对字符串进行的运算。

进行符号运算时，首先要创建(即定义)基本的符号对象，它可以是常数、变量和表达式。然后利用这些基本符号对象构成新的表达式，进而完成所需的符号运算。

符号对象的创建使用函数 sym()和 syms()来完成，它们的调用格式如下：

S=sym(A)   将数值 A 转换成符号对象 S，A 是数字(值)或数值矩阵或数值表达式

S=sym('x')   将字符串 x 转换成符号对象 S

S=sym(A, flag)   将数值 A 转换成 flag 格式的符号对象

syms arg1 arg2 …   arg1=sym('arg1'), arg2=sym('arg2'), … 的简洁形式

【例 2.42】 创建符号变量和符号表达式演示。

【解】 在 MATLAB 命令窗口中输入：

```
>> y=sym('x');                %定义变量 y，它代表字符 x
```

运行结果为：

```
y=
```

$$>> f=sym('x^3+x^2+4*x+4') \qquad \text{\%定义变量 f，它代表符号表达式 } x^3+x^2+4x+4$$

运行结果为：

$$f=$$
$$x^3+x^2+4*x+4$$

【例 2.43】 字符表达式转换为符号变量演示。

【解】 在 MATLAB 命令窗口中输入：

$$>> y=sym('2*sin(x)*cos(x)') \qquad \text{\%将字符表达式转换为符号变量}$$

运行结果为：

$$y=$$
$$2*sin(x)*cos(x)$$
$$>> y=simple(y) \qquad \text{\%将已有的 y 符号表达式化成最简形式}$$

运行结果为：

$$y=$$
$$sin(2*x)$$

说明：本例中使用的函数 simple()，其功能是将符号表达式化成最简形式，它是 MATLAB 符号运算中最常使用的函数（见 2.4.3 节）。

【例 2.44】 应用符号运算验证三角等式 $\sin\varphi_1\cos\varphi_2-\cos\varphi_1\sin\varphi_2=\sin(\varphi_1-\varphi_2)$。

【解】 在 MATLAB 命令窗口中输入：

$$>> \text{syms fai1 fai2;} \qquad \text{\%定义符号变量 fai1，fai2}$$
$$>> y=simple(sin(fai1)*cos(fai2)-cos(fai1)*sin(fai2))$$

运行结果为：

$$y=$$
$$sin(fai1-fai2)$$

说明：由本例可看出，使用函数 syms 创建符号对象较函数 sym() 简单。但注意，使用 syms arg1 arg2 …格式定义符号变量时，变量名之间只能用空格符隔离，而不能采用逗号或分号，如写成 syms fai1，fai2 就是错误的，它不能把 fai2 定义为符号变量。

2.4.2　符号运算中的运算符号和基本函数

在 MATLAB 中，用来构成符号计算表达式的运算符号和基本函数，无论在形状和名称上，还是在使用方法上，都与数值计算中的运算符号和基本函数几乎完全相同。这给用户的使用带来了极大的方便。

1. 基本运算符

（1）运算符号"＋"、"－"、"＊"、"\"、"/"、"^"分别实现矩阵的加法、减法、乘法、左除、右除与求幂运算。

（2）运算符号". ＊"、".\"、"./"、".^"分别实现元素对元素的数组相乘、左除、右除与求幂运算。

（3）运算符号"′"实现矩阵的 Hermition 转置或复数矩阵的共轭转置；运算符号".′"实现数组转置或复数矩阵的非共轭转置。

2. 关系运算符

在符号对象的比较中，没有"大于"、"大于等于"、"小于"、"小于等于"的概念，而只有是否"等于"的概念。

运算符号"=="和"～="分别对它两边的对象进行"相等"、"不相等"的比较。当事实为"真"时，比较结果用 1 表示；当事实为"假"时，比较结果用 0 表示。

需要特别指出的是，MATLAB 的符号对象无逻辑运算功能。

3. 三角函数及双曲函数

除函数 atan2() 仅能用于数值计算外，其余的三角函数（如 sin()）、双曲函数（如 cosh()）及其反函数（如 asin()、acosh()），无论在数值计算还是符号运算中，其使用方法都相同。

4. 指数与对数函数

在数值计算与符号运算中，指数函数与对数函数的使用方法完全相同，如函数 sqrt()、exp()、expm()、log()、log2() 及 log10() 等。

5. 复数函数

涉及复数的共轭函数 conj()、求实部的函数 real()、求虚部的函数 imag() 和求绝对值的函数 abs()，在符号与数值计算中的使用方法相同。

6. 矩阵代数运算

在符号运算中，MATLAB 提供的常用矩阵代数函数有 diag()、inv()、det()、rank()、poly()、expm() 及 eig() 等。它们的用法几乎与数值计算中的情况完全一样。

对于运算符号和基本函数的应用，下面举两个例子。

【例 2.45】 基本运算符号与基本函数应用演示。

【解】 在 MATLAB 命令窗口中输入：

```
>> syms x;                %定义符号变量 x
>> f1=x^3+x^2+4*x+4;      %生成多项式 f1
>> f2=x^2+4*x+10;         %生成多项式 f2
>> f=f1+f2                %求 f1 与 f2 之和
```

运行结果为：

```
f=
    x^3+2*x^2+8*x+14
>> y=sqrt(x^5)            %求函数的平方根
```

运行结果为：

```
y=
    (x^5)^(1/2)
>> z=log10(x)            %求以 10 为底的对数
```

运行结果为：

```
z=
    log(x)/log(10)
```

【例 2.46】 矩阵代数运算演示。求矩阵 $A = \begin{bmatrix} a_{11} & a_{12} \\ a_{21} & a_{22} \end{bmatrix}$ 的行列式值、逆和特征值。

— 43 —

【解】 在 MATLAB命令窗口中输入：

>> syms a11 a12 a21 a22;　　　%定义符号变量 a11，a12，a21，a22

>>A=[a11, a12；a21, a22]　　　%生成矩阵 A

运行结果为：

A=

[a11, a12]
[a21, a22]

>> DA=det(A)　　　%求矩阵 A 的行列式

运行结果为：

DA=

a11 * a22－a12 * a21

>>IA=inv(A)　　　%求矩阵 A 的逆矩阵

运行结果为：

IA=

[a22/(a11 * a22－a12 * a21), －a12/(a11 * a22－a12 * a21)]
[－a21/(a11 * a22－a12 * a21), a11/(a11 * a22－a12 * a21)]

>>EA=eig(A)　　　%求矩阵 A 的特征值

运行结果为：

EA=

1/2 * a11＋1/2 * a22＋1/2 * (a11^2－2 * a11 * a22＋a22^2＋4 * a12 * a21)^(1/2)
1/2 * a11＋1/2 * a22－1/2 * (a11^2－2 * a11 * a22＋a22^2＋4 * a12 * a21)^(1/2)

2.4.3 符号表达式的操作

　　MATLAB 符号表达式的操作涉及符号运算中的因式分解、展开、简化等，在符号运算中非常重要，其相关的操作命令及功能见表 2.18。

表 2.18　符号表达式的操作命令

调用格式	功　能	说　　明
collect(E, v)	同类项合并	将符号表达式 E 中 v 的同幂项系数合并
expand(E)	表达式展开	对 E 进行多项式、三角函数、指数函数及对数函数等展开
factor(E)	因式分解	对 E(或正整数)进行因式(或因子)分解
horner(E)	嵌套分解	将 E 分解成嵌套形式
[N, D]=numden(E)	表达式通分	将 E 通分，返回 E 通分后的分子 N 与分母 D
simplify(E)	表达式化简	运用多种恒等式变换对 E 进行综合简化
simple(E)		运用包括 simplify 在内的各种简化算法，把 E 转换成最简短形式
subs(E, old, new)	符号变量替换	将 E 中的符号变量 old 替换为 new，new 可以是符号变量、符号常量、双精度数值与数值数组(或矩阵)等

说明：表 2.16 中的表达式 E 也可以是符号矩阵。在这种情况下，这些命令将对该矩阵的元素逐个进行操作。

下面通过一些极具实用价值的例题来说明 MATLAB 符号表达式操作命令的具体使用方法。

1. 符号（包括符号变量、符号常量及数值数组）替换

【例 2.47】 已知数学表达式 $y = ax^n + bt + c$，试对其进行以下的符号替换：

(1) $a = \sin t$，$b = \ln z$，$c = de^{2t}$ 的符号变量替换；

(2) $n = 3$，$c = \pi$ 的符号常量替换；

(3) $c = 1 : 2 : 5$ 的数值数组替换；

(4) $c = \begin{bmatrix} 1 & 2 \\ 3 & 4 \end{bmatrix}$ 的数值矩阵替换。

【解】 在 MATLAB 命令窗口中输入：

```
>> syms a b c d e t n x y z;
>> y=a*x^n+b*t+c;
>> y1=subs(y,[a b c],[sin(t) log(z) d*exp(2*t)])    %符号变量替换
```
运行结果为：
```
y1=
    sin(t)*x^n+log(z)*t+d*exp(2*t)
>> y2=subs(y,[n c],[3 pi])                           %符号常量替换
```
运行结果为：
```
y2=
    a*x^3+b*t+pi
>> y3=subs(y,c,1:2:5)                                %数值数组替换
```
运行结果为：
```
y3=
    [a*x^n+b*t+1, a*x^n+b*t+3, a*x^n+b*t+5]
>> y4=subs(y,c,[1 2;3 4])                            %数值矩阵替换
```
运行结果为：
```
y4=
    [a*x^n+b*t+1, a*x^n+b*t+2]
    [a*x^n+b*t+3, a*x^n+b*t+4]
```
即：

$$y_1 = \sin tx^n + (\ln z)t + de^{2t}$$

$$y_2 = ax^3 + bt + \pi$$

$$y_3 = [ax^n + bt + 1, \ ax^n + bt + 3, \ ax^n + bt + 5]$$

$$y_4 = \begin{bmatrix} ax^n + bt + 1 & ax^n + bt + 2 \\ ax^n + bt + 3 & ax^n + bt + 4 \end{bmatrix}$$

2. 同类项合并

【例 2.48】 已知数学表达式 $y = (x^2 + xe^{-t} + 1)(x + e^{-t})$，试对其同类项进行合并。

【解】 在 MATLAB 命令窗口中输入：

```
>> syms x t;
>> y=sym('(x^2+x*exp(-t)+1)*(x+exp(-t))');
>> y1=collect(y)          %默认合并 x 同幂项系数
```

运行结果为：

```
y1=
    x^3+2*exp(-t)*x^2+(1+exp(-t)^2)*x+exp(-t)
>> y2=collect(y,'exp(-t)')    %合并 exp(-t)同幂项系数
```

运行结果为：

```
y2=
    x*exp(-t)^2+(2*x^2+1)*exp(-t)+(x^2+1)*x
```

即：

$$y_1 = x^3 + 2e^{-t}x^2 + [1+(e^{-t})^2]x + e^{-t}, \quad y_2 = x(e^{-t})^2 + (2x^2+1)e^{-t} + (x^2+1)x$$

3. 因式分解

【例 2.49】 已知数学表达式 $y(x) = x^4 - 5x^3 + 5x^2 + 5x - 6$，试对其进行因式分解。

【解】 在 MATLAB 命令窗口中输入：

```
>> syms x;
>> y=x^4-5*x^3+5*x^2+5*x-6;
>> y1=factor(y)
```

运行结果为：

```
y1=
    (x-1)*(x-2)*(x-3)*(x+1)
```

即：

$$y = x^4 - 5x^3 + 5x^2 + 5x - 6 = (x-1)(x-2)(x-3)(x+1)$$

4. 表达式展开

【例 2.50】 已知数学表达式 $y(x) = \cos(3\arccos x)$，试将其展开。

【解】 在 MATLAB 命令窗口中输入：

```
>> syms x;
>> y=cos(3*acos(x));
>> y1=expand(y)
```

运行结果为：

```
y1=
    4*x^3-3*x
```

即：

$$y = \cos(3\arccos x) = 4x^3 - 3x$$

5. 表达式简化

【例 2.51】 已知数学表达式 $y(x) = 2\cos^2 x - \sin^2 x$，试对其进行简化。

【解】 在 MATLAB 命令窗口中输入：

```
>> syms x;
```

```
>> y=2*cos(x)^2-sin(x)^2;
>> y1=simplify(y)
```

运行结果为：

```
y1=
    3*cos(x)^2-1
```

即：

$$y = 3\cos^2 x - 1$$

6. 表达式通分

【例 2.52】 已知数学表达式 $y(x) = \dfrac{x+3}{x(x+1)} + \dfrac{x-1}{x^2(x+2)}$，试对其进行通分。

【解】 在 MATLAB 命令窗口中输入：

```
>> syms x;
>> y=((x+3)/(x*(x+1)))+((x-1)/(x^2*(x+2)));
>> [n, d]=numden(y)
```

运行结果为：

```
n=
    x^3+6*x^2+6*x-1
d=
    x^2*(x+1)*(x+2)
```

即：

$$y = \frac{x+3}{x(x+1)} + \frac{x-1}{x^2(x+2)} = \frac{x^3+6x^2+6x-1}{x^2(x+1)(x+2)}$$

2.4.4 符号积分变换

符号积分变换包括傅氏(Fourier)变换、拉氏(Laplace)变换和 Z 变换。由于后两种变换在控制理论研究中起着非常重要的作用，因此本小节对它们予以论述。

1. 拉氏变换及其反变换

设 $f(t)$ 是一个以时间 t 为自变量的函数，它的定义域是 $t>0$，并设 $|f(t)| \leqslant ke^{at}$（a 为正数），则对所有实部大于 a 的复数，积分 $\int_0^\infty f(t)e^{-st}\,dt$ 绝对收敛。$f(t)$ 的拉氏变换 $F(s)$ 定义为

$$F(s) = \mathcal{L}[f(t)] = \int_0^\infty f(t)e^{-st}\,dt \tag{2.3}$$

式中，$F(s)$ 称为 $f(t)$ 的象函数，而 $f(t)$ 称为 $F(s)$ 的原函数。$s=\sigma+j\omega$ 为复变量，称其为拉氏变换算子。从 $f(t)$ 求取 $F(s)$ 的过程称为拉氏正变换。

如果 $F(s)$ 已知，则拉氏变换的原函数 $f(t)$ 可由下列反变换公式求得：

$$f(t) = \mathcal{L}^{-1}[F(s)] = \frac{1}{2\pi j}\int_{\sigma-j\infty}^{\sigma+j\infty} F(s)e^{st}\,ds \tag{2.4}$$

从 $F(s)$ 求取 $f(t)$ 的过程称为拉氏反变换。

在 MATLAB 中，分别使用函数 laplace() 与 ilaplace() 进行拉氏变换与反变换。

1) 函数 laplace()

功能：求取函数的拉氏变换。

格式：

F＝laplace(f)

说明：求时域函数 f 的拉氏变换 F。即按照式(2.3)求取以时间 t 为自变量的时域函数 $f(t)$ 的拉氏变换 $F(s)$。

【例 2.53】 求单位阶跃函数 $f(t)=1(t)$ 的拉氏变换。

【解】 在 MATLAB 命令窗口中输入：

>> f＝sym(1);
>> F＝laplace(f)

运行结果为：

Fs＝

1/s

即：

$$F(s) = \mathscr{L}[1(t)] = \frac{1}{s}$$

【例 2.54】 求函数 t^5，e^{at} 及 $\sin\omega t$ 的拉氏变换。

【解】 在 MATLAB 命令窗口中输入：

>> syms a t w x;
>> F1＝laplace(t^5)   ％求函数 t^5 的拉氏变换

运行结果为：

F1＝

120/s^6

>> F2＝laplace(exp(a * t))   ％求函数 exp(a * t)的拉氏变换

运行结果为：

F2＝

1/(s－a)

>> F3＝laplace(sin(w * t))   ％求函数 sin(w * t)的拉氏变换

运行结果为：

F3＝

w/(s^2+w^2)

即：

$$F_1(s) = \mathscr{L}[t^5] = \frac{120}{s^6}, \ F_2(s) = \mathscr{L}[e^{at}] = \frac{1}{s-a}, \ F_3(s) = \mathscr{L}[\sin\omega t] = \frac{\omega}{s^2+\omega^2}$$

【例 2.55】 求函数 $f(t)=2+\sin(3t)+e^{-2t}$ 的拉氏变换 $F(s)$，并对结果进行通分整理。

【解】 在 MATLAB 命令窗口中输入：

>> syms t;
>> f＝2+sin(3 * t)+exp(−2 * t);
>> F＝laplace(f)   ％求函数 f(t)的拉氏变换

运行结果为：

    F=

        2/s+3/(s^2+9)+1/(s+2)

    >>[n, d]=numden(F)   %对拉氏变换结果进行通分整理

运行结果为：

    n=

        3 * s^3+7 * s^2+33 * s+36

    d=

        s * (s^2+9) * (s+2)

即：

$$F(s) = \frac{2}{s} + \frac{3}{s^2+9} + \frac{1}{s+2} = \frac{3s^3+7s^2+33s+36}{s(s^2+9)(s+2)}$$

2）函数 ilaplace()

功能：求取函数的拉氏反变换。

格式：

    f=ilaplace(F)

说明：求复域函数 F 的拉氏反变换 f。即按照式(2.4)求取以算子 s 为自变量的复域函数 $F(s)$ 的拉氏反变换 $f(t)$。

【例 2.56】 求象函数 $F(s) = 1 + \dfrac{a}{s+1} + \dfrac{b}{(s+2)^2}$ 的拉氏反变换。

【解】 在 MATLAB 命令窗口中输入：

    >> syms a b s;

    >> F=1+a/(s+1)+b/(s+2)^2;

    >> f=ilaplace(F)

运行结果为：

    f=

        dirac(t)+a * exp(−t)+b * t * exp(−2 * t)

运行结果中，dirac(t)表示单位脉冲函数 $\delta(t)$。即：

$$f(t) = \mathscr{L}^{-1}[F(s)] = \delta(t) + ae^{-t} + bte^{-2t}$$

【例 2.57】 求象函数 $F(s) = \begin{bmatrix} \dfrac{2}{s+1} - \dfrac{1}{s+2} & \dfrac{1}{s+1} - \dfrac{1}{s+2} \\ \dfrac{-2}{s+1} + \dfrac{2}{s+2} & \dfrac{-1}{s+1} + \dfrac{2}{s+2} \end{bmatrix}$ 的拉氏反变换。

【解】 在 MATLAB 命令窗口中输入：

    >> syms t s;

    >> fs11=2/(s+1)−1/(s+2);

    >> fs12=1/(s+1)−1/(s+2);

    >> fs21=−2/(s+1)+2/(s+2);

    >> fs22=−1/(s+1)+2/(s+2);

    >> Fs=[fs11, fs12; fs21, fs22];

    >> Mt=ilaplace(Fs)

运行结果为：

Mt=

$$[\quad 2*\exp(-t)-\exp(-2*t),\quad \exp(-t)-\exp(-2*t)]$$
$$[-2*\exp(-t)+2*\exp(-2*t),\quad -\exp(-t)+2*\exp(-2*t)]$$

即：

$$f(t) = \mathscr{L}^{-1}[F(s)] = \begin{bmatrix} 2\mathrm{e}^{-t}-\mathrm{e}^{-2t} & \mathrm{e}^{-t}-\mathrm{e}^{-2t} \\ -2\mathrm{e}^{-t}+2\mathrm{e}^{-2t} & -\mathrm{e}^{-t}+2\mathrm{e}^{-2t} \end{bmatrix}$$

2. Z 变换及 Z 反变换

根据 Z 变换理论，时域序列 $f(nT)$ 的 Z 变换定义为

$$F(z) = \mathscr{Z}[f(nT)] = \sum_{n=0}^{\infty} f(nT)z^{-n} \tag{2.5}$$

式中，T 为采样周期，z 称为 Z 变换算子。通常，可将 $f(nT)$ 简写为 $f(n)$，则上式还可写成

$$F(z) = \mathscr{Z}[f(n)] = \sum_{n=0}^{\infty} f(n)z^{-n} \tag{2.6}$$

进一步地，Z 反变换的定义为

$$f(n) = \mathscr{Z}^{-1}[F(z)] = \frac{1}{2\pi\mathrm{i}} \int_{|z|=R} F(z)z^{n-1}\,\mathrm{d}z \quad (n=1,\,2,\,\cdots) \tag{2.7}$$

式中，R 为所选择的一个正数，使得 $F(z)$ 在 $|z|=R$ 圆周上及圆周外解析。

在 MATLAB 中，Z 变换与 Z 反变换分别使用函数 ztrans() 与 iztrans() 完成，具体如下。

1）函数 ztrans()

功能：求取函数的 Z 变换。

格式：

F＝ztrans(f)

说明：求时域序列 f 的 Z 变换 F。即按照式(2.6)，求取以 n 为自变量的时域序列 $f(nT)$ 的 Z 变换 $F(z)$。

【例 2.58】 求单位阶跃函数 $f(t)=1(t)$ 的 Z 变换。

【解】 $f(t)=1(t)$ 的时域序列为 $f(n)=1$。在 MATLAB 命令窗口中输入：

>> n＝sym(1);

>> F＝ztrans(n)

运行结果为：

F=

z/(z−1)

即：

$$F(z) = \mathscr{Z}[f(n)] = \frac{z}{z-1}$$

【例 2.59】 求函数 $f_1(t)=t$，$f_2(t)=t^2$ 及 $f_3(t)=\mathrm{e}^{at}$ 的 Z 变换。

【解】 所求函数的时域序列分别为

$$f_1(n)=nT,\ f_2(nT)=(nT)^2,\ f_3(nT)=\mathrm{e}^{anT} \quad (n=0,\,1,\,2,\,\cdots)$$

在 MATLAB 命令窗口中输入：

```
>> syms T n z a;
>> F1=ztrans(n * T)                              %求 f1(t)的 Z 变换
```
运行结果为:
```
    F1=
        T * z/(z-1)^2
    >> F2=ztrans((n * T)^2)                       %求 f2(t)的 Z 变换
```
运行结果为:
```
    F2=
        T^2 * z * (z+1)/(z-1)^3
    >> F31=ztrans(exp(a * n * T))
```
运行结果为:
```
    F31=
        z/exp(a * T)/(z/exp(a * T)-1)
    >> F32=simple(ztrans(exp(a * n * T)))        %求 f3(t)的 Z 变换并化简
```
运行结果为:
```
    F32=
        z/(z-exp(a * T))
```
即:

$$F_1(z) = \mathscr{Z}\left[f_1(n)\right] = \frac{Tz}{(z-1)^2}$$

$$F_2(z) = \mathscr{Z}\left[f_2(n)\right] = \frac{T^2 z(z+1)}{(z-1)^3}$$

$$F_3(z) = \mathscr{Z}\left[f_3(n)\right] = \frac{ze^{-aT}}{ze^{-aT}-1} = \frac{z}{z-e^{aT}}$$

2) 函数 iztrans()

功能:求取函数的 Z 反变换。

格式:

```
    f=iztrans(F)
```

说明:求 Z 域函数 F 的 Z 反变换 f。即按照式(2.7),求取以 z 为自变量的 Z 域函数 $F(z)$ 的时域序列 $f(n)$。

【例 2.60】 求 Z 变换函数 $F(z) = \dfrac{z^2}{(z-1)(z-0.5)}$ 的 Z 反变换。

【解】 在 MATLAB 命令窗口中输入:
```
    >> syms z n;
    >> F=z^2/((z-1) * (z-0.5));
    >> f=iztrans(F)
```
运行结果为:
```
    f=
        2-(1/2)^n
```
即:

$$f(n) = \mathscr{Z}^{-1}\left[F(z)\right] = 2 - (0.5)^n \quad (n = 0, 1, 2, \cdots)$$

2.5 图形表达功能

MATLAB 提供了丰富的图形表达功能，使得数学计算与分析结果可以方便地、多样性地实现可视化，这是其他高级语言所不能比拟的。本节介绍 MATLAB 最基本和最常用的图形表达功能。

2.5.1 二维绘图

二维绘图是 MATLAB 的基础绘图，使用绘图函数 plot() 完成。

1. 函数 plot() 的调用格式

绘图函数 plot() 常用的调用格式有三种。

1) plot(x, 's') 调用格式

此格式是缺省自变量绘图格式。功能如下：

(1) 如果 x 为实向量，则绘制出以该向量元素下标为横坐标，元素值为纵坐标的曲线。

(2) 如果 x 为复数向量，则绘制出以该向量元素实部为横坐标，虚部为纵坐标的曲线。

(3) 如果 x 为实矩阵，则按列分别绘制出以每列元素下标为横坐标，每列元素值为纵坐标的多条曲线，其曲线数等于 x 的列数。

(4) 如果 x 为复数矩阵，则按列分别绘制出以每列元素实部为横坐标，虚部为纵坐标的多条曲线，其曲线数等于 x 的列数。

(5) s 为选项（开关量）字符串，用于设置曲线颜色、线型、数据点型等。s 的标准设定值见表 2.18。s 缺省时，曲线一律采用"实线"线型，单条曲线颜色为"蓝"色，多条曲线按表 2.18 所列出的前七种颜色依序（蓝、绿、红、青、品红、黄、黑）自动着色。

表 2.18　曲线颜色、线型和数据点型的允许设置值

曲 线 颜 色				曲 线 线 型		数 据 点 型			
选项	颜色	选项	颜色	选项	线型	选项	含义	选项	含义
b	蓝	m	品红	-	实线	.	实心黑点	d	菱形符
g	绿	y	黄	:	虚线	+	十字符	h	六角星符
r	红	k	黑	-.	点划线	*	八线符	o	空心圆圈
c	青	w	白	--	双划线	^	向上三角符	p	五角星符
				none	无线	<	向左三角符	s	方块符
						>	向右三角符	x	叉子符
						V	向下三角符		

2) plot(x, y, 's') 调用格式

此格式是基本绘图格式。函数功能如下：

(1) 如果 x, y 是相同维数向量，则绘制出以 x 为横坐标，以 y 为纵坐标的曲线。

(2) 如果 x 是向量，y 是矩阵，且 y 的行或列的维数与 x 的维数相同，则绘制出以 x 为横坐标的多条不同颜色的曲线，曲线数等于 x 的维数。

(3) 如果 x 是矩阵，y 是向量，情况与(2)类似，此时，以 y 为横坐标。

(4) 如果 x，y 是相同维数矩阵，则以 x 对应列元素为横坐标，以 y 对应列元素为纵坐标分别绘制曲线，曲线数等于矩阵的列数。

3) plot(x1, y1, 's1', x2, y2, 's2', ⋯) 调用格式

此格式是多条曲线绘图格式。其中，x1，y1，x2，y2，⋯ 为数组对，每一对(x, y)数组可绘制出一条曲线，且每一数组对的长度可以不同。每条曲线以(x, y, s)(三元组)结构绘制，其功能与调用格式 2)相同。

下面举例说明绘图函数 plot()的使用方法。

【例 2.61】 已知函数 $y(x) = \sin x \cos x$，且 $x \in [0, \pi]$，绘制 $y(x)$ 曲线。

【解】 在 MATLAB 命令窗口中输入：

```
>> x=0:0.01 * pi:pi;
>> y=sin(x). * cos(x);
>> plot(x, y)                %绘制二维函数曲线
```

运行后得到的曲线如图 2.8 所示。

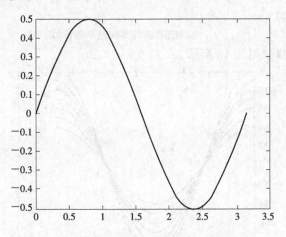

图 2.8　用函数 plot(x, y)绘制的图形

说明：MATLAB 图形窗口的图形可以保存为一般的图像文件(例如扩展名为.bmp 的位图)或 MATLAB 图像文件(扩展名为.fig)。图像文件的保存是标准的 Windows 操作，即利用图标 💾、菜单"File|Save"或"File|Save As …"都可以实现。

【例 2.62】 已知函数 $y_1(x) = e^{-0.1x} \sin x$，$y_2(x) = e^{-0.1x} \sin(x+1)$，且 $x \in [0, 4\pi]$，绘制 $y_1(x)$ 及 $y_2(x)$曲线。

【解】 在 MATLAB 命令窗口中输入：

```
>>x=0:0.5:4 * pi;
>>y1=exp(-0.1 * x). * sin(x);
>>y2=exp(-0.1 * x). * sin(x+1);
>>plot(x, y1, x, y2)            %绘制两条曲线
```

运行后得到的曲线如图 2.9 所示。

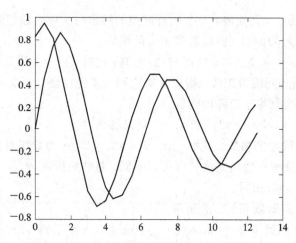

图 2.9　两条曲线画在同一张图上（线型为默认值）

【例 2.63】　绘制多条不同色彩曲线的演示。

【解】　在 MATLAB 命令窗口中输入：

```
>> x=(0:pi/50:2*pi)';
>> k=0.4:0.1:1;
>> Y=cos(x)*k;
>> plot(Y)              %绘制多条不同色彩的曲线
```

运行后得到的曲线如图 2.10 所示。

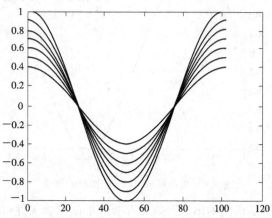

图 2.10　多条曲线画在同一张图上（线型为默认值）

上述几例所使用的绘图函数 plot()，其选项字符串 s 缺省，即所绘制曲线均采用默认线型和颜色。

【例 2.64】　使用选项字符串 s，重新绘制例 2.62 的曲线。

【解】　在 MATLAB 命令窗口中输入：

```
>> x=0:0.5:4*pi;
>> y1=exp(-0.1*x).*sin(x);
>> y2=exp(-0.1*x).*sin(x+1);
>> plot(x,y1,':r',x,y2,'-g')              %绘制两条曲线
```

运行后得到的曲线如图 2.11 所示。

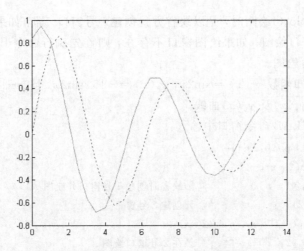

图 2.11 两条曲线画在同一张图上(设定线型)

图中绘出的第一条曲线是数据点标记为红色的虚线,第二条曲线是绿色的实线。

2. 多次重叠绘制曲线

如果分别使用函数 plot(x, y)绘制多条曲线,在绘制第二条曲线时,若不加命令,则第一条曲线就会自动消失(被第二条曲线所覆盖),而不会有两条曲线同时在一张图中出现。为了在一张图中绘制多条曲线,即多次重叠绘制曲线,就必须使用"hold"命令。

格式:

    hold on   使当前曲线与坐标轴具备不被刷新的功能

    hold off   使当前曲线与坐标轴不再具备不被刷新的功能

    hold   当前图形是否具备被刷新功能的双向切换开关

说明:当前曲线与坐标轴不被刷新是指,再次使用 plot 函数时,在此之前所绘制的曲线及相应坐标轴特性保持不变。

【例 2.65】 使用 hold 命令,重新绘制例 2.64 的曲线。

【解】 在 MATLAB 命令窗口中输入:

```
>> x=0:0.5:4 * pi;
>> y1=exp(-0.1 * x). * sin(x);
>> y2=exp(-0.1 * x). * sin(x+1);
>> plot(x, y1, '+g');          %绘制第一条曲线
>> hold on                     %在图形窗口中保持第一条曲线
>> plot(x, y2, ':r');          %绘制第二条曲线
>> hold off                    %解除保持状态
```

读者可运行本例,并将结果与例 2.64 进行比较。

3. 多窗口绘图

上述所举例题中所绘制的曲线都在一个图形窗口。若有时需要在多个图形窗口绘制曲线,即进行多窗口绘图,此时可使用"figure"命令。

格式:

    figure(N)   创建绘图窗口,N 为所创建绘图窗口序号

说明:进行多窗口绘图时,需要按照窗口序号创建绘图窗口,才可以在指定窗口绘图。

这是因为使用函数 plot() 绘图时，是以缺省方式创建 1 号窗口。即：如果绘图窗口存在，则 plot() 函数在当前窗口绘图；如果绘图窗口不存在，则首先执行命令 figure(1)，即创建 1 号绘图窗口，然后再绘图。

【例 2.66】 已知函数 $y_1(x)=\sin 2x$，$y_2(x)=-15x\sin 2x$，且 $x\in[0,\pi]$，要求分别在两个图形窗口绘制 $y_1(x)$ 及 $y_2(x)$ 曲线。

【解】 在 MATLAB 命令窗口中输入：

```
>> x=0:2*pi/90:2*pi;
>> y1=sin(2*x);
>> plot(x,y1,'r')          %缺省时创建1号窗口并绘图
>> figure(2)               %创建2号窗口
>> y2=exp(-15*x).*sin(2*x);
>> plot(x,y2,'r')          %在2号窗口绘图
```

运行结果如图 2.12 所示。

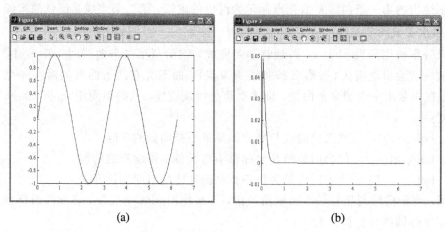

(a)　　　　　　　　　　　　　　　(b)

图 2.12　多窗口绘图例子

(a) 1 号窗口及曲线；(b) 2 号窗口及曲线

4. 图形窗口的分割

MATLAB 允许用户在同一个图形窗口里同时显示多幅独立的子图，即进行图形窗口的分割，也称为多子图。图形窗口的分割可使用函数 subplot() 来完成。

格式：

subplot(m, n, k)　　　　　　使 m×n 幅子图中的第 k 幅成为当前图

subplot(mnk)　　　　　　　subplot(m, n, k) 的简化形式

subplot('position', [left bottom width height])

　　　　　　　　　　　　在指定位置上分割子图，并成为当前图

说明：① subplot(m, n, k) 的含义是：将同一个图形窗口分割为 m 行×n 列个子窗口（或称子图），k 是子图的编号，编号顺序是自左至右，再自上而下依次排号，所产生的子图分割按照此编号顺序（为缺省值）自动进行。

② 函数 subplot() 产生的子图彼此之间独立，所有的绘图命令都可以在子图中使用。

③ 使用函数 subplot() 之后，如果再想绘制图形窗口的单幅图，则应先使用 clf 命令，

以清除图形窗口。

④ k 不能大于 m 与 n 之和。

【例 2.67】 在一个图形窗口中绘制函数 $y_1 = \sin x$，$y_2 = \sin(10x)$ 及 $y_{12} = y_1 y_2$ 的图形，给定 $x \in [0, \pi]$。

【解】 在 MATLAB 命令窗口中输入：

```
>> x=pi*(0:1000)/1000;
>> y1=sin(x);
>> y2=sin(10*x);
>> y12=sin(x).*sin(10*x);
>> subplot(2,2,1),plot(x,y1),axis([0,pi,-1,1])        %分割并绘制第一幅子图
>> subplot(2,2,2),plot(x,y2),axis([0,pi,-1,1])        %分割并绘制第二幅子图
>> subplot('position',[0.2,0.05,0.6,0.45])            %分割第三幅子图位置
>> plot(x,y12),axis([0,pi,-1,1])                      %绘制第三幅子图
```

运行后得到的曲线如图 2.13 所示。图中，左上图为第一幅子图，右上图为第二幅子图。

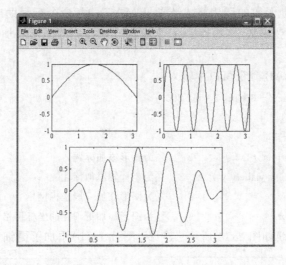

图 2.13　图形窗口的分割

2.5.2　图形注释

使用函数 plot() 绘制图形后，还可以使用文本和其他说明对图形进行注释，以增加图形传递信息的能力，这就是 MATLAB 的图形注释功能。MATLAB 具有很丰富的图形注释功能，本小节对其中的一些基本功能予以介绍。

对图形进行注释，主要使用三种方法：使用 MATLAB 图形标注函数，使用图形注释工具及使用图形窗口菜单"Insert"的注释命令。下面主要介绍前两种方法。

1. 使用 MATLAB 函数进行图形注释

MATLAB 提供的图形注释函数见表 2.19。使用这些函数，可以为图形添加标题，为图形坐标轴添加标注，为图形坐标添加网格，为图形添加图例，在图形的任何位置添加标注。

表 2.19　图形注释函数

函数名	功　能	函数名	功　能
title	为图形添加标题	legend	为图形添加图例
xlable	为 x 轴添加标注	grid	为图形坐标添加网格
ylable	为 y 轴添加标注	text	在指定位置添加文本字符串
zlable	为 z 轴添加标注	gtext	用鼠标在图形上放置文本
annontation	为图形创建特殊注释	colorbar	为图形添加颜色条

说明：① 函数 annontation() 创建的特殊注释包括：线型、箭头、文本箭头、文本框、矩形及椭圆。

② 函数 grid() 的调用格式如下：

grid on　　　　添加坐标网格（on 可以省略）

grid off　　　　去掉坐标网格

grid minor　　　添加更细化的坐标网格

③ 表 2.19 中其他函数的调用格式请参见 MATLAB 命令行帮助或联机帮助。

【例 2.68】　为正弦函数 $y(x)=\sin x$，$x\in[-3\pi,3\pi]$ 的图形添加标题、坐标轴标注及坐标网格。

【解】　在 MATLAB 命令窗口中输入：

```
>> x=linspace(-3*pi,3*pi,200);
>> y=sin(x);
>> plot(x,y)
>> title('my plot')               %为图形添加标题
>> xlabel('x'),ylabel('y')        %为坐标轴添加标注
>> grid on                        %为图形添加一般坐标网格
>> grid minor                     %为图形添加更细化的坐标网格
```

运行后得到的曲线如图 2.14 所示。显见，图 2.14(b) 添加了更细化的网格。

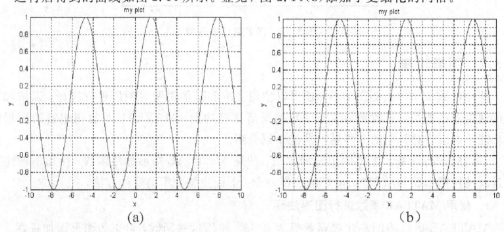

(a)　　　　　　　　　　　　　　　　　　(b)

图 2.14　添加标题、坐标轴标注及坐标网格的图形

(a) 添加一般网格；(b) 添加更细化的网格

2. 使用属性编辑器为图形添加标题、坐标轴说明及坐标网格

属性编辑器(Property Editor)是一种最常用的图形注释工具。打开属性编辑器之前，必须先激活图形编辑状态。

1) 激活图形编辑状态的方法

选择图形窗口菜单"Tools|Edit Plot"，或用鼠标左键单击图形窗口工具栏图标 ↕ 。

2) 打开属性编辑器的方法

可采用下述方法之一打开图 2.15 所示的属性编辑器：

(1) 用鼠标左键双击图形窗口内区域；

(2) 用鼠标右键单击图形窗口内区域，从弹出的右击菜单中选择"Properties"项；

(3) 选择图形窗口菜单"View|Property Editor"。

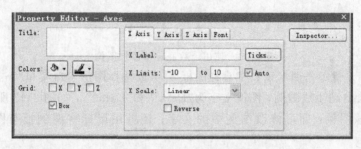

图 2.15 图形窗口的属性编辑器

3) 为图形添加标题、坐标轴说明及坐标网格

在图 2.15 所示的属性编辑器中：

Title 输入框：添加图形标题；

X Axis 的 X Label 输入框：添加 x 坐标轴说明；

Y Axis 的 Y Label 输入框：添加 y 坐标轴说明；

Z Axis 的 Z Label 输入框：添加 z 坐标轴说明。

Grid：分别选 X、Y 和 Z，可为 x 坐标、y 坐标和 z 坐标添加网格。

读者可试着使用属性编辑器为例 2.67 的图形添加标题、坐标轴说明及坐标网格。

3. 为图形添加图例

在绘制图形的过程中，常常需要在同一图形窗口中绘制多条曲线，为了更好地区分各条曲线，可以使用图例加以说明。为图形添加图例有以下三种方法：

(1) 使用函数 legend(见表 2.19)；

(2) 使用图形窗口工具栏图标 ▦ ；

(3) 选择图形窗口菜单"Insert|Legend"。

【例 2.69】 为例 2.64 所绘制的图形添加图例。

【解】 (1) 使用函数 legend。在 MATLAB 命令窗口中输入：

```
>> x=0:0.5:4*pi;
>> y1=exp(-0.1*x).*sin(x);
>> y2=exp(-0.1*x).*sin(x+1);
>> plot(x, y1, x, y2, ':')
>> legend('第一条', '第二条')          %为图形添加图例
```

运行后得到的曲线如图 2.16 所示。

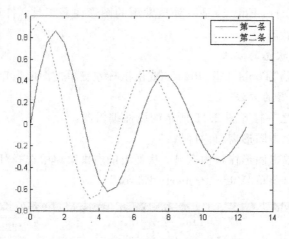

图 2.16　使用函数 legend 添加图例

（2）用鼠标左键单击图形窗口工具栏图标 ▦，或选择图形窗口菜单"Insert|Legend"，在图形窗口中会自动生成图例，图例文字为"Data1"和"Data2"，如图 2.17 所示。此时，用鼠标左键双击该图例，即可修改图例中的文字；还可用鼠标将图例拖至图形中的任何位置。

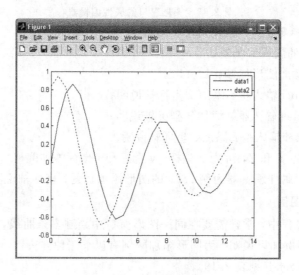

图 2.17　自动添加图例

2.5.3　特殊坐标绘图

MATLAB 的特殊坐标绘图包括：对数坐标绘图、极坐标绘图和双纵坐标绘图。

1. 对数坐标绘图

对数坐标是绘制控制系统频率特性曲线时最常采用的一种坐标。例如，对数频率特性曲线（即 Bode 图）的绘制，就必须在对数坐标上完成。对数坐标绘图使用函数 semilogx()、semilogy()和 loglog()完成。

格式：

    semilogx(x, y)　　　以 x 轴为对数坐标，绘制(x, y)曲线(即半对数坐标)

    semilogy(x, y)　　　以 y 轴为对数坐标，绘制(x, y)曲线

    loglog(x, y)　　　　以 x 轴、y 轴为对数坐标，绘制(x, y)曲线

说明：① 上述函数实现的对数坐标，是指以 10 为底的对数坐标。

② 通常，坐标网格线函数 grid()与上述三个函数配合使用。

【例 2.70】 已知数组 x=y=1:1:1000，使用函数 semilogx()、semilogy()和 loglog()绘制其曲线。

【解】 (1) 使用函数 semilogx()绘制曲线。在 MATLAB 命令窗口中输入：

    >> x=1:0.5:1000; y=1:0.5:1000;

    >> semilogx(x, y)

    >> xlabel('x'), ylabel('y')

    >> grid on

运行后得到的曲线如图 2.18(a)所示。

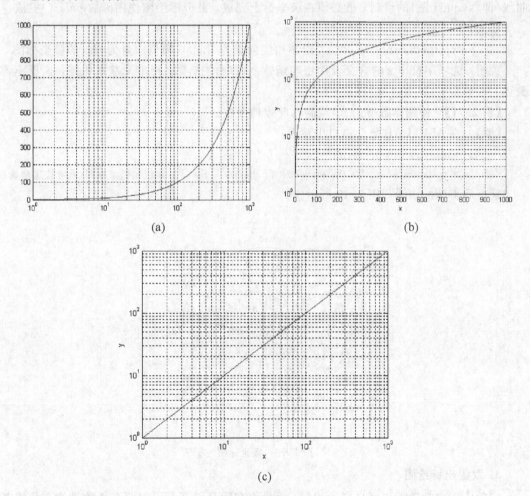

(a)　　　　　　　　　　　　　　(b)

(c)

图 2.18　对数坐标图

(a) 使用函数 semilogx()；(b) 使用函数 semilogy()；(c) 使用函数 loglog()

(2) 使用函数 semilogy()绘制曲线。在 MATLAB 命令窗口中输入：

>> x=1:0.5:1000; y=1:0.5:1000;

>> semilogy(x, y)

>> xlabel('x'), ylabel('y')

>> grid on

运行后得到的曲线如图 2.18(b)所示。

(3) 使用函数 loglog()绘制曲线。在 MATLAB 命令窗口中输入：

>> x=1:0.5:1000; y=1:0.5:1000;

>> loglog(x, y)

>> xlabel('x'), ylabel('y')

>> grid on

运行后得到的曲线如图 2.18(c)所示。

2. 极坐标绘图

极坐标也是绘制控制系统频率特性曲线时最常采用的一种坐标。例如，幅相频率特性曲线(即 Nyquist 图)的绘制，就必须在极坐标上完成。极坐标绘图使用函数 polar()完成。

格式：

    polar(theta, rho, 's')   绘制角度向量为 theta、幅值向量为 rho 的极坐标图

说明：选项字符串 s 的含义及用法与函数 plot()的选项字符串 s 基本相同，这里不再赘述。

【例 2.71】 使用函数 polar()绘制八叶玫瑰曲线。

【解】 在 MATLAB 命令窗口中输入：

>> theta = 0:0.01:2 * pi;

>> polar(theta, sin(2 * theta). * cos(2 * theta), '--r')   %绘制极坐标图(八叶玫瑰曲线)

运行后得到的曲线如图 2.19 所示。

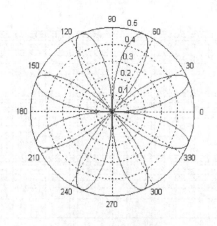

图 2.19 极坐标图

3. 双纵坐标绘图

实际应用中常常需要将自变量相同、而量纲和数量级都不同的两个函数量的变化绘制在同一张图上。例如，希望在一张图上表现放大器输入、输出电流变化曲线；在一张图上

表现温度、湿度随时间的变化等。这样的图形称为双纵坐标图。MATLAB 提供了绘制双纵坐标图的函数 plotyy()。

格式：

plotyy(x1,y1,x2,y2)	在一个图形窗口以左右不同纵轴同时绘制(x1,y1)，(x2，y2)两条曲线
plotyy(x1，y1，x2，y2，'fun')	以左右不同纵轴将(x1，y1)，(x2，y2)绘制成 fun 指定形式的两条曲线
plotyy(x1，y1，x2，y2，'fun1'，'fun2')	以左右不同纵轴将(x1，y1)绘制成 fun1 指定形式、将(x2，y2)绘制成 fun2 指定形式的两条曲线

说明：① 左纵轴用于(x1,y1)数据对，右纵轴用于(x2,y2)数据对。

② fun、fun1、fun2 可以是函数句柄(Function Handle)或是诸如 plot()、semilogx()，semilogy()、loglog()及 stem()(绘制离散数据图形)等指定的二维绘图函数，或是能够接受的任何 MATLAB 函数。

【例 2.72】 已知函数 $y_1(x) = 200e^{-0.05x} \sin x$，$y_2(x) = 0.8e^{-0.5x} \sin 10x$，且 $x \in [0, 20]$，使用函数 plotyy()绘制 $y_1(x)$ 和 $y_2(x)$ 曲线。

【解】 在 MATLAB 命令窗口中输入：

```
>> x=0:0.01:20;
>> y1=200 * exp(−0.05 * x). * sin(x);
>> y2=0.8 * exp(−0.5 * x). * sin(10 * x);
>> plotyy(x, y1, x, y2)          %绘制双纵坐标图
```

运行后得到的曲线如图 2.20 所示。

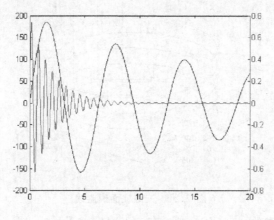

图 2.20　双纵坐标图

读者在运行本例后，可再运行 plot(x，y1，x，y2)，以比较函数 plot()与函数 plotyy()的区别。

2.5.4　三维绘图

在 MATLAB 中，三维绘图远比二维绘图复杂，所涉及的问题也很多。三维绘图的内

容主要有：二维曲面绘图（曲面网线绘图及曲面色图）、三维曲线绘图、三维曲面绘图、三维曲面视角、三维绘图坐标数据构造等。用于三维绘图的 MATLAB 绘图函数，对于上述许多问题都设置了缺省值。初学者应以掌握基本绘图函数为要点，尽量使用省缺值，必要时认真阅读 MATLAB 联机帮助即可解决特殊问题。本节主要介绍 MATLAB 三维曲线绘图与三维曲面绘图。

1. 三维曲线绘图

三维曲线绘图使用函数 plot3()，它是二维绘图函数 plot() 的扩展。

格式：

  plot3(x，y，z，′s′) 绘制三维曲线，x、y、z 分别为三维坐标向量

  plot3(X，Y，Z) 绘制多条三维曲线，X、Y、Z 分别为三维坐标矩阵

  plot(x1，y1，z1，′s1′，x2，y2，z2，′s2′，…)

         以(x，y，z，s)(四元组)结构绘制三维曲线

说明：① 选项字符串 s 的含义及用法与函数 plot 的选项字符串 s 相同（见表 2.18）。

② MATLAB 的一些二维绘图命令同样适用于三维绘图，例如为图形添加标注及坐标网格线命令。

【例 2.73】 绘制三维柱面螺旋线。

【解】 在 MATLAB 命令窗口中输入：

  $\gg$ t=0：pi/50：10 * pi；

  $\gg$ plot3(sin(t)，cos(t)，t) %绘制三维柱面螺旋线

  $\gg$ grid on

运行后得到的曲线如图 2.21 所示。

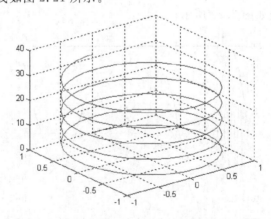

图 2.21 三维柱面螺旋线

【例 2.74】 已知函数 $z(x，y) = x\mathrm{e}^{-(x^2+y^2)}$，且 $x \in [-2，2]$，$y \in [-2，2]$，试绘制 $z(x，y)$ 曲线。

【解】 在 MATLAB 命令窗口中输入：

  $\gg$ [X，Y]=meshgrid(-2：.1：2)； %生成 x 坐标与 y 坐标矩阵数据

  $\gg$ Z=X. * exp(-X.^2-Y.^2)； %生成 z 坐标矩阵数据

  $\gg$ plot3(X，Y，Z) %绘制多条三维曲线

运行后得到的曲线如图 2.22 所示。

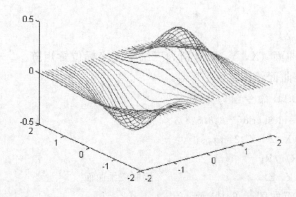

图 2.22　根据矩阵数据绘制的多条三维曲线

说明：本例根据矩阵数据绘制多条三维曲线，所使用的函数 meshgrid()用于生成绘制三维曲线的 x 坐标与 y 坐标矩阵数据。该函数的调用格式请参见 MATLAB 命令行帮助或联机帮助。

2. 三维曲面网线绘图

三维曲面网线绘图使用函数 mesh()，其调用格式如下：

mesh(X，Y，Z)　　　绘制三维曲面网线，X，Y，Z 分别为三维空间坐标位置矩阵

mesh(x，y，Z)　　　绘制三维曲面网线，以向量 x，y 取代矩阵 X，Y

【例 2.75】　三维曲面网线绘图演示。

【解】　在 MATLAB 命令窗口中输入：

```
>> [X，Y]=meshgrid(-8:0.5:8);
>> R=sqrt(X.^2+Y.^2)+eps;
>> Z=sin(R)./R;
>> mesh(X，Y，Z)                %绘制三维曲面网线
```

运行后得到的曲线如图 2.23 所示。

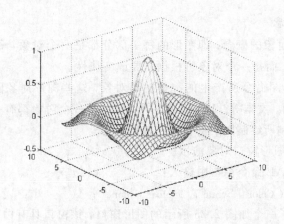

图 2.23　使用 mesh()函数绘制的三维曲面网线图形

3. 三维曲面绘图

三维曲面绘图即三维表面绘图，使用函数 surf()完成。

格式：

    surf(X，Y，Z)

说明：绘制三维曲面，X，Y，Z 分别为三维空间坐标位置矩阵。

【例 2.76】 三维曲面绘图演示。

【解】 在 MATLAB 命令窗口中输入：

    >> [X，Y]=meshgrid(-8:0.5:8);

    >> R=sqrt(X.^2+Y.^2)+eps;

    >> Z=sin(R)./R;

    >> surf(X，Y，Z)   %绘制三维曲面

运行后得到的曲面如图 2.24 所示。

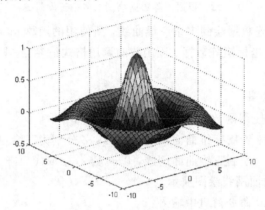

图 2.24 使用 surf()函数绘制的三维曲面图形

2.5.5 句柄图形简介

句柄图形(Handle Graphics)是指 MATLAB 使用的图形对象系统，它用于实现图形绘制和可视化函数。

1. 句柄图形的概念

句柄图形是基于对象的概念，即图形的每一部分都是一个对象，每一个对象都存在与其相关的一系列句柄，而每一个对象可根据需要改变属性。

MATLAB 中，绘图命令所产生的都是图形对象，这些图形对象除图形窗口外，还包括坐标轴、线条、曲面、文本等。MATLAB 所创建的每一个对象都有一些固定的特性，用户能使用这些特性控制所绘制图形的行为与外观。

【例 2.77】 建立图形窗口对象演示。

【解】 在 MATLAB 命令窗口中输入：

    >> h=figure('Color'，'white'，'Toolbar'，'none');

运行后，就创建了一个如图 2.25 所示的图形窗口，该窗口具有白色背景，且不显示图形窗口的工具栏。

当用户调用一个绘图函数时，MATLAB 就创建了使用各种图形对象的图形。而创建一个图形对象的同时，MATLAB 也为该对象指定了一个标识符(identifier)，这就是句柄，如例 2.77 语句中的 h。

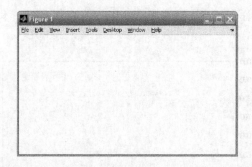

图 2.25　白色背景、不显示工具栏的图形窗口

2. 句柄图形的应用

用户可以使用句柄，并通过函数 set() 和函数 get() 访问对象的属性。具体讲，使用函数 get() 可以获得对象的属性及其属性值，使用函数 set() 可以设置对象的属性。

格式：

get(handle)　　　　　　　　获得对象的全部属性

get(handle, ' ')　　　　　　获得对象的指定属性"PropertyName"

set(handle, 'PropertyName', Property Value)

　　　　　　　　　设置 PropertyName 的属性为 Property Value

说明：① handle 为图形对象句柄，PropertyName 为属性名。

② 函数 get() 与函数 set() 的详细使用方法，请参见 MATLAB 命令行帮助或联机帮助。

③ 实际上，在调用前述的绘图函数时都可以返回句柄，如 h＝plot()，这样就可以通过句柄 h 对图形的一些属性进行处理。

【例 2.78】 句柄图形应用演示。

【解】 在 MATLAB 命令窗口中输入：

　　　＞＞ x＝1:10;

　　　＞＞ y＝x.^3;

　　　＞＞ h＝plot(x, y);　　　　　 %创建图形，并返回线条对象句柄 h

　　　＞＞ set(h, 'Color', 'red')　　 %使用句柄 h 设置线条对象的颜色属性

　　　＞＞ get(h, 'LineWidth')　　　 %使用句柄 h 获得线条对象的线宽值

运行结果为：

　　　ans＝

　　　　0.5000

　　　＞＞ get(h)　　　　　　　　 %使用句柄获得线条对象的全部属性

运行后得到的图形如图 2.26 所示。

说明：① 也可以在调用绘图函数 plot() 时设置线条对象的特性。例如，在 MATLAB 命令窗口中输入：

　　　＞＞ x＝1:10;

　　　＞＞ y＝x.^3;

　　　＞＞ h＝plot(x, y, 'Color', 'red')

运行后会得到与图 2.26 相同的显示。

② 有关句柄图形的详细论述，请参见 MATLAB 联机帮助。本书第 4 章还将介绍句柄图形的一些应用。

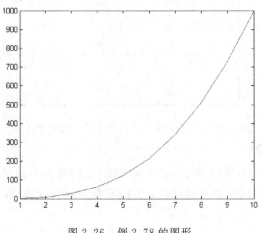

图 2.26　例 2.78 的图形

2.6　程序设计基础

到目前为止，本书所采用的 MATLAB 运行方式都是在其命令窗口中直接输入交互命令行的运行方式。除此而外，正如第 1 章所指出的，M 文件运行方式也是 MATLAB 较常使用的一种运行方式。采用这种运行方式，就要用到 M 文件，也就需要进行 MATLAB 的程序设计。MATLAB 是一种高效的编程语言，它有自身的程序设计要求、格式、语法规则、程序设计命令与调试命令等。本节介绍 MATLAB 程序设计的一些基础知识。

2.6.1　M 文件

MATLAB 的程序设计实质上就是进行 M 文件编程。因此，首先介绍 M 文件。

1. M 文件特点

M 文件具有以下特点：

(1) 形式上，MATLAB 程序文件是一个 ASCII 码文件（标准的文本文件），扩展名一律为 .m，M 文件的名称由此而来。用一般文字处理软件（例如 Windows 操作系统的记事本与写字板）都可以对 M 文件进行编写和修改。

(2) 特征上，MATLAB 是解释性编程语言，其优点是语法简单，程序容易调试，人机交互性强，缺点是由于逐句解释运行程序，因此运行速度比编译形式的慢，但这也仅明显表现在 M 文件初次运行时。

(3) 功能上，M 文件大大扩展了 MATLAB 的能力，MATLAB 的一系列工具箱就是证明，而这些工具箱都是由 M 文件构成的。从这点上讲，如果不了解 M 文件，就仅能发挥 MATLAB 很小的一部分能力。

(4) 由于 MATLAB 是解释性程序语言，且又以复数矩阵为基本运算单位，因此，M 文件在形式、结构和语法规则等方面都比一般的计算机语言简单，且易写、易读。M 文件的语法与 C 语言十分相像，因此熟悉 C 语言的用户可以轻松掌握 MATLAB 的编程技巧。

M 文件有两种形式，即 M 脚本文件(Script File)和 M 函数文件(Function File)，其扩展名均为".m"。

2. M 脚本文件

脚本文件是一种简单的 M 文件，它没有输入、输出参数，而是包含了一系列 MATLAB 命令的集合，类似于 DOS 下的批处理文件。因此，脚本文件也称为 MATLAB 命令文件。脚本文件不仅能对工作空间中已存在的变量或文件中新建的变量进行操作，也能将所建变量及其运行结果保存在工作空间中，以备使用。

脚本文件的运行方式很简单。方式之一就是在 MATLAB 命令窗口中输入该 M 脚本文件的文件名(前提是该 M 脚本文件所在路径必须是 MATLAB 的当前路径)，MATLAB 将自动执行该文件中的各条语句，并将结果直接返回到工作空间中。脚本文件运行结果既可直接在 MATLAB 命令窗口显示，也可以图形方式显示。

下面举例说明 M 脚本文件的编写及运行方法。

【例 2.79】 通过 M 脚本文件，绘制一幅"花瓣图案"。

【解】 (1) 编写 M 脚本文件。在 M 文件编辑/调试器窗口内编写此例的 M 脚本文件，文件名为 e2_79.m，如图 2.27 所示(M 文件编辑/调试器将在 2.6.2 节介绍)。

图 2.27　e2_79.m 文件所在的 M 文件编辑/调试器窗口

(2) 运行 M 脚本文件。可采用以下两种方式运行。

第一种运行方式：

选择 M 文件编辑/调试器窗口(见图 2.27)菜单"Debug|Run"，即可运行该脚本文件(e2_79.m)，运行结果见图 2.28。

说明：① 在文件没有保存之前，选择 M 文件编辑/调试器窗口菜单"Debug"，会出现"Save and Run"，此时，编辑/调试器先保存新建的 M 文件(如 e2_79.m)，然后再运行该文件；

② 若当前路径不是 e2_79.m 所在路径，为方便起见，运行 e2_79.m 文件之前，应按照提示，将 e2_79.m 所在路径设置为当前路径。

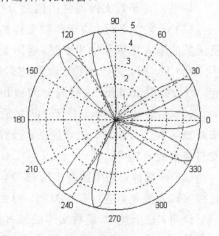

图 2.28　花瓣图形

第二种运行方式：

确保 M 脚本文件 e2_79.m 所在路径为当前路径，然后在 MATLAB 命令窗口中输入以下命令（即文件名）：

```
>> exm2_79
```

按下"回车"键后，即开始运行该程序，然后可得到如图 2.28 所示的图形。

3. M 函数文件

1）M 函数文件概念

如果 M 文件的第一行包含 function，那么这个文件就是 M 函数文件。每一个 M 函数文件都定义了一个函数。实际上，MATLAB 提供的函数命令（如函数 plot()）大部分都是由 M 函数文件定义的。

M 函数文件比 M 脚本文件相对要复杂一些。从使用的角度看，M 函数文件是一个"黑箱"，一些数据被送进去并进行加工处理后，结果又被送出来。从形式上看，M 函数文件与 M 脚本文件的区别在于：M 函数文件的变量可以定义，但变量及其运算都仅在 M 函数文件内部起作用，而不在工作空间起作用，并且当 M 函数文件执行完后，这些内部变量将被清除。

2）M 函数文件的基本结构

M 函数文件的基本结构见表 2.20。

表 2.20 M 函数文件的基本结构

组　成	格　式	备注
函数定义行	function [输出变量列表]=函数名(输入变量列表)	
H1 行	%注释说明	可省略
函数帮助文本	%注释说明	可省略
函数体	一条或若干条 MATLAB 命令	

显见，M 函数文件通常由四部分组成，具体如下：

（1）函数定义行，位于函数文件的首行，以 MATLAB 关键字 function 开头，函数名以及函数的输入变量和输出变量（返回变量）都在该行被定义。

（2）H1 行，紧随函数定义行之后以"%"开头的第一注释行，用来概要说明该函数的功能。该行提供 lookfor 关键词查询和 help 在线帮助使用。

（3）函数帮助文本，位于 H1 之后及函数体之前，可以有多行，每行均以"%"开头，用来对该函数进行注释，通常包括：函数输入、输出变量的含义，函数调用格式说明，函数开发与修改的日期等。

（4）函数体，是函数的主要部分，由实现该 M 函数文件功能的 MATLAB 命令构成。它接收输入变量，进行程序控制，得到输出变量。

说明：在上述 M 函数文件的基本结构中，只有"函数定义行"和"函数体"两部分是必不可少的，而"H1 行"及"函数帮助文本"部分并不是必需的。同时，以"%"引导的注释语句可以出现在函数文件中的任何地方，因为它毕竟不是 MATLAB 的执行语句，而仅仅是解释性的说明。

3）M 函数文件规则

M 函数文件必须遵循如下规则：

（1）函数名必须与文件名相同，且为运行方便起见，脚本文件与所调用的函数文件最好放在同一路径内（即同一文件夹内）。

（2）函数文件名必须以字母开头，后面可以是字母、下划线以及数字的任意组合，但不得超过 31 个字符。

（3）函数文件可以有零个或多个输入变量，也可以有零个或多个输出变量，对函数进行调用时，不能多于函数中规定的输入和输出变量个数。当函数有一个以上的输出变量时，输出变量必须包含在"[ ]"内，且变量之间以逗号分隔。

（4）函数输入和输出变量的实际个数分别由 MATLAB 的两个预定义变量 nargin 和 nargout 给出，只要进入该函数，不论是否直接使用这两个变量，MATLAB 都将自动生成这两个变量。

（5）函数文件中的所有变量除了事先进行特别声明以外，都是局部变量。若需要使用全局变量，可使用函数 global()来定义，而且在任何使用该全局变量的函数中都应该加以定义，即使是在命令窗口也不例外。

4）函数调用语句

与 M 脚本文件不同的是，M 函数文件不能直接调用，而必须使用 MATLAB 的函数调用语句，该语句的基本结构为：

> [输出变量列表]＝函数名(输入变量列表)

下面举例说明 M 函数文件的编写及调用方法。

【例 2.80】 使用 M 函数文件编写一个绘制任意半径和任意色彩线型的圆，并调用此函数。

【解】 （1）编写 M 函数文件。在 M 文件编辑/调试器窗口内编写此例的 M 函数文件，文件名为 e2_80.m，内容如下：

```
function sa＝e2_80(r, s)        %定义一个名为 e2_80 的函数
% Circle                        %绘制一个以 r 为半径、线条属性由 s 定义的圆
% r                             %给定半径的数值
% s                             %给定曲线颜色的字符串
% sa                            %圆面积
%
% e2_80(r)                      %绘制半径为 r 的蓝色实线圆周
% e2_80(r, s)                   %利用字符串 s 给定的曲线颜色绘制半径为 r 的
                                %圆周
% sa＝e2_80(r)                  %绘制半径为 r 的蓝色圆面，并计算圆面积
% sa＝e2_80 (r, s)              %利用字符串 s 给定的曲线颜色绘制半径为 r 的
                                %圆面，并计算圆面积
if nargin＞2
    error('Too many input arguments.');%错误信息
end
```

```
    if nargin==1
        s='b';
    end
    clf;
    t=0:pi/100:2*pi;
    x=r*exp(i*t);
    if nargout==0
        plot(x,s);
    else
        sa=pi*r*r;
        fill(real(x),imag(x),s)
    end
    axis('square')
```

(2) 保存 M 函数。将上述函数以 e2_80.m 为名保存。

(3) 调用 e2_80 函数。可以采用如下方法调用此函数,并产生出所需的结果。

在 MATLAB 命令窗口中输入:

```
>> e2_80(2)              %绘制半径为 2 的蓝色实线圆周(见图 2.29(a))
>> e2_80(2,'g')         %绘制半径为 2 的绿色实线圆周
>> sa=e2_80(2)          %绘制半径为 2 的蓝色圆面,并计算圆面积
>> sa=e2_80(2,'g')     %绘制半径为 2 的绿色圆面(见图 2.29(b)),并计算圆面积
```

同时,在 MATLAB 命令窗口中显示的计算结果为:

```
sa=
    12.5664
```

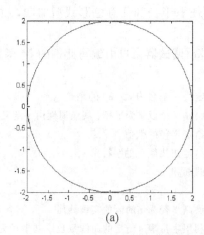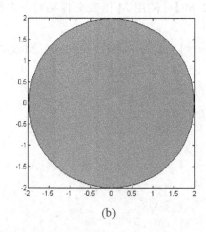

(a)   (b)

图 2.29 调用函数 e2_80.m 生成的图形

(a) 命令 e2_80(2)运行后的图形;(b) 命令 sa=e2_80(2,'g')运行后的图形

2.6.2 M 文件编辑 /调试器

M 文件编辑/调试器是 MATLAB 集编辑与调试两种功能于一体的工具环境。利用它, 不仅可以完成基本的文本编辑操作,还可以对 M 文件进行调试。这里,仅介绍 M 文件编

辑/调试器的文件编辑功能。

1. 启动 M 文件编辑/调试器的方法

采用以下三种方法，都可打开一个 M 文件编辑/调试器窗口，如图 2.30 所示。

(1) 在 MATLAB 命令窗口中运行命令"edit"。

(2) 用鼠标左键单击 MATLAB 命令窗口工具栏图标 ▯ 。

(3) 选择 MATLAB 命令窗口菜单"File|New|M-file"。

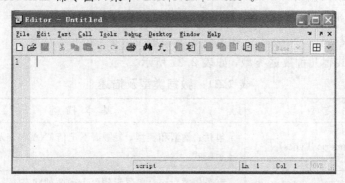

图 2.30　M 文件编辑/调试器窗口

2. 打开已建立的 M 文件的方法

有三种方法可以打开已建立的 M 文件。

(1) 在 MATLAB 命令窗口运行命令"edit filename"，filename 是待打开 M 文件的文件名，可不带扩展名。

(2) 用鼠标左键单击 MATLAB 命令窗口工具栏上的图标 ▱ ，再从弹出的对话框中选择所需打开的文件。

(3) 选择 MATLAB 命令窗口菜单"File|Open"，其余同(2)。

3. 编写或修改后的 M 文件的保存方法

用鼠标左键单击 MATLAB 文件编辑/调试器窗口工具栏图标 ▯ ，或选择该窗口菜单"File|Save"。若是已有文件，则以上操作便完成了保存；若是新文件，则会弹出"保存"文件对话框，经过存放目录和文件名的选择后，方可完成保存。

2.6.3　程序设计基础

MTALAB 程序实质上就是一种 M 文件，通常由各种 M 函数文件、MATLAB 语句及命令组成，类似于 M 脚本文件。

1. 全局变量和局部变量

全局变量(global variable)的作用域是整个 MATLAB 工作空间，可以通过命令"global"来定义，其格式为

global x y z　　　定义 x，y 和 z 为全局变量

如果想在不同的函数和 MATLAB 工作空间里使用同一个变量，就可以定义全局变量。如果一个变量为全局变量，则在任何一个函数里都可以对它进行赋值操作。

使用全局变量必须遵循如下规则：

（1）全局变量的定义语句必须在使用该变量的语句前，为了提高程序的可读性，最好将所有全局变量的定义放在 MATLAB 程序的前面；

（2）一个函数如果需要调用某个全局变量，则在该函数中必须将这个变量定义为全局变量。

局部变量（local variable）的作用域为函数文件所在的区域，其他函数文件无法对它实行调用。局部变量仅在其所在的函数文件运行时起作用，该函数文件一旦运行完毕，则局部变量也就自动消失了。

2. 数据类型

MATLAB 共有九种数据类型，如表 2.21 所示。

表 2.21　数据类型及描述

数 据 类 型	基 本 描 述
数值型（Numeric Types）	包括：整型和实型、复数、不定值（NAN）、无穷大以及数据显示格式
逻辑型（Logical Types）	有逻辑真（true）和逻辑假（false）两种状态
字符和字符串（Characters and Strings）	包括：字符、字符串、字符串元胞数组；字符串的比较、搜寻、替换以及字符/数值转换
日期和时间（Dates and Times）	包括日期字符串，连续日期数、日期向量、日期类型转换以及输出显示格式
结构体（Structures）	与 C 语言的结构体类似，可以存储不同类型的数据
元胞数组（Cell Arrays）	矩阵的直接扩展，可以存储不同类型和规模的数组
函数句柄（Function Handles）	用于间接访问函数的句柄；可以很方便地调用其他函数
MATLAB 类（MATLAB Classes）	使用面向对象类和方法，创建用户自己的 MATLAB 数据类型
Java 类（Java Classes）	使用 Java 程序设计语言生成 Java 类

3. 流程控制语句

MATLAB 提供了简明的流程控制语句供用户进行程序设计时使用，主要有循环结构语句、条件（分支）结构语句、开关结构语句以及试探结构语句等。除试探结构语句外，前三种流程控制语句与一般计算机高级语言的流程控制语句十分类似。下面结合 MATLAB 的特点逐一介绍这些流程控制语句。

1）循环结构

MATLAB 提供了两种循环结构，即 for 循环和 while 循环。

（1）for 循环。for 循环语句格式为

```
for    循环控制变量=〈循环次数设定〉
        循环体
end
```

说明：① 设定循环次数的数组可以是已定义的数组，也可以是在 for 循环语句中新定义的数组，且定义的格式为

〈初始值〉：〈步长〉：〈终值〉　　　步长的缺省值为 1

② for 循环可以嵌套使用。

【例 2.81】　使用 for 循环结构求 $\sum\limits_{k=1}^{100} k$ 的值。

【解】　程序名为 e2_81.m 的 MATLAB 程序如下：

```
sum=0;
for k=1:100                   %k 依次取 1，2，…，100
    sum=sum+k;                %对每个 k 值，重复执行由该命令构成的循环体
end
sum
```

程序运行结果为：

```
sum=
    5050
```

【例 2.82】　for 嵌套应用实例。

【解】　程序名为 e2_82.m 的 MATLAB 程序如下：

```
for m=1:5
    for n=1:5
        a(m, n)=1/(m+n-1);
    end
end
a
```

程序运行结果为：

```
a=
    1.0000    0.5000    0.3333    0.2500    0.2000
    0.5000    0.3333    0.2500    0.2000    0.1667
    0.3333    0.2500    0.2000    0.1667    0.1429
    0.2500    0.2000    0.1667    0.1429    0.1250
    0.2000    0.1667    0.1429    0.1250    0.1111
```

（2）while 循环。while 循环语句格式为

```
while〈循环判断语句〉
        循环体
end
```

说明：与 for 循环不同的是，while 循环不能指定循环的次数，循环判断语句为某种形式的逻辑判断表达式。当该表达式的逻辑值为真时，就执行循环体内的语句；当表达式的逻辑值为假时，就退出当前的循环体。

【例 2.83】　使用 while 循环结构求 $\sum\limits_{k=1}^{100} k$ 的值。

【解】　程序名为 e2_83.m 的 MATLAB 程序如下：

```
    sum=0;
    k=1;
        while k<=100
            sum=sum+k;
            k=k+1;
        end
        sum
```

程序运行结果为：

```
    sum=
        5050
```

2）分支结构

分支结构为 MATLAB 的条件判断语句，又分为以下三种结构。

（1）if-end 结构。它是分支结构最简单的一种，其格式为

```
if  〈逻辑判断语句〉
        执行语句
end
```

说明：当逻辑判断表达式为"真"时，就执行 if 和 end 之间的语句，否则不予执行。

（2）if-else-end 结构。该结构的格式为

```
if  〈逻辑判断语句〉
        执行语句 1
else
        执行语句 2
end
```

说明：当逻辑判断表达式为"真"时，将执行 if 与 else 内的语句，否则将执行 else 与 end 内的语句。

【例 2.84】 使用 if-else-end 结构将一数组作特殊排列。

【解】 程序名为 e2_84.m 的 MATLAB 程序如下：

```
    for k=1:9
        if k<=5
            a(k)=k;
        else
            a(k)=10-k;
        end
    end
    a
```

程序运行结果为：

```
    a=
        1  2  3  4  5  4  3  2  1
```

（3）if-elseif-end 结构。该结构的格式为

```
if  〈逻辑判断语句1〉
        执行语句1
elseif  〈逻辑判断语句2〉
        执行语句2
else
        执行语句3
end
```

【例 2.85】 使用 if-elseif-end 结构将矩阵 a=[1 2 3；4 5 6；7 8 9]进行满足一定条件的处理。

【解】 程序名为 e2_85.m 的 MATLAB 程序如下：

```
a=[1 2 3；4 5 6；7 8 9];
m=2；n=3；
if m==n
    a(m, n)=0;
elseif abs(m−n)==2
    a((m−1), (n−1))=−1;
else
    a(m, n)=−5;
end
a
```

程序运行结果为：

```
a=
    1    2    3
    4    5   −5
    7    8    9
```

3）开关结构

开关结构即 switch-case 结构，用来解决多分支判断选择，其格式为

```
switch  〈选择判断量〉
        case  选择判断值1
              选择判断语句1
        case  选择判断值2
              选择判断语句2
              ⋮
otherwise
        判断执行语句
end
```

说明：① 选择判断量给出了 switch-case 语句的开关条件，当选择判断值与之匹配时，就执行其后的语句，如果没有选择判断值与之匹配，就执行 otherwise 后面的语句。在执行过程中，只有一个 case 命令被执行。

② 执行完命令后，程序就跳出分支结构，执行 end 下面的语句。

【例 2.86】 switch-case 分支结构应用实例。

【解】 程序名为 e2_86.m 的 MATLAB 程序如下：

```
input_num=1；
    switch input_num
    case −1
        disp('negative one')；
    case 0
        disp('zero')；
    case 1
        disp('positive one')；
    otherwise
        disp('other value')；
    end
```

程序运行结果为：

```
positive one
```

4）试探结构

试探结构 try-catch 为用户提供了一种错误捕获机制。其格式为

```
try
    语句段 1
catch
    语句段 2
end
```

说明：试探结构首先试探性地执行语句段 1，如果在此段语句执行过程中出现错误，可调用 MATLAB 函数 lasterr() 查询出错原因，并终止这段语句的执行，转而执行语句段 2 中的内容。如果函数 lasterr() 运行结果为一个空串，则表明语句段 1 被成功执行。若执行语句段 2 时又出错，则 MATLAB 将终止该结构。

【例 2.87】 试探结构应用实例。

【解】 程序名为 e2_87.m 的 MATLAB 程序如下：

```
A=magic(3)              %设置 3×3 维魔方阵
B=ones(4，3)            %设置 4×3 维元素全为 1 的矩阵
try
    C=A * B；            %取 A 的第 N 行元素
catch
    C=NaN               %如果 C=A * B 运算出错，改为 C=NaN 运算
end
lasterr                 %显示出错原因
```

程序运行结果为：

```
A=
    8    1    6
```

```
            3   5   7
            4   9   2
    B=
            1   1   1
            1   1   1
            1   1   1
            1   1   1
    C=
            NaN
    ans=
    Error using ==> mtimes
    Inner matrix dimensions must agree.
```

此例中，由于 A 和 B 的维数不兼容，所以在"C＝A＊B"段语句执行过程中出现错误，调用函数 lasterr()查询出错原因，并终止这段语句的执行，转而执行"C＝NaN"语句。

4. 控制程序流程的其他常用命令

除了上面介绍的基本流程控制语句外，还有一些特殊的流程控制命令，具体如下：

(1)"break"命令。其作用是中断循环语句的执行，循环语句可以是 for 循环语句或 while 循环语句。通过使用"break"命令，可不必等待循环的自然结束，而根据循环内部另设的某种条件是否满足，来决定是否退出循环。

(2)"return"命令。其作用是中断函数的运行，返回到上级调用函数。"return"命令既可以用在循环体内，也可以用在非循环体内。如果在函数中插入了"return"命令，则可以强制 MATLAB 结束执行该函数并把控制转出。

(3)"pause"命令。它用于使程序暂时终止运行，等待用户按任意键后继续运行，适用于在调试程序时需要查看中间结果的情况。该命令的调用格式如下：

pause   暂停执行文件，等待用户按任意键继续

pause(n)   在继续执行之前暂停 n 秒

(4)"input"命令。它是带有询问提示的输入命令。该命令将 MATLAB 的"控制权"暂时交给用户，此后，用户通过键盘键入数值、字符串或者表达式，并经"回车"把键入内容输入工作空间，同时把"控制权"交还给 MATLAB。该命令的调用格式如下：

v＝input('message')   将用户输入的内容赋给变量 v

v＝input('message', s)   将用户输入的内容作为字符串赋给变量 v

说明：命令中的 message 是将要显示在屏幕上的字符串。对于第一种调用格式，用户可以输入数值、字符串甚至元胞数组等各种形式的数据。对于第二种调用格式，无论输入何种类型数据，总是以字符串形式赋给变量 v。

(5)"keyboard"命令，即调用键盘命令。当程序遇到"keyboard"时，MATLAB 将"控制权"交给键盘，用户可以从键盘输入各种合法的 MATLAB 命令，只有当用户使用"return"命令结束输入后，"控制权"才交还给程序。

说明："keyboard"与"input"的不同点在于："keyboard"允许输入任意多个 MATLAB 命令，而"input"只能输入赋给变量的"值"，即数值、字符串或元胞数组等。

（6）警示命令。在编写 M 文件时，常用的警示命令有：

error('message')   显示出错信息 message，终止程序
lasterr   显示 MATLAB 自动判断的最新出错原因并终止程序
warning('message')   显示警告信息 message 并继续运行
lastwarn   显示 MATLAB 自动给出的最新警告程序并继续运行

第 3 章　数学模型的 MATLAB 描述

通常分析和设计控制系统的首要工作就是建立其数学模型。本章首先介绍线性定常 (LTI)系统中经常用到的几种数学模型形式,然后讨论利用 MATLAB 建立数学模型以及数学模型之间相互转换的方法。通过本章的学习,读者可掌握应用 MATLAB 建立几种常用数学模型的方法,了解和熟悉数学模型之间的转换函数及数学模型连接函数的使用方法,为控制系统的分析与设计打下基础。

3.1　控制系统的数学模型

自动控制系统有很多种分类方法,如线性系统和非线性系统、连续系统和离散系统、定常系统和时变系统等。自动控制理论中用到的数学模型也有多种形式,时域中常用的数学模型有微分方程、差分方程和状态空间模型;复域中常用的数学模型有传递函数、结构图和信号流图;频域中常用的数学模型有频率特性等。本节结合自动控制系统的分类,简要介绍常用的几种数学模型。

3.1.1　线性定常连续系统

1. 微分方程模型

设单输入单输出(SISO)线性定常连续系统的输入信号为 $r(t)$,输出信号为 $c(t)$,则其微分方程的一般形式为

$$a_0\frac{\mathrm{d}^n c(t)}{\mathrm{d}t^n} + a_1\frac{\mathrm{d}^{n-1} c(t)}{\mathrm{d}t^{n-1}} + \cdots + a_{n-1}\frac{\mathrm{d}c(t)}{\mathrm{d}t} + a_n$$

$$= b_0\frac{\mathrm{d}^m r(t)}{\mathrm{d}t^m} + b_1\frac{\mathrm{d}^{m-1} r(t)}{\mathrm{d}t^{m-1}} + \cdots + b_{m-1}\frac{\mathrm{d}r(t)}{\mathrm{d}t} + b_m \tag{3.1}$$

式中,系数 a_0, a_1, $\cdots$, a_n, b_0, b_1, $\cdots$, b_m 为实常数,且 $m \leqslant n$。

2. 传递函数(Transfer Function:TF)模型

对式(3.1)在零初始条件下求拉氏变换,并根据传递函数的定义可得单输入单输出系统传递函数的一般形式为

$$G(s) = \frac{\mathcal{L}[c(t)]}{\mathcal{L}[r(t)]} = \frac{C(s)}{R(s)} = \frac{b_0 s^m + b_1 s^{m-1} + \cdots + b_{m-1}s + b_m}{a_0 s^n + a_1 s^{n-1} + \cdots + a_{n-1}s + a_n} = \frac{M(s)}{N(s)} \tag{3.2}$$

式中:

$M(s) = b_0 s^m + b_1 s^{m-1} + \cdots + b_{m-1} s + b_m$ 为传递函数的分子多项式；

$N(s) = a_0 s^n + a_1 s^{n-1} + \cdots + a_{n-1} s + a_n$ 为传递函数的分母多项式，也称为系统的特征多项式。

在 MATLAB 中，控制系统的分子多项式系数和分母多项式系数分别用向量 num 和 den 表示，即

$$\text{num} = [b_0, b_1, \cdots, b_{m-1}, b_m], \quad \text{den} = [a_0, a_1, \cdots, a_{n-1}, a_n]$$

在本书中，分别称其为分子向量 num 和分母向量 den。

3. 零极点增益（Zero-Pole-Gain：ZPK）模型

式（3.2）所示传递函数的分子多项式和分母多项式经因式分解后，可写为如下形式：

$$G(s) = K \frac{(s-z_1)(s-z_2)\cdots(s-z_m)}{(s-p_1)(s-p_2)\cdots(s-p_n)} = K \frac{\prod\limits_{i=1}^{m}(s-z_i)}{\prod\limits_{j=1}^{n}(s-p_j)} \tag{3.3}$$

对于单输入单输出系统，$z_1, z_2, \cdots, z_m$ 为 $G(s)$ 的零点，$p_1, p_2, \cdots, p_n$ 为 $G(s)$ 的极点，K 为系统的增益。

在 MATLAB 中，控制系统的零点和极点分别用向量 $\boldsymbol{Z}$ 和 $\boldsymbol{P}$ 表示，即

$$\boldsymbol{Z} = [z_1, z_2, \cdots, z_m], \quad \boldsymbol{P} = [p_1, p_2, \cdots, p_n]$$

显见，系统的模型将由向量 $\boldsymbol{Z}$、$\boldsymbol{P}$ 及增益 K 确定，故称为零极点增益模型。

说明：零极点增益模型有时还可写为如下形式：

$$G(s) = K \frac{(s+z_1)(s+z_2)\cdots(s+z_m)}{(s+p_1)(s+p_2)\cdots(s+p_n)} \tag{3.3a}$$

式（3.3a）与式（3.3）形式完全相同，只是两者的零点向量 $\boldsymbol{Z}$ 和极点向量 $\boldsymbol{P}$ 均相差一个负号。MATLAB 规定的零极点增益模型形式为式（3.3），所以在本书中除非另外说明，零极点增益模型均采用式（3.3）所示的形式。

4. 频率响应数据（Frequency Response Data：FRD）模型

设线性定常系统的频率特性为 $G(\mathrm{j}\omega) = |G(\mathrm{j}\omega)| \angle G(\mathrm{j}\omega)$，在幅值为 1，频率为 $\omega_i (i = 1, 2, \cdots, n)$ 的正弦信号 $r(t) = \sin\omega_i t$ 的作用下，其稳态输出为 $y_i(t) = |G(\mathrm{j}\omega_i)| \sin(\omega_i t + \angle G(\mathrm{j}\omega_i))$，$i = 1, 2, \cdots, n$。频率响应数据模型就是以 $\{G(\mathrm{j}\omega_i), \omega_i\}$，$i = 1, 2, \cdots, n$ 的形式，存储通过仿真或实验方法获得的频率响应数据值的。

5. 状态空间（State-Space：SS）模型

对于多输入多输出系统，应用最多的是状态空间模型。线性定常系统状态空间模型的一般形式为

$$\left.\begin{array}{l} \dot{\boldsymbol{x}}(t) = \boldsymbol{A}\boldsymbol{x}(t) + \boldsymbol{B}\boldsymbol{u}(t) \\ \boldsymbol{y}(t) = \boldsymbol{C}\boldsymbol{x}(t) + \boldsymbol{D}\boldsymbol{u}(t) \end{array}\right\} \tag{3.4}$$

式中，$\boldsymbol{x}(t)$ 为状态向量（n 维）；$\boldsymbol{u}(t)$ 为输入向量（p 维）；$\boldsymbol{y}(t)$ 为输出向量（q 维）；$\boldsymbol{A}$ 为系统矩阵或状态矩阵或系数矩阵（$n \times n$ 维）；$\boldsymbol{B}$ 为控制矩阵或输入矩阵（$n \times p$ 维）；$\boldsymbol{C}$ 为观测矩阵或输出矩阵（$q \times n$ 维）；$\boldsymbol{D}$ 为前馈矩阵或输入/输出矩阵（$q \times p$ 维）。式（3.4）所示系统还可以简记为系统（$\boldsymbol{A}, \boldsymbol{B}, \boldsymbol{C}, \boldsymbol{D}$）或状态空间模型（$\boldsymbol{A}, \boldsymbol{B}, \boldsymbol{C}, \boldsymbol{D}$）。进一步地，当 $\boldsymbol{D} = \boldsymbol{0}$ 时，还可记为系统（$\boldsymbol{A}, \boldsymbol{B}, \boldsymbol{C}$）。

3.1.2 线性定常离散系统

以上几种描述线性定常连续系统模型的方法可以推广到离散系统，从而得到线性定常离散系统的数学模型。

1. 差分方程模型

设单输入单输出线性定常离散系统的输入序列为 $r(k)$，输出序列为 $c(k)$，则其差分方程的一般形式为

$$a_0 c(k+n) + a_1 c(k+n-1) + \cdots + a_{n-1} c(k+1) + a_n c(k)$$
$$= b_0 r(k+m) + b_1 r(k+m-1) + \cdots + b_{m-1} r(k+1) + b_m r(k) \qquad (3.5)$$

式中，系数 a_0，a_1，$\cdots$，a_n，b_0，b_1，$\cdots$，b_m 为实常数，且 $m \leqslant n$。

2. 脉冲传递函数模型

脉冲传递函数也称为 Z 传递函数。单输入单输出系统脉冲传递函数的一般形式为

$$G(z) = \frac{\mathscr{Z}[c(z)]}{\mathscr{Z}[r(z)]} = \frac{C(z)}{R(z)} = \frac{b_0 z^m + b_1 z^{m-1} + \cdots + b_{m-1} z + b_m}{a_0 z^n + a_1 z^{n-1} + \cdots + a_{n-1} z + a_n} \qquad (3.6)$$

在 MATLAB 中，脉冲传递函数模型分子向量和分母向量的建立方法与式(3.2)相同。只是以 MATLAB 命令中是否包含了采样周期选项来区分所建立的模型是传递函数模型还是脉冲传递函数模型。其他几种线性定常离散系统数学模型的建立方法与之类似。

说明：在式(3.6)所示的脉冲传递函数中，分子向量和分母向量的系数是以 z 的正幂次方降幂排列的，有时根据需要(如在数字信号处理中)，可应用下述形式的脉冲传递函数：

$$G(z) = \frac{C(z)}{R(z)} = \frac{b_0 + b_1 z^{-1} + \cdots + b_{m-1} z^{-m+1} + b_m z^{-m}}{a_0 + a_1 z^{-1} + \cdots + a_{n-1} z^{-n+1} + a_n z^{-n}} \qquad (3.6a)$$

MATLAB 默认的形式是式(3.6)，在本章后续讨论中也可见式(3.6a)所示的形式。

3. 零极点增益模型

线性定常离散系统也可用零极点增益模型描述，即

$$G(z) = K \frac{(z-z_1)(z-z_2)\cdots(z-z_m)}{(z-p_1)(z-p_2)\cdots(z-p_n)} \qquad (3.7)$$

式中，z_1，z_2，$\cdots$，z_m 为 $G(z)$ 的零点；p_1，p_2，$\cdots$，p_n 为 $G(z)$ 的极点；K 为系统的增益。

4. 状态空间模型

多输入多输出线性定常离散系统状态空间模型的一般形式为

$$\left.\begin{array}{l} x(k+1) = Ax(k) + Bu(k) \\ y(k) = Cx(k) + Du(k) \end{array}\right\} \qquad (3.8)$$

式中，$x(k)$ 为状态向量序列(n 维)；$u(k)$ 为输入向量序列(p 维)；$y(k)$ 为输出向量序列(q 维)；矩阵 A、B、C、D 的维数和意义与式(3.4)相同，这里不再赘述。

3.2 数学模型的建立

MATLAB 的控制系统工具箱(Control System Toolbox)提供了丰富的建立和转换线性定常系统数学模型的方法，其模型生成和转换函数如表 3.1 所示。

表 3.1　线性定常系统数学模型的生成及转换函数

函数名称	功　　能
tf	生成(或转换)传递函数模型
ss	生成(或转换)状态空间模型
zpk	生成(或转换)零极点增益模型
frd	建立频率响应数据模型

3.2.1　传递函数模型

在 MATLAB 中，使用函数 tf() 建立或转换控制系统的传递函数模型。其功能和主要格式如下。

功能：生成线性定常连续/离散系统的传递函数模型，或者将状态空间模型或零极点增益模型转换成传递函数模型。

格式：

sys＝tf(num, den)	生成传递函数模型 sys
sys＝tf(num, den, ′Property1′, Value1, …, ′PropertyN′, ValueN)	

生成传递函数模型 sys。模型 sys 的属性(Property)及属性值(Value)用′Property′, Value 指定

sys＝tf(num, den, Ts)　　生成离散时间系统的脉冲传递函数模型 sys

sys＝tf(num, den, Ts, ′Property1′, Value1, …, ′PropertyN′, ValueN)

生成离散时间系统的脉冲传递函数模型 sys

sys＝tf(′s′)　　　　　　指定传递函数模型以拉氏变换算子 s 为自变量

sys＝tf(′z′, Ts)　　　　指定脉冲传递函数模型以 Z 变换算子 z 为自变量，以 Ts 为采样周期

tfsys＝tf(sys)　　　　　将任意线性定常系统 sys 转换为传递函数模型 tfsys

说明：① 对于单输入单输出系统，num 和 den 分别为传递函数的分子向量和分母向量；对于多输入多输出系统，num 和 den 为行向量的元胞数组，其行数与输出向量的维数相同，列数与输入向量的维数相同。

② Ts 为采样周期，若系统的采样周期未定义，则设置 Ts＝－1 或者 Ts＝[ ]。

③ 缺省情况下，生成连续时间系统的传递函数模型，且以拉氏变换算子 s 为自变量。

下面举例说明函数 tf() 的使用方法。

【例 3.1】　已知控制系统的传递函数为

$$G(s) = \frac{s^2 + 3s + 2}{s^3 + 5s^2 + 7s + 3}$$

用 MATLAB 建立其数学模型。

【解】　(1) 生成连续传递函数模型。在 MATLAB 命令窗口中输入：

>> num＝[1 3 2];

>> den＝[1 5 7 3];

>> sys＝tf(num, den)

运行结果为：

Transfer function：

$$\frac{s^2+3s+2}{s^3+5s^2+7s+3}$$

（2）直接生成传递函数模型。在 MATLAB 命令窗口中输入：

```
>> sys=tf([1 3 2], [1 5 7 3])
```

运行结果为：

Transfer function：

$$\frac{s^2+3s+2}{s^3+5s^2+7s+3}$$

（3）建立传递函数模型并指定输出变量名称和输入变量名称。在 MATLAB 命令窗口中输入：

```
>> sys=tf(num, den, 'InputName', '输入端', 'OutputName', '输出端')
```

运行结果为：

Transfer function from input "输入端" to output "输出端"：

$$\frac{s^2+3s+2}{s^3+5s^2+7s+3}$$

（4）生成离散传递函数模型（指定采样周期为 0.1s）。在 MATLAB 命令窗口中输入：

```
>> num=[1 3 2];
>> den=[1 5 7 3];
>> sys=tf(num, den, 0.1)          % 指定采样周期为 0.1 s，缺省自变量为 z
```

运行结果为：

Transfer function：

$$\frac{z^2+3z+2}{z^3+5z^2+7z+3}$$

Sampling time：0.1

（5）生成离散传递函数模型（未指定采样周期）。在 MATLAB 命令窗口中输入：

```
>> sys=tf(num, den, -1)          %生成未指定采样周期的离散系统数学模型
```

运行结果为：

Transfer function：

$$\frac{z^2+3z+2}{z^3+5z^2+7z+3}$$

Sampling time：unspecified

（6）生成离散传递函数模型（指定采样周期为 0.1s 且按照 z^{-1} 排列）。在 MATLAB 命令窗口中输入：

```
>> sys=tf(num, den, 0.1, 'variable', 'z^-1')
```

运行结果为：

Transfer function：

$1+3z^-1+2z^-2$

$1+5z^-1+7z^-2+3z^-3$

Sampling time：0.1

(7) 生成离散传递函数模型（指定采样周期为 0.1 s，按照 z^{-1} 排列且延迟时间为 2 s）。在 MATLAB 命令窗口中输入：

>> sys=tf(num, den, 0.1, 'variable', 'z^-1', 'inputdelay', 2)

运行结果为：

Transfer function：

$1+3z^-1+2z^-2$

z^(-2) * ------------------------------------

$1+5z^-1+7z^-2+3z^-3$

Sampling time：0.1

(8) 生成连续时间系统传递函数模型，指定自变量为 p。在 MATLAB 命令窗口中输入：

>> num=[1 3 2];

>> den=[1 5 7 3];

>> sys=tf(num, den, 'variable', 'p')

运行结果为：

Transfer function：

p^2+3p+2

----

p^3+5p^2+7p+3

【例 3.2】 系统的传递函数为

$$G(s) = \frac{2s^2 + 4s + 5}{s^4 + 7s^3 + 2s^2 + 6s + 6}$$

应用 MATLAB 建立其数学模型。

【解】 (1) 建立连续时间系统传递函数。在 MATLAB 命令窗口中输入：

>> s=tf('s');   %指定使用拉氏变换算子 s 生成传递函数

>> G=(2 * s^2+4 * s+5)/(s^4+7 * s^3+2 * s^2+6 * s+6)

运行结果为：

Transfer function：

$2s^2+4s+5$

$s^4+7s^3+2s^2+6s+6$

(2) 建立离散时间系统传递函数。在 MATLAB 命令窗口中输入：

>> s=tf('z', 0.1);   %指定使用 Z 变换算子生成脉冲传递函数模型（采样周期

                            %为0.1 s）

>> G=(2 * s^2+4 * s+5)/(s^4+7 * s^3+2 * s^2+6 * s+6)

运行结果为：

Transfer function：

$$2z^2+4z+5$$

$$z^4+7z^3+2z^2+6z+6$$

Sampling time：0.1

【例3.3】 设多输入多输出系统的传递函数矩阵为

$$G(s) = \begin{bmatrix} \dfrac{s+1}{s^2+2s+2} \\ \dfrac{1}{s} \end{bmatrix}$$

应用 MATLAB 建立其数学模型。

【解】 本例采用两种方法建立其数学模型，请读者进行比较。

(1) 分别建立传递函数矩阵中每一个传递函数模型，然后按照 MATLAB 生成矩阵的方式建立其模型。在 MATLAB 命令窗口中输入：

>> G=[tf([1 1],[1 2 2]); tf([1],[1 0])]

运行结果为：

Transfer function from input to output...

```
          s+1
#1: ---------------
        s^2+2s+2

         1
#2: ---------
         s
```

(2) 由传递函数矩阵的所有元素(即传递函数)的系数组成元胞数组，从而建立系统的数学模型。在 MATLAB 命令窗口中输入：

>> num={[1,1]; 1};

>> den={[1,2,2]; [1,0]};

>> G=tf(num,den)

运行结果为：

Transfer function from input to output...

```
          s+1
#1: ---------------
        s^2+2s+2

         1
#2: -----------
         s
```

可见，两种方法得到的结果相同。

多输入多输出离散系统传递函数矩阵的建立方法与连续系统类似，这里不再赘述。

使用函数 tf()还可以由状态空间模型或零极点增益模型得到传递函数模型，下面举例说明。

【例3.4】 系统的零极点增益模型为

$$G(s) = \frac{(s+0.1)(s+0.2)}{(s+0.3)^2}$$

用 MATLAB 建立其传递函数模型。

【解】 在 MATLAB 命令窗口中输入：

```
>> z=[−0.1, −0.2]; p=[−0.3, −0.3]; k=1;
>> sys1=zpk(z, p, k)          %建立系统的零极点增益模型
```

运行结果为：

```
Zero/pole/gain：

(s+0.1)(s+0.2)
---------------------
   (s+0.3)^2

>> sys2=tf(sys1)          %将零极点增益模型转换为传递函数模型
```

运行结果为：

```
Transfer function：

s^2+0.3s+0.02
---------------------
s^2+0.6s+0.09
```

说明：根据零极点增益模型求取传递函数模型时，还可以使用 MATLAB 的求卷积函数 conv(a, b)。每次调用 conv(a, b)函数只能得到两个向量 a 和 b 的卷积，但 conv(a, b) 函数可以嵌套使用。

【例 3.5】 线性定常系统的零极点增益模型为

$$G(s) = \frac{s(s+6)(s+5)}{(s+3+\mathrm{i}4)(s+3-\mathrm{i}4)(s+1)(s+2)}$$

用 MATLAB 求取其传递函数模型。

【解】 在 MATLAB 命令窗口中输入：

```
>> num=conv(conv([1 0], [1 6]), [1 5]);
>> den=conv(conv(conv([1 3−4i], [1 3+4i]), [1 1]), [1 2]);
>> sys=tf(num, den)
```

运行结果为：

```
Transfer function：

s^3+11s^2+30s
------------------------------------
s^4+9s^3+45s^2+87s+50
```

3.2.2 状态空间模型

在 MATLAB 中，使用函数 ss()来建立或转换控制系统的状态空间模型。其主要功能和格式如下。

功能：生成线性定常连续/离散系统的状态空间模型，或者将传递函数模型或零极点增益模型转换为状态空间模型。

格式：

    sys＝ss(a, b, c, d)   生成线性定常连续系统的状态空间模型 sys。a, b, c, d 分别对应式(3.4)中所示系统($\boldsymbol{A}$, $\boldsymbol{B}$, $\boldsymbol{C}$, $\boldsymbol{D}$)

    sys＝ss(a, b, c, d, ′Property1′, Value1, …, ′PropertyN′, ValueN)
        生成连续系统的状态空间模型 sys。状态空间模型 sys 的属性（Property）及属性值（Value）用′Property′, Value 指定

    sys＝ss(a, b, c, d, Ts)   生成离散系统的状态空间模型 sys

    sys＝ss(a, b, c, d, Ts, ′Property1′, Value1, …, ′PropertyN′, ValueN)
        生成离散系统的状态空间模型 sys

    sys_ ss＝ss(sys)   将任意线性定常系统 sys 转换为状态空间模型

说明：① Ts 为采样周期，若采样周期未定义，则指定 Ts＝－1 或 Ts＝[ ]。

② 若式(3.4)中系统的前馈矩阵 $\boldsymbol{D}$＝0，则在建立状态空间模型时，必须根据输入变量的维数和输出变量的维数确定零矩阵 $\boldsymbol{D}$ 的维数。

【例 3.6】 线性定常系统的状态空间表达式为

$$\dot{\boldsymbol{x}} = \begin{bmatrix} -2 & -1 \\ 1 & -1 \end{bmatrix} \boldsymbol{x} + \begin{bmatrix} 1 & 1 \\ 2 & -1 \end{bmatrix} \boldsymbol{u}$$

$$\boldsymbol{y} = \begin{bmatrix} 1 & 0 \end{bmatrix} \boldsymbol{x}$$

应用 MATLAB 建立其状态空间模型。

【解】 (1) 建立连续时间系统状态空间模型。在 MATLAB 命令窗口中输入：

```
>> a=[-2, -1; 1, -1]; b=[1, 1; 2, -1]; c=[1, 0]; d=0;
>> sys1=ss(a, b, c, d)
```

运行结果为：

```
a=
        x1    x2
  x1    -2    -1
  x2     1    -1
b=
        u1    u2
  x1     1     1
  x2     2    -1
c=
        x1    x2
  y1     1     0
d=
        u1    u2
  y1     0     0
```

Continuous-time model.

(2) 建立离散时间系统状态空间模型(指定采样周期为 0.1 s)。在 MATLAB 命令窗口中输入：

```
>> sys1=ss(a, b, c, d, 0.1)
```

运行结果为：

a=

	x1	x2
x1	−2	−1
x2	1	−1

b=

	u1	u2
x1	1	1
x2	2	−1

c=

	x1	x2
y1	1	0

d=

	u1	u2
y1	0	0

Sampling time: 0.1
Discrete-time model.

（3）建立状态空间模型，并指定状态变量名称、输入变量名称及输出变量名称。在 MATLAB 命令窗口中输入：

```
>> sys=ss(a,b,c,d,0.1,'statename',{'位移' '速率'},'Inputname',{'油门位移','舵偏角'},
          'outputname','俯仰角')
```

运行结果为：

a=

	位移	速率
位移	−2	−1
速率	1	−1

b=

	油门位移	舵偏角
位移	1	1
速率	2	−1

c=

	位移	速率
俯仰角	1	0

d=

	油门位移	舵偏角
俯仰角	0	0

Sampling time: 0.1
Discrete-time model.

【例 3.7】 线性定常系统状态空间表达式为

$$\dot{x} = \begin{bmatrix} -2 & -1 \\ 1 & -1 \end{bmatrix} x + \begin{bmatrix} 1 & 1 \\ 2 & -1 \end{bmatrix} u$$

$$y = \begin{bmatrix} 1 & 0 \end{bmatrix} x + \begin{bmatrix} 0 & 1 \end{bmatrix} u$$

用 MATLAB 建立其传递函数模型。

【解】 在 MATLAB 命令窗口中输入：

>> a=[−2, −1; 1, −1]; b=[1, 1; 2, −1]; c=[1, 0]; d=[0, 1];
>> sys1=ss(a, b, c, d)   %建立其状态空间模型

运行结果为：

```
a=
          x1     x2
   x1    −2     −1
   x2     1     −1
b=
          u1     u2
   x1     1      1
   x2     2     −1
c=
          x1     x2
   y1     1      0
d=
          u1     u2
   y1     0      1
Continuous-time model.
```

>> sys2=tf(sys1)   %将状态空间模型 sys1 转换为传递函数矩阵

运行结果为：

Transfer function from input 1 to output：

$$\frac{s-1}{s^2+3s+3}$$

Transfer function from input 2 to output：

$$\frac{s^2+4s+5}{s^2+3s+3}$$

此系统有两个输入变量，一个输出变量，其传递函数矩阵为

$$\boldsymbol{G} = \left[\frac{s-1}{s^2+3s+3} \quad \frac{s^2+4s+5}{s^2+3s+3} \right]$$

【例3.8】 线性定常系统的传递函数矩阵为

$$\boldsymbol{G}(s) = \left[\begin{array}{c} \dfrac{s+1}{s^3+3s^2+3s+2} \\ \\ \dfrac{s^2+3}{s^2+s+1} \end{array} \right]$$

应用 MATLAB 建立其状态空间模型。

【解】 在 MATLAB 命令窗口中输入：

>> G=[tf([1, 1], [1, 3, 3, 2]); tf([1, 0, 3], [1, 1, 1])];
>> ss(G)

运行结果为：

```
a＝
            x1       x2       x3       x4       x5
   x1      −3      −1.5     −1        0        0
   x2       2        0        0        0        0
   x3       0        1        0        0        0
   x4       0        0        0       −1       −1
   x5       0        0        0        1        0

b＝
            u1
   x1        1
   x2        0
   x3        0
   x4        2
   x5        0

c＝
            x1       x2       x3       x4       x5
   y1        0       0.5      0.5       0        0
   y2        0        0        0       −0.5      1

d＝
            u1
   y1        0
   y2        1
```

Continuous-time model.

根据传递函数模型和零极点模型建立状态空间模型的方法与上述类似，这里不再赘述。

3.2.3 零极点增益模型

在 MATLAB 中，使用函数 zpk()建立或转换线性定常系统的零极点增益模型。其主要功能和格式如下。

功能：建立线性定常连续/离散系统的零极点增益模型，或者将传递函数模型或状态空间模型转换成零极点增益模型。

格式：

sys＝zpk(z, p, k)　　　　　建立连续系统的零极点增益模型 sys。z, p, k 分别对应式(3.3)或(3.7)中系统的零点向量，极点向量和增益

sys＝zpk(z, p, k, ′Property1′, Value1，…，′PropertyN′, ValueN)
　　　　　　　　　　　建立连续系统的零极点增益模型 sys。模型 sys 的属性(Property)及属性值(Value)用′Property′, Value 指定

sys＝zpk(z, p, k, Ts)　　　建立离散系统的零极点增益模型 sys

sys＝zpk(z, p, k, Ts, ′Property1′, Value1, …, ′PropertyN′, ValueN)

建立离散时间系统的零极点增益模型 sys

sys＝zpk(′s′)   指定零极点增益模型以拉氏变换算子 s 为自变量

sys＝zpk(′z′)   指定零极点增益模型以 Z 变换算子为自变量

zsys＝zpk(sys)   将任意线性定常系统模型 sys 转换为零极点增益模型

说明：① 若系统不包含零点(或极点)，则取 z＝[ ])(或者 p＝[ ])。

② Ts 为采样周期，若采样周期未定义，则设置 Ts＝−1 或者 Ts＝[ ]。

【例 3.9】 线性定常连续系统的传递函数为

$$G(s) = \frac{10(s+1)}{s(s+2)(s+5)}$$

应用 MATLAB 建立其零极点增益模型。

【解】 (1) 建立连续时间系统模型。在 MATLAB 命令窗口中输入：

>> z＝[−1]; p＝[0, −2, −5]; k＝10;

>> G＝zpk(z, p, k)

运行结果为：

Zero/pole/gain：

　　10(s+1)

　--------------------

　s(s+2)(s+5)

(2) 建立离散时间系统模型(指定采样周期为 0.1 s)。在 MATLAB 命令窗口中输入：

>> G＝zpk(z, p, k, 0.1)

运行结果为：

Zero/pole/gain：

　　10(z+1)

　--------------------

　z(z+2)(z+5)

(3) 建立离散时间系统模型(未指定采样周期)，且设定自变量为 q。在 MATLAB 命令窗口中输入：

>> G＝zpk(z, p, k, −1, ′variable′, ′q′)

运行结果为：

Zero/pole/gain：

　　10q^2(1+q)

　(1+2q)(1+5q)

Sampling time：unspecified

(4) 建立离散时间系统模型(指定采样周期为 0.1 s)，且自变量按照 z^{-1} 排列。在 MATLAB 命令窗口中输入：

>> G＝zpk(z, p, k, 0.1, ′variable′, ′z^−1′)

运行结果为：

Zero/pole/gain：

$$\frac{10z^{-2}(1+z^{-1})}{(1+2z^{-1})(1+5z^{-1})}$$

Sampling time：0.1

说明：在建立系统的零极点增益形式数学模型时，其零点向量 **Z** 和极点向量 **P** 既可以为行向量，也可以为列向量，得到的结果相同。如在本例(1)中生成连续时间系统模型时，还可将极点向量写成列向量形式：p=[0；−2；−5]，会得到相同的结果。

【例 3.10】 已知离散系统的脉冲传递函数矩阵为

$$G(z)=\begin{bmatrix}\dfrac{1}{z-0.3}\\[2mm]\dfrac{2(z+0.5)}{(z-0.1+\mathrm{j})(z-0.1-\mathrm{j})}\end{bmatrix}$$

应用 MATLAB 建立其零极点增益模型。

【解】 (1) 建立离散零极点增益模型(未指定采样周期)。在 MATLAB 命令窗口中输入：

```
>> z={[ ]; −0.5}; p={0.3; [0.1+i, 0.1−i]}; k=[1; 2];
>> G=zpk(z, p, k, −1)
```

运行结果为：

```
Zero/pole/gain from input to output...

              1
#1: ---------------
          (z−0.3)

           2(z+0.5)
#2: --------------------
       (z^2− 0.2z+1.01)
```

Sampling time：unspecified

(2) 建立连续零极点增益模型(指定输入变量名称及输出变量名称)。在 MATLAB 命令窗口中输入：

```
>> G=zpk(z, p, k, 'inputname', '输入变量', 'outputname', {'输出变量1', '输出变量2'})
```

运行结果为：

```
Zero/pole/gain from input "输入变量" to output...

                   1
输出变量1：------------
              (s−0.3)

                2(s+0.5)
输出变量2：--------------------
            (s^2−0.2s+1.01)
```

【例 3.11】 线性定常连续系统的传递函数为

$$G(s)=\frac{-10s^2+20s}{s^5+7s^4+20s^3+28s^2+19s+5}$$

应用 MATLAB 建立其零极点增益模型。

【解】 在 MATLAB 命令窗口中输入：

```
>> G=tf([-10 20 0], [1 7 20 28 19 5])        %建立传递函数模型
>> sys=zpk(G)
```

运行结果为：

Zero/pole/gain：

$$\frac{-10s(s-2)}{(s+1)^3(s^2+4s+5)}$$

【例 3.12】 将例 3.7 所示系统的状态空间模型转化为零极点增益模型。

【解】 在 MATLAB 命令窗口中输入：

```
>> a=[-2, -1; 1, -1]; b=[1, 1; 2, -1]; c=[1, 0]; d=[0, 1];
>> G1=ss(a, b, c, d);                        %建立状态空间模型
>> G2=zpk(G1)
```

运行结果为：

Zero/pole/gain from input 1 to output：   %得到输入 1 至输出之间的零极点增益模型

$$\frac{(s-1)}{(s^2+3s+3)}$$

Zero/pole/gain from input 2 to output：   %得到输入 2 至输出之间的零极点增益模型

$$\frac{(s+2)}{(s^2+3s+3)}$$

3.2.4 频率响应数据模型

在 MATLAB 中，使用函数 frd() 建立控制系统的频率响应数据模型。其主要功能和格式如下。

功能：建立频率响应数据模型或者将其他线性定常系统模型转换成频率响应数据模型。

格式：

sys=frd(response, frequency)   建立频率响应数据模型 sys。response 为存储频率响应数据的多维元胞，frequency 为频率向量，缺省单位为弧度/秒（rad/s）

sys=frd(response, frequency, 'Property1', Value1, …, 'PropertyN', ValueN)
建立频率响应数据模型 sys。模型 sys 的属性（Property）及属性值（Value）用 'Property' 和 Value 指定

sys=frd(response, frequency, Ts)   建立离散系统频率响应数据模型 sys

sysfrd=frd(sys, frequency, 'Units', units)
将其他数学模型 sys 转换为频率响应数据模型，并指定 frequency 的单位（'Units'）为 units

说明：① 频率响应数据模型可以由其他三类模型转换得到，但不能将频率响应模型转换成其他类型的模型。

② response 为复数形式。

③ Ts 为采样周期，采样周期未定义时，取 Ts＝−1 或 Ts＝[ ]。

【例 3.13】 设系统的频率特性为

$$G(j\omega) = 0.05\omega \cdot e^{j2\omega}$$

计算当频率在 $10^{-1} \sim 10^2$ rad/s(弧度/秒)之间取值时的频率响应数据模型。

【解】 在 MATLAB 命令窗口中输入：

```
>> freq=1:2:100;                  %在 1 与 100 之间产生 50 个等距离频率点
>> resp=0.05 * (freq). * exp(i * 2 * freq);   %计算每一个频率点 freq 的 G(jω) 值，结
                                   %果为复数形式

>> sys=frd(resp, freq)
```

运行结果为：

```
From input 1 to：

    Frequency(rad/s)            output 1

    ------------------------------------------------

        1              −0.020807＋0.045465i
        3               0.144026−0.041912i
        ⋮                       ⋮
              (省略中间部分结果)
        ⋮                       ⋮
       99              −4.934302−0.393914i
```

Continuous-time frequency response data model.

若考虑到输入变量及输出变量名称，则可将 MATLAB 语句改写为

```
>> sys = frd(resp, freq, 'inputname', '频率', 'outputname', '输出值')
```

运行结果为：

```
From input '频率' to：

    Frequency(rad/s)            输出值

    ------------------------------------------------

        1              −0.020807＋0.045465i
        3               0.144026−0.041912i
        ⋮                       ⋮
              (省略中间部分结果)
        ⋮                       ⋮
       99              −4.934302−0.393914i
```

Continuous-time frequency response data model.

说明：根据频率响应数据模型，可以绘制频率响应曲线。

【例 3.14】 设系统的传递函数为

$$G(s) = \frac{s+1}{s^3 + 4s^2 + 2s + 6}$$

计算当频率在 $10^{-1} \sim 10^2$ rad/s 之间取值时的频率响应数据模型。

【解】 在 MATLAB 命令窗口中输入：

```
>> sys=tf([1 1],[1 4 2 6]);
>> freq=0.1:100;
>> sysfrd=frd(sys,freq)
```

运行结果为：

From input 1 to:

Frequency(rad/s)	output 1
0.1	0.168158＋0.011164i
1.1	1.007206＋0.193739i
⋮	⋮
（省略中间部分结果）	
⋮	⋮
99.1	－0.000102－0.000003i

Continuous-time frequency response data model.

上面计算中频率的缺省单位为 rad/s，若将频率的单位设定为赫兹（Hz），则相应的 MATLAB 语句为：

```
>> sysfrd=frd(sys,freq,'Units','Hz')
```

运行结果为：

From input 1 to:

Frequency(Hz)	output 1
0.1	0.245830＋8.604151e－002i
1.1	－0.017655－7.168160e－003i
⋮	⋮
（省略中间部分结果）	
⋮	⋮
99.1	－0.000003－1.242641e－008i

Continuous-time frequency response data model.

函数 frd() 不仅可以求出单输入单输出系统的频率响应数据，还可以求出多输入多输出系统的频率响应数据模型，下面举例说明。

【例 3.15】 设线性定常系统的传递函数矩阵为

$$G(s) = \begin{bmatrix} \dfrac{s+1}{s^3 + 4s^2 + 2s + 6} \\ \dfrac{s+1}{s^2 + 2s + 5} \end{bmatrix}$$

计算当频率在 $10^{-1} \sim 10^2$ rad/s 之间取值时的频率响应数据模型。

【解】 在 MATLAB 命令窗口中输入：

```
>> sys=[tf([1 1],[1 2 5]);tf([1 1],[1 4 2 6])];
>> freq=0.1:100;
>> sysfrd=frd(sys,freq,'Units','Hz')
```

运行程序，得到以赫兹(Hz)为频率单位的计算结果分别为：

```
From input 1 to:
    Frequency(Hz)        output 1                output 2
    -----------------------------------------------------------------
        0.1      0.236747＋0.071835i      0.245830＋8.604151e－002i
        1.1      0.026120－0.153159i     －0.017655－7.168160e－003i
         ⋮              ⋮                        ⋮
                      (省略中间部分结果)
         ⋮              ⋮                        ⋮
       99.1      0.000003－0.001606i     －0.000003－1.242641e－008i
    Continuous-time frequency response data model.
```

本例传递函数矩阵所表示的系统包含一个输入变量和两个输出变量，故得到的结果中包括频率向量在内共有三列，如果将例 3.15 中的传递函数矩阵变化为具有两个输入变量和一个输出变量的形式，即

$$G(s) = \left[\frac{s+1}{s^3 + 4s^2 + 2s + 6} \quad \frac{s+1}{s^2 + 2s + 5} \right]$$

然后再应用前述方法求取此时系统的频率响应数据模型，则会得到不同的结果。

3.3　数学模型参数的获取

应用 MATLAB 建立了系统模型后，MATLAB 会以单个变量形式存储该模型的数据，包括模型参数(如状态空间模型的 A，B，C，D 矩阵等)等属性，例如输入/输出变量名称，采样周期，输入/输出延迟等。有时需要从已经建立的线性定常系统模型(如传递函数模型、零极点增益模型、状态空间模型或频率响应数据模型)中获取模型参数等信息，此时除了使用函数 set() 和函数 get() 以外，还可以采用模型参数来达到目的。由线性定常系统的一种模型可以直接得到其他几种模型的参数，而不必进行模型之间的转换。这些函数的名称及功能如表 3.2 所示。

表 3.2　模型参数的获取函数

函数名称	使 用 方 法	功　　能
tfdata	[num，den]＝tfdata(sys) [num，den]＝tfdata(sys，'v') [num，den，Ts]＝tfdata(sys)	得到变换后的传递函数模型参数
ssdata	[a，b，c，d]＝ssdata(sys) [a，b，c，d，Ts]＝ssdata(sys)	得到变换后的状态空间模型参数
zpkdata	[z，p，k]＝zpkdata(sys) [z，p，k]＝zpkdata(sys，'v') [z，p，k，Ts，Td]＝zpkdata(sys)	得到变换后的零极点增益模型参数
frddata	[response，freq]＝frdata(sys) [response，freq，Ts]＝frdata(sys) [response，freq]＝frdata(sys，'v')	得到变换后的频率响应数据模型参数

与前述函数不同的是，这些带 data 的函数仅用来获取相应的模型参数，并不生成新的模型。

下面以函数 zpkdata() 为例，说明模型参数获取函数的使用方法。该函数的调用格式为：

格式：

$[z, p, k] = zpkdata(sys)$ 返回由 sys 所示线性定常系统零极点增益模型的零点向量 z，极点向量 p 和增益 k

说明：① 为了方便多输入多输出模型或模型数组数据的获取，缺省情况下，函数 tfdata() 和 zpkdata() 以元胞数组形式返回参数（例如 num，den，z，p 等）。

② 对于单输入单输出模型而言，可在调用函数时应用第二个输入变量'v'，指定调用该函数时返回的是向量(Vector)数据而不是元胞数组。

【例 3.16】 系统的传递函数模型为

$$G(s) = \frac{3s^4 + 2s^3 + 5s^2 + 4s + 6}{s^5 + 3s^4 + 4s^3 + 2s^2 + 7s + 2}$$

用 MATLAB 建立其传递函数模型，并获取其零点向量、极点向量和增益等参数。

【解】 在 MATLAB 命令窗口中输入：

>> num=[3, 2, 5, 4, 6];
>> den=[1, 3, 4, 2, 7, 2];
>> [z, p, k]=zpkdata(tf(num, den))

运行结果为：

z=
    [4x1 double]
p=
    [5x1 double]
k=
    3

可见，此时仅得到多维元胞数组，要显示零点向量和极点向量，还必须再在 MATLAB 命令窗口中输入：

>> z1=z{1}, p1=p{1}

运行结果为：

z1=
    0.4019+1.1965i
    0.4019-1.1965i
    -0.7352+0.8455i
    -0.7352-0.8455i

p1=
    -1.7680+1.2673i
    -1.7680-1.2673i
    0.4176+1.1130i
    0.4176-1.1130i
    -0.2991

也可以采用一条 MATLAB 命令直接显示零点向量和极点向量，即

$$>> [z1, p1, k] = zpkdata(tf(num, den), 'v')$$

运行后，得到系统的零点向量 z1、极点向量 p1 和增益 k 与前述相同。

3.4　数学模型的转换

在实际应用过程中，常常需要将线性定常系统的各种模型进行任意转换。也就是说，已知其中的一种数学模型描述，就可以求出该系统的另一种数学模型描述。MATLAB 的控制系统工具箱提供了丰富的模型转换函数，如表 3.3 所示。表中函数大致分为两类：第一类是利用 3.2 节所述的模型建立函数直接进行转换；第二类是模型转换函数。前一种情况在 3.2 节已经详细讨论过，下面仅讨论后一种情况。

使用模型转换函数主要进行连续时间模型与离散时间模型之间的转换及离散时间模型不同采样周期之间的转换（即重新采样）。

表 3.3　模型转换函数

函数名称	功　能
c2d	由连续时间模型转换为离散时间模型
c2dm	按照指定方式将连续时间模型转换为离散时间模型
d2c	由离散时间模型转换为连续时间模型
d2cm	按照指定方式将离散时间模型转换为连续时间模型
d2d	离散时间系统重新采样
ss	转换为状态空间模型
tf	转换为传递函数模型
zpk	转换为零极点增益模型
tf2ss	将传递函数模型转换为状态空间模型
tf2zp	将传递函数模型转换为零极点增益模型
ss2tf	将状态空间模型转换为传递函数模型
ss2zp	将状态空间模型转换为零极点增益模型
zp2ss	将零极点增益模型转换为状态空间模型
zp2tf	将零极点增益模型转换为传递函数模型
ss2ss	状态空间模型的线性变换

3.4.1　连续时间模型转换为离散时间模型

在 MATLAB 中，使用函数 c2d() 将连续时间模型转换为离散时间模型。其主要功能和格式如下。

功能：将连续时间模型转换成离散时间模型，亦称为将连续时间系统离散化。

格式：

  sysd＝c2d(sys，Ts)   以采样周期 Ts 将线性定常连续系统 sys 离散化，

               得到离散化后的系统 sysd；

  sysd＝c2d(sys，Ts，method)   以字符串"method"指定的离散化方法将线性定常

               连续系统 sys 离散化，包括

               (a) $'zoh'$——零阶保持器

               (b) $'foh'$——一阶保持器

               (c) $'tustin'$——图斯汀变换

               (d) $'matched'$——零极点匹配法

说明：① 未指定离散化方法时，采用零阶保持器离散化方法。

② 除零极点匹配法仅支持单输入单输出系统外，其他离散化方法既支持单输入单输出系统，也支持多输入多输出系统。

【例 3.17】 连续时间系统传递函数为

$$G(s) = \frac{s+1}{s^2 + 2s + 5} e^{-0.35s}$$

将其按照采样周期 Ts＝0.1 s 进行离散化。

【解】 (1) 以零阶保持器方法离散化。在 MATLAB 命令窗口中输入：

  >> sys＝tf([1 1]，[1 2 5]，$'inputdelay'$，0.35)   %建立传递函数模型

运行结果为：

Transfer function：

          s＋1

exp(−0.35 * s) * ---------------

          s^2＋2s＋5

  >> Gd＝c2d(sys，0.1)   %得到离散化模型

运行结果为：

Transfer function：

      0.04869z^2＋0.002242z−0.04191

z^(−3) * ---

      z^3−1.774z^2＋0.8187z

Sampling time：0.1

(2) 以一阶保持器方法离散化。在 MATLAB 命令窗口中输入：

  >> Gd＝c2d(sys，0.1，$'foh'$)

运行结果为：

Transfer function：

      0.01228z^3＋0.05996z^2−0.05282z−0.0104

z^(−3) * --

      z^3−1.774z^2＋0.8187z

Sampling time：0.1

3.4.2 离散时间模型转换为连续时间模型

MATLAB 使用函数 d2c() 将离散时间模型转换为连续时间模型。其主要功能和格式

如下。

功能：将线性定常离散模型转换成连续时间模型。

格式：

sysc＝d2c(sysd)　　　　　　将线性定常离散模型 sysd 转换成连续时间模型 sysc

sysc＝d2c(sysd, method)用字符串"method"指定的方法将线性定常离散模型
　　　　　　　　　　　　sysd 转换成连续时间模型 sysc。"method"的含义与函
　　　　　　　　　　　　数 d2c()中的相同

【例 3.18】　线性定常离散系统的脉冲传递函数为

$$G(z) = \frac{z-1}{z^2 + z + 0.3}$$

将其转换成连续时间模型(采样周期 Ts＝0.1s)。

【解】　(1) 采用零阶保持器方法离散化。在 MATLAB 命令窗口中输入：

　　　>> sysd＝tf([1, -1], [1 1 0.3], 0.1)　　　　　　%建立脉冲传递函数模型

运行结果为：

Transfer function：

　　　z－1

----

　　z^2＋z＋0.3

Sampling time：0.1

　　　>> sysc＝d2c(sysd)　　　　　　　　　　　　　%得到连续时间模型

运行结果为：

Transfer function：

121.7s－3.215e－012

----

s^2＋12.04s＋776.7

(2) 采用图斯汀方法离散化。在 MATLAB 命令窗口中输入：

　　　>> sysc＝d2c(sysd, 'tustin')

运行结果为：

Transfer function：

－6.667s^2＋133.3s

----

s^2＋93.33s＋3067

3.4.3　离散时间系统重新采样

MATLAB 使用函数 d2d()来对离散时间系统进行重新采样，得到在新采样周期下的
离散时间系统模型。其主要功能和格式如下。

功能：将线性定常离散时间模型重新采样或者加入输入延迟。

格式：

sys1＝d2d(sys, Ts)　　　　将离散时间模型 sys 按照新的采样周期 Ts 重新采样，得
　　　　　　　　　　　　到离散时间模型 sys1

【例 3.19】 线性定常离散系统的脉冲传递函数为

$$G(z) = \frac{z-1}{z^2 + z + 0.3}$$

将其采样周期由 Ts=0.1 s 转换成 Ts=0.5 s。

【解】 在 MATLAB 命令窗口中输入：

>> sysd=tf([1, −1], [1 1 0.3], 0.1)   % 建立需采样的离散系统

运行结果为：

Transfer function：

```
    z−1
----------------
z^2+z+0.3
```
Sampling time：0.1

>> sys_1=d2d(sysd, 0.5)   %对离散系统 sys 以采样周期 0.5 s 重新采样

运行结果为：

Transfer function：

```
    0.19z−0.19
-----------------------
z^2−0.05z+0.00243
```
Sampling time：0.5

3.4.4 传递函数模型转换为状态空间模型

MATLAB 使用函数 tf2ss() 将传递函数模型转换为状态空间模型。其功能和格式如下。

功能：将传递函数模型转换为状态空间模型。

格式：

[A, B, C, D]=tf2ss(num, den)   将分子向量和分母向量分别为 num 和 den 的传
                                                  递函数模型转换为状态空间模型(A, B, C, D)

【例 3.20】 线性定常连续系统传递函数为

$$G(s) = \frac{\left[\begin{array}{c} 2s+3 \\ s^2+2s+1 \end{array}\right]}{s^2+0.4s+1}$$

应用 MATLAB 将其转换为状态空间模型。

【解】 在 MATLAB 命令窗口中输入：

>> num=[0 2 3；1 2 1]；   % 注意：分子矩阵中必须添加 0，以使该矩阵两行元素的元素
                                        % 个数相等

>> den=[1 0.4 1]；

>> [a, b, c, d]=tf2ss(num, den)

运行结果为：

a=

    −0.4000   −1.0000

    1.0000   0

b=
    1
    0
c=
    2.0000   3.0000
    1.6000   0
d=
    0
    1

3.4.5 传递函数模型转换为零极点增益模型

MATLAB 使用函数 tf2zp( )将传递函数模型转换为零极点增益模型。其功能和格式如下。

功能:将传递函数模型转换为零极点增益模型。

格式:

$[Z,P,K]$=tf2ss(num,den)　　将分子向量和分母向量分别为 num 和 den 的传递函数模型转换为零极点增益模型,零点向量为 Z,极点向量为 P,增益为 K

【例 3.21】 线性定常离散时间系统脉冲传递函数为

$$G(z) = \frac{2 + 3z^{-1}}{1 + 0.4z^{-1} + z^{-2}}$$

应用 MATLAB 将其转换为零极点增益模型。

【解】 在 MATLAB 命令窗口中输入:

　　>> num=[2 3]; den=[1 0.4 1];
　　>> [z, p, k]=tf2zp(num, den)　　　　%得到零极点增益模型

运行结果为:

z=
    -1.5000
p=
    -0.2000+0.9798i
    -0.2000-0.9798i
k=
    2

3.4.6 状态空间模型转换为传递函数模型

MATLAB 使用函数 ss2tf( )将状态空间模型转换为传递函数模型。其功能和格式如下。

功能:将给定系统的状态空间模型转换为相应的传递函数模型。

格式:

　　[num, den]=ss2tf(A, B, C, D, iu)　　将状态空间模型(A, B, C, D)转换为传递函数模型的分子向量 num 和分母向量

den，得到第 iu 个输入向量至全部输出之间的传递函数（矩阵）参数

【例 3.22】 线性定常系统的状态空间模型为

$$\dot{x} = \begin{bmatrix} -0.7524 & -0.7268 \\ 0.7268 & 0 \end{bmatrix} x + \begin{bmatrix} 1 & -1 \\ 0 & 2 \end{bmatrix} u$$

$$y = \begin{bmatrix} 2.8776 & 0 \\ 0 & 8.9463 \end{bmatrix} \dot{x}$$

将其转换为传递函数模型。

【解】 在 MATLAB 命令窗口中输入：

>> A=[−0.7524，−0.7268；0.7268，0]；B=[1，−1；0，2]；
>> C=[2.8776 0；0 8.9463]；D=[0，0；0 0]；
>> [num，den]=ss2tf(A，B，C，D，2)   %得到第 2 个输入至输出之间的传递函数模型

运行结果为：

num=
    0   −2.8776   −4.1829
    0   17.8926   6.9602
den=
    1.0000   0.7524   0.5282

>> [num，den]=ss2tf(A，B，C，D，1)   %得到第 1 个输入至输出之间的传递函数模型

运行结果为：

num=
    0   2.8776   −0.0000
    0   −0.0000   6.5022
den=
    1.0000   0.7524   0.5282

即：第 1 个输入变量至输出变量之间的传递函数矩阵为

$$G_1(s) = \frac{\begin{bmatrix} 2.8776s \\ 6.5022 \end{bmatrix}}{s^2 + 0.7524s + 0.5282}$$

第 2 个输入变量至输出变量之间的传递函数矩阵为

$$G_2(s) = \frac{\begin{bmatrix} -2.8776s - 4.1829 \\ 17.8926s + 6.9602 \end{bmatrix}}{s^2 + 0.7524s + 0.5282}$$

3.4.7 状态空间模型转换为零极点增益模型

MATLAB 使用函数 ss2zp() 将状态空间模型转换为零极点增益模型。其功能和格式如下。

功能：将状态空间模型转换为零极点增益模型。

格式：

$[Z, P, K]=ss2zp(A, B, C, D, iu)$　　将状态空间模型(A, B, C, D)转换为零极点增益模型的零点向量 Z、极点向量 P 和增益 K，得到第 iu 个输入向量至全部输出之间零极点增益模型的参数

【例 3.23】　线性定常系统的状态空间模型为

$$\dot{x}=\begin{bmatrix} -0.7524 & -0.7268 \\ 0.7268 & 0 \end{bmatrix}x+\begin{bmatrix} 1 & -1 \\ 0 & 2 \end{bmatrix}u$$

$$y=\begin{bmatrix} 2.8776 & 8.9463 \end{bmatrix}x$$

将其转换为零极点增益模型。

【解】　在 MATLAB 命令窗口中输入：

```
>> A=[-0.7524, -0.7268; 0.7268, 0]; B=[1, -1; 0, 2];
>> C=[2.8776  8.9463]; D=[0, 0];
>> [z, p, k]=ss2zp(A, B, C, D, 1)     %得到第 1 个输入至输出之间的零极点增益
```

运行结果为：

```
z=
    -2.2596
p=
    -0.3762+0.6219i
    -0.3762-0.6219i
k=
    2.8776
>> [z, p, k]=ss2zp(A, B, C, D, 2)     %得到第 2 个输入至输出之间的零极点增益
```

运行结果为：

```
z=
    -0.1850
p=
    -0.3762+0.6219i
    -0.3762-0.6219i
k=
    15.0150
```

即：第 1 个输入变量至输出变量间的零极点增益模型为

$$G_1(s)=2.8776\frac{s+2.2596}{(s+0.3762-\mathrm{i}0.6219)(s+\mathrm{i}0.3762+0.6219)}$$

第 2 个输入变量至输出变量间的零极点增益模型为

$$G_2(s)=15.150\frac{s+0.1850}{(s+0.3762-\mathrm{i}0.6219)(s+0.3762+\mathrm{i}0.6219)}$$

3.4.8　零极点增益模型转换为传递函数模型

MATLAB 使用函数 zp2tf() 将零极点增益模型转换为传递函数模型。其功能和格式如下。

功能：将零极点增益模型转换为传递函数模型。

格式：

$$[\text{num}, \text{den}] = \text{zp2tf}(Z, P, K)$$ 将零点向量为 Z，极点向量为 P，增益为 K 的零极点增益模型转换为分子向量为 num，分母向量为 den 的传递函数模型

说明：Z 和 P 为列向量。

【例 3.24】 线性定常系统的零极点增益模型为

$$G(s) = \frac{s(s+6)(s+5)}{(s+3+4i)(s+3-4i)(s+1)(s+2)}$$

将其转换为传递函数模型。

【解】 在 MATLAB 命令窗口中输入：

```
>> z=[-6 -5 0]'; k=1;
>> p=[-3+4i -3-4i -2 -1]';              %p 和 z 为列向量
>> [num, den]=zp2tf(z, p, k)
```

运行结果为：

```
num=
    0   1   11   30   0
den=
    1   9   45   87   50
```

即，求得的传递函数模型为

$$G(s) = \frac{s^3 + 11s^2 + 30s}{s^4 + 9s^3 + 45s^2 + 87s + 50}$$

本题也可以应用例 3.5 所示的多项式相乘的方法得到传递函数模型。

3.4.9 零极点增益模型转换为状态空间模型

MATLAB 使用函数 zp2ss() 将零极点增益模型转换为状态空间模型。其功能和格式如下。

功能：将零极点增益模型转换为状态空间模型。

格式：

$$[A, B, C, D] = \text{zp2ss}(Z, P, K)$$ 将零点向量为 Z，极点向量为 P，增益为 K 的极点增益模型转换为状态空间模型（A, B, C, D）

【例 3.25】 线性定常系统的零极点增益模型为

$$G(s) = \frac{(s+6)(s+5)}{(s+3+4i)(s+3-4i)(s+1)(s+2)}$$

将其转换为状态空间模型。

【解】 在 MATLAB 命令窗口中输入：

```
>> z=[-6 -5]'; p=[-3+4i -3-4i -2 -1]'; k=1;
>> [a, b, c, d]=zp2ss(z, p, k)
```

运行结果为：

```
a=
    -6.0000   -5.0000        0        0
```

$$\begin{matrix} 5.0000 & 0 & 0 & 0 \\ 5.0000 & 1.0000 & -3.0000 & -1.4142 \\ 0 & 0 & 1.4142 & 0 \end{matrix}$$

b=

$$\begin{matrix} 1 \\ 0 \\ 1 \\ 0 \end{matrix}$$

c=

$$\begin{matrix} 0 & 0 & 0 & 0.7071 \end{matrix}$$

d=

0

3.5 数学模型的连接

一般情况下,控制系统的结构往往是两个或更多简单系统(或环节)采用串连、并联或反馈形式的连接。MATLAB 的控制系统工具箱提供了大量的控制系统或环节数学模型的连接函数,可以进行系统的串联、并联、反馈等连接。表 3.4 列出了一些常用的模型连接函数。为了便于读者理解,首先简要介绍优先原则。

表 3.4　模型连接函数

函数名称	功　能
series	两个状态空间模型串联
parallel	两个状态空间模型并联
feedback	两个状态空间模型按照反馈方式连接
append	两个以上模型进行添加连接
connect, blkbuild	将结构图转换为状态空间模型

3.5.1　优先原则

不同形式的数学模型连接时,MATLAB 根据优先原则确定得到的数学模型形式。常用的几种数学模型中,根据连接数学模型形式的不同,MATLAB 确定的优先层级由高到低依次是频率响应模型、状态空间模型、零极点增益模型和传递函数模型。就是说,如果连接的数学模型中至少有一个系统(或环节)数学模型的形式为频率响应数据模型,则无论其他系统(或环节)的数学模型是上述几种形式中的哪一种,连接后系统的数学模型形式为频率响应模型;如果连接的数学模型中没有频率响应模型,而至少有一个系统(或环节)的数学模型为状态空间模型,则连接得到的系统数学模型形式只能是状态空间模型。其他依次类推。

进一步可知,只有当所连接系统的数学模型全部是传递函数模型时,连接后系统的数学模型形式才是传递函数模型形式。

3.5.2 串联连接

两个系统(或环节)sys1，sys2进行连接时，如果sys1的输出量作为sys2的输入量，则系统(或环节)sys1和sys2称为串连连接(见图3.1)。它分为单输入单输出系统和多输入多输出系统两种形式。MATLAB使用函数series()实现模型的串联连接。

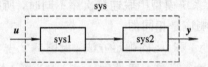

图3.1 两个线性定常系统模型串联连接的基本形式

功能：将两个线性定常系统的模型串联连接。

格式：

  sys＝series(sys1，sys2)   将sys1和sys2进行串联连接，形成如图3.1所示的基本串联连接形式。此时的连接方式相当于sys＝sys1×sys2

  sys＝series(sys1，sys2，y1，u2) 将sys1和sys2进行广义串联连接

说明：① sys1和sys2既可以同时是连续系统模型，也可以是具有相同采样周期的离散系统模型。

② y1为sys1的输出向量中与sys2输入向量串联的向量标号(见图3.2)，u2为sys2的输入向量中与y1输入向量串联的向量标号(见例3.26说明②)。

③ sys1和sys2为不同形式的数学模型时，sys模型的形式根据3.5.1节所讲的优先原则确定。

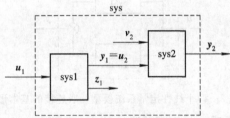

图3.2 两个线性定常系统模型串联连接的一般形式

【例3.26】 设两个采样周期均为Ts＝0.1 s的离散系统脉冲传递函数分别为

$$G_1(z) = \frac{z^2 + 3z + 2}{z^4 + 3z^3 + 5z^2 + 7z + 3}, \quad G_2(z) = \frac{10}{(z+2)(z+3)}$$

求将它们串联连接后得到的脉冲传递函数。

【解】 根据优先规则，传递函数模型和零极点增益模型两种形式的系统连接时，得到的系统数学模型的形式为零极点增益模型形式。

在MATLAB命令窗口中输入：

  $\gg$ G1＝tf([1 3 2]，[1 3 5 7 3]，0.1)；

  $\gg$ G2＝zpk([ ]，[－2，－3]，10，0.1)；

  $\gg$ G＝series(G1，G2)

运行结果为：

Zero/pole/gain：

$$\frac{10(z+2)(z+1)}{(z+2)(z+1.869)(z+3)(z+0.6245)(z^2+0.5063z+2.57)}$$

Sampling time：0.1

说明：① 单输入单输出系统模型串联连接次序不同时，所得到的状态空间模型的系数不同，但这两个系统的输出响应是相同的。

② 调用函数 series() 时 y1 和 u2 的确定方法：设图 3.2 中 sys1 的输入向量 u 为 5 维，输出向量 (y_1+z_1) 为 4 维；sys2 的输入向量 (v_2+u_2) 为 2 维，输出向量 y 为 3 维。sys1 与 sys2 串联时，sys1 中第 2 个和第 4 个输出向量分别与 sys2 中第 1 个和第 2 个输入向量相连接，则相应的 MATLAB 命令为（忽略结果）：

```
>> y1=[2 4];          %取 sys1 中第 2 个和第 4 个输出向量
>> u2=[1 2];          %分别与 sys2 第 1 个和第 2 个输入向量连接
>> sys=series(sys1,sys2,y1,u2)
```

3.5.3 并联连接

两个系统（或环节）sys1 和 sys2 连接时，如果它们具有相同的输入量，且输出量是 sys1 输出量和 sys2 输出量的代数和，则系统（或环节）sys1 和 sys2 称为并联连接（见图 3.3）。它分为单输入单输出系统和多输入多输出系统两种形式。MATLAB 使用函数 parallel() 实现模型的并联连接。

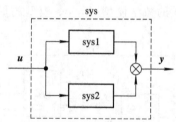

图 3.3　两个线性定常系统模型并联连接的基本形式

功能：将两个线性定常系统的模型并联连接。

格式：

sys=parallel(sys1,sys2)　　　　将 sys1 和 sys2 进行并联连接，构成如图 3.3 所示的基本并联连接形式。此时的连接方式相当于 sys=sys1+sys2

sys=parallel(sys1,sys2,u1,u2,y1,y2)

将 sys1 和 sys2 进行广义并联连接。并联后得到的模型 sys 的输入向量和输出向量分别为

$$R=\begin{bmatrix} v_1 \vdots u \vdots v_2 \end{bmatrix}^{T} \tag{3.9}$$

$$Y=\begin{bmatrix} z_1 \vdots y \vdots z_2 \end{bmatrix}^{T} \tag{3.10}$$

说明：① sys1 和 sys2 既可以同时是连续系统模型，也可以是具有相同采样周期的离散系统模型。

② u1，u2 分别为系统 sys1 和 sys2 输入向量的标号，y1，y2 表示用于求和（得到输出的代数和 y）的 sys1 中输出向量标号和 sys2 中输出向量标号（见图 3.4），使用时应注意它们的对应连接关系。

③ sys1 和 sys2 为不同形式的数学模型时，sys 模型的形式根据 3.5.1 节所讲的优先原则确定。

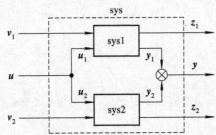

图 3.4　两个线性定常系统模型并联连接的一般形式

【例 3.27】　设两个采样周期均为 Ts＝0.1 s 的离散系统的脉冲传递函数分别为

$$G_1(z) = \frac{z^2 + 3z + 2}{z^4 + 3z^3 + 5z^2 + 7z + 3}, \quad G_2(z) = \frac{10}{(z+2)(z+3)}$$

求将它们并联连接后得到的脉冲传递函数。

【解】　在 MATLAB 命令窗口中输入：

$\gg$ G1＝tf([1 3 2]，[1 3 5 7 3]，0.1)；

$\gg$ G2＝zpk([ ]，[－2，－3]，10，0.1)；

$\gg$ G＝parallel(G1，G2)

运行结果为：

Zero/pole/gain：

11(z＋1.869)(z＋0.6673)(z^2＋0.9178z＋3.061)

——

(z＋1.869)(z＋2)(z＋3)(z＋0.6245)(z^2＋0.5063z＋2.57)

Sampling time：0.1

【例 3.28】　设系统的传递函数矩阵分别为

$$G_1(s) = \begin{bmatrix} \dfrac{s+2}{s^2+2s+1} & \dfrac{s+1}{s+2} \\[2mm] \dfrac{1}{s^2+3s+2} & \dfrac{s+2}{s^2+5s+6} \end{bmatrix}, \quad G_2(s) = \begin{bmatrix} \dfrac{1.2}{(s+1)(s+3)} & \dfrac{s+1}{(s+2)(s+4)} \\[2mm] \dfrac{s+1}{(s+2)(s+3)} & \dfrac{s+2}{(s+3)(s+4)} \end{bmatrix}$$

求将它们进行并联连接后的状态空间模型。

【解】　在 MATLAB 命令窗口中输入：

$\gg$num＝{[1 2] [1 1]；[1] [1 2]}；

$\gg$den＝{[1 2 1]，[1 2]；[1 3 2]，[1 5 6]}；

$\gg$G1＝tf(num，den)；　　　　　　　　　%建立系统 $G_1(s)$ 的状态空间模型

$\gg$z＝{[] [－1]；[－1] [－2]}；

$\gg$p＝{[－1，－3] [－2 －4]；[－2 －3] [－3 －4]}；

$\gg$k＝[1.2 1；1 1]；

$\gg$G2＝zpk(z，p，k)；　　　　　　　　　%建立系统 $G_2(s)$ 的状态空间模型

$\gg$ G=parallel(G1, G2, 2, 2, 1, 1)   %将系统 $G_1(s)$ 和 $G_2(s)$ 进行并联连接

运行结果为：

Zero/pole/gain from input 1 to output...   %输入 1 至输出之间的传递函数矩阵

$$\#1: \frac{1}{(s+2)(s+1)}$$

$$\#2: \frac{(s+2)}{(s+1)^2}$$

$\#3: 0$

Zero/pole/gain from input 2 to output...   %输入 2 至输出之间的传递函数矩阵

$$\#1: \frac{(s+2)}{(s+3)(s+2)}$$

$$\#2: \frac{(s+5)(s+2)(s+1)}{(s+2)^2(s+4)}$$

$$\#3: \frac{(s+2)}{(s+3)(s+4)}$$

Zero/pole/gain from input 3 to output...   %输入 3 至输出之间的传递函数矩阵

$\#1: 0$

$$\#2: \frac{1.2}{(s+1)(s+3)}$$

$$\#3: \frac{(s+1)}{(s+2)(s+3)}$$

3.5.4 反馈连接

两个系统(或环节)按照图 3.5 所示的形式连接称为反馈连接。它分为单输入单输出系统和多输入多输出系统两种形式。MATLAB 使用函数 feedback()实现模型的反馈连接。

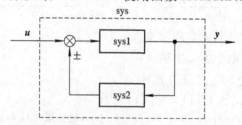

图 3.5 两个线性定常系统系统的模型反馈连接的基本形式

功能：将两个线性定常系统模型进行反馈连接。

格式：

sys＝feedback(sys1，sys2)	将 sys1 和 sys2 按照图 3.5 所示形式进行负反馈连接
sys＝feedback(sys1，sys2，sign)	按字符串"sign"指定的反馈方式将 sys1 和 sys2 进行反馈连接
sys＝feedback(sys1，sys2，feedin，feedout，sign)	
	将 sys1 和 sys2 构成广义反馈连接

说明：① sys1 和 sys2 既可以同时是连续系统模型，也可以是具有相同采样周期的离散系统模型。

② sys 的输入向量和输出向量的维数分别与系统 sys1 相同。

③ 字符串"sign"用以指定反馈的极性，正反馈时 sign＝＋1，负反馈时 sign＝－1，且负反馈时可忽略 sign 的值。

④ sys1 输出向量中与 sys2 输入向量相连接的向量标号组成向量 feedout，sys1 输入向量中与 sys2 输出向量相连接的向量标号组成向量 feedin(见图 3.6)。

⑤ sys1 和 sys2 为不同形式的数学模型时，sys 模型的形式根据 3.5.1 节所讲的优先原则确定。

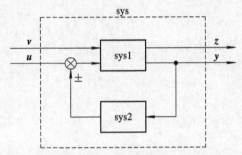

图 3.6 两个线性定常系统的模型反馈连接的一般形式

【例 3.29】 设两个线性定常系统的传递函数分别为

$$sys1：G_1(s) = \frac{1}{s^2 + 2s + 1}, \quad sys2：G_2(s) = \frac{1}{s+1}$$

求将它们反馈连接后的传递函数。

【解】 在 MATLAB 命令窗口中输入：

>> G1＝tf(1，[1，2，1]);
>> G2＝zpk([]，[－1]，1);
>> G3＝feedback(G1，G2)   %负反馈连接

运行结果为：

Zero/pole/gain：

    (s+1)

  (s+2)(s^2+s+1)

>> G4＝feedback(G1，G2，＋1)   %正反馈连接

运行结果为：

Zero/pole/gain：

$$\frac{(s+1)}{s(s^2+3s+3)}$$

本例中，还可以按照传递函数形式建立 $G_2(s)$ 的数学模型，请读者自己完成，并比较得到的结果。

【例 3.30】 设系统的状态空间模型分别为

$$\text{sys1：} \boldsymbol{A}_1 = \begin{bmatrix} 1 & 2 \\ 3 & 4 \end{bmatrix}, \quad \boldsymbol{B}_1 = \begin{bmatrix} 0 \\ 1 \end{bmatrix}, \quad \boldsymbol{C}_1 = \begin{bmatrix} 0 & 1 \end{bmatrix}$$

$$\text{sys2：} \boldsymbol{A}_2 = \begin{bmatrix} 0 & 1 \\ -2 & -3 \end{bmatrix}, \quad \boldsymbol{B}_2 = \begin{bmatrix} 0 \\ 1 \end{bmatrix}, \quad \boldsymbol{C}_2 = \begin{bmatrix} 1 & 1 \end{bmatrix}$$

求取两个系统按照图 3.5 所示反馈形式连接后的状态空间模型。

【解】 在 MATLAB 命令窗口中输入：

```
>>sys1=ss([1 2；3 4],[0；1],[0 1],0);        %建立 sys1 的状态空间模型
>>sys2=ss([0 1；-2 -3],[0；1],[1 1],0);      %建立 sys2 的状态空间模型
>>G=feedback(sys1,sys2)
```

运行结果为：

```
a=
        x1    x2    x3    x4
   x1    1     2     0     0
   x2    3     4    -1    -1
   x3    0     0     0     1
   x4    0     1    -2    -3
b=
        u1
   x1    0
   x2    1
   x3    0
   x4    0
c=
        x1    x2    x3    x4
   y1    0     1     0     0
d=
        u1
   y1    0
```

Continuous-time model.

调用函数 feedback() 时 feedin 和 feedback 的确定方法举例说明如下。设图 3.6 中 sys1 的输入向量 $(\boldsymbol{v}+\boldsymbol{u})$ 为 5 维，输出向量 $(\boldsymbol{y}+\boldsymbol{z})$ 为 4 维；sys2 的输入向量为 3 维，输出向量为 2 维。sys1 与 sys2 负反馈连接时，sys1 输出向量中第 1、第 3 和第 4 个输出向量分别与 sys2 相连接，sys2 输出向量与 sys1 中第 2 个和第 4 个输入向量相连接，则相应的 MATLAB 命令为（忽略结果）：

```
>> feedin=[2 4];        %取 sys1 中第 2 个和第 4 个输入向量与 sys2 输出连接
```

>> feedout＝[1 3 4]；   ％取 sys1 中第 1、第 3 和第 4 个输出向量与 sys2 输入连接

>> sys＝feedback(sys1，sys2，feedin，feedout)

3.5.5 添加连接

MATLAB 使用函数 append()实现模型的添加连接。

功能：将两个以上线性定常系统的模型进行添加连接，形成增广系统。

格式：

  sys＝append(G1，G2，…，GN) 将线性定常系统模型 G1，G2，…，GN 进行添加连接，得到系统 sys

说明：① G1，G2，…，GN 既可以是线性定常系统模型，也可以是具有相同采样周期的线性定常离散系统模型。

② 当 G1，G2，…，GN 为不同形式的数学模型时，sys 模型的形式根据 3.5.1 节所讲的优先原则确定。

设原系统模型为 G1，添加系统为 G2，…，GN，则增广系统为

$$\boldsymbol{G} = \begin{bmatrix} G_1 & 0 & 0 \\ 0 & G_2 & 0 \\ 0 & 0 & \ddots \end{bmatrix} \quad (3.11)$$

这种模型的连接形式如图 3.7 所示。

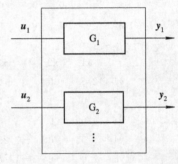

图 3.7　模型添加连接示意图

【例 3.31】 设有 4 个线性定常系统，其数学模型分别为

$$G_1(s) = \frac{10}{s+5}, \quad G_2(s) = \frac{2(s+1)}{s+2}, \quad G_3(s) = 5$$

$$\left. \begin{aligned} \dot{\boldsymbol{x}}(t) &= \begin{bmatrix} -9.0201 & 17.7791 \\ -1.6943 & 3.2138 \end{bmatrix} \boldsymbol{x}(t) + \begin{bmatrix} -0.5112 & 0.5362 \\ -0.002 & -1.8470 \end{bmatrix} \boldsymbol{u}(t) \\ \boldsymbol{y}(t) &= \begin{bmatrix} -3.2897 & 2.4544 \\ -13.5009 & 18.0745 \end{bmatrix} \boldsymbol{x}(t) + \begin{bmatrix} -0.5476 & -0.1410 \\ -0.6459 & 0.2958 \end{bmatrix} \boldsymbol{u}(t) \end{aligned} \right\}$$

求取将上述 4 个控制系统的数学模型进行添加连接后得到的系统数学模型。

【解】 上述 4 个数学模型中，没有频率响应模型，有 1 个状态空间模型，所以添加连接得到的系统数学模型的形式为状态空间模型。

首先建立上述 4 个数学模型，然后再进行模型的添加连接。在 MATLAB 命令窗口中输入：

>> G1＝tf(10，[1 5])；   ％建立 $G_1(s)$ 的数学模型

>> G2＝zpk(－1，－2，2)；   ％建立 $G_2(s)$ 的数学模型

>> G3＝5；   ％建立 $G_3(s)$ 的数学模型

>> A＝[－9.0201 17.7791；－1.6943 3.2138]；B＝[－0.5112 0.5362；－0.002 －1.8470]；

>> C＝[－3.2897 2.4544；－13.5009 18.0745]；

  D＝[－0.5476 －0.1410；－0.6459 0.2958]；

>> G4＝ss(A，B，C，D)；   ％建立 $G_4(s)$ 的数学模型

>> sys＝append(G1，G2，G3，G4)   ％将上述 4 个数学模型进行添加连接

运行结果为：

a＝

	x1	x2	x3	x4
x1	−5	0	0	0
x2	0	−2	0	0
x3	0	0	−9.02	17.78
x4	0	0	−1.694	3.214

b＝

	u1	u2	u3	u4	u5
x1	4	0	0	0	0
x2	0	2	0	0	0
x3	0	0	0	−0.5112	0.5362
x4	0	0	0	−0.002	−1.847

c＝

	x1	x2	x3	x4
y1	2.5	0	0	0
y2	0	−1	0	0
y3	0	0	0	0
y4	0	0	−3.29	2.454
y5	0	0	−13.5	18.07

d＝

	u1	u2	u3	u4	u5
y1	0	0	0	0	0
y2	0	2	0	0	0
y3	0	0	5	0	0
y4	0	0	0	−0.5476	−0.141
y5	0	0	0	−0.6459	0.2958

Continuous-time model.

3.5.6　复杂模型的连接

MATLAB 使用函数 connect()实现多个模型的连接。

功能：根据线性定常系统的结构图得到状态空间模型。

格式：

　　sysc＝connect(sys，q，inputs，outputs)

说明：① sys 是由结构图中全部模块组成的系统；q 为连接矩阵，表示结构图中模块的连接方式；inputs 和 outputs 是复杂系统中包含输入变量和输出变量的模块编号；blkbuild 为 M 脚本文件，用于根据传递函数或状态空间模块结构图建立对角线型状态空间结构。

② q 矩阵构成如下：其行数为结构图的全部模块数；每一行第一列元素是模块的编号，该模块输入端与结构图中一些模块的输出端连接(忽略比较点)，该行 q 矩阵其他元素依次为与该模块相连接的其他模块编号；元素符号根据其他模块输出端是加还是减来确定；q 矩阵中其他元素均为 0。

③ sys 的求取步骤分为以下两步：

· 运行脚本文件 blkbuild 之前，必须按照下述要求设置输入参数：(a) nblocks 为结构图的总模块数；(b) 若第 i 个模块为一传递函数模型，则分别输入该模块分子项和分母项参数 ni，di；(c) 若第 i 个模块是状态空间模型，则分别输入该模块各个矩阵参数 ai，bi，ci，di。

· 运行 blkbuild 后的返回结果为系统状态空间模型(a，b，c，d)，再利用函数 ss( ) 就可以建立状态空间结构。

④ 在③中对结构图的每一模块设置输入参数时，如果同一个模块的 ni，di 和 ai，bi，ci，di 同时存在，则会发生错误。

【例 3.32】 已知控制系统的结构图如图 3.8 所示。其中各环节的传递函数分别为

$$G_1(s) = 1, \quad G_2(s) = \frac{1.2(2s+1)}{2s}, \quad G_3(s) = \frac{0.2(4s+1)}{4s}$$

$$G_4(s) = \frac{1.2}{4s+1}, \quad G_5(s) = \frac{1}{0.4}, \quad G_6(s) = 0.5, \quad G_7(s) = \frac{0.5}{10s+1}$$

求系统以 $r(t)$ 为输入，分别以 $y_1(t)$（局部反馈回路输出）和 $y(t)$（主反馈回路输出）为输出时的传递函数（矩阵），并绘制其单位阶跃响应曲线。

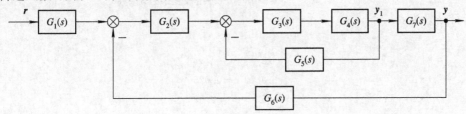

图 3.8 例 3.32 结构图

【解】 (1) 确定连接矩阵 $\boldsymbol{q}$。

该系统结构图包含 7 个模块，则 $\boldsymbol{q}$ 矩阵有 7 行；$G_1(s)$ 模块的输入端没有与其他模块的输出端相连接，所以 $\boldsymbol{q}$ 矩阵中第 1 行除了第 1 列元素为 1（模块编号）外，其他列元素均为 0；$G_2(s)$ 模块的输入端分别与 $G_1(s)$ 模块和 $G_6(s)$ 模块的输出端连接，考虑到 $G_6(s)$ 模块的输出端在比较点进行减法运算，所以 $\boldsymbol{q}$ 矩阵第 2 行第 2 列元素为 1（对应模块 $G_1(s)$），第 3 列元素为 -6（对应模块 $G_6(s)$）。据此，可以确定 $\boldsymbol{q}$ 阵如下：

$$\boldsymbol{q} = \begin{bmatrix} 1 & 0 & 0 \\ 2 & 1 & -6 \\ 3 & 2 & -5 \\ 4 & 3 & 0 \\ 5 & 4 & 0 \\ 6 & 7 & 0 \\ 7 & 4 & 0 \end{bmatrix}$$

(2) MATLAB 求解。在 MATLAB 命令窗口中输入：

```
>> nblocks=7;              %共有 7 个模块
>> n1=1; d1=1;             %第 1 个模块分子项和分母项参数（多项式形式），下同
>> n2=1.2*[2 1]; d2=[2 0];
```

```
>> n3=0.2*[4 1];d3=[4 0];
>> n4=1.2;d4=[4 1];
>> n5=1;d5=0.4;
>> n6=0.5;d6=1;
>> n7=0.5;d7=[10 1];                    %第7个模块分子项和分母项参数(多项式形式)
>> blkbuild;                            %根据传递函数模块结构图建立对角线型状态空间结构
```
运行结果为：

State model [a, b, c, d] of the block diagram has 7 inputs and 7 outputs.

得到了对角线型模块[a, b, c, d]后，在 MATLAB 命令窗口中输入：

```
>> sys=ss(a,b,c,d);                     %建立状态空间结构
>> q=[1 0 0;2 1 −6;3 2 −5;4 3 0;5 4 0;6 7 0;7 4 0];
                                        %q 为连接矩阵
>> inputs=1;                            %输入变量 r(t)加至第1个模块的输入端
>> outputs=[4 7];                       %两个输出依次为 $y_1(t)$ 和 $y(t)$，则输出矩阵
                                        %为[4 7]
>> sysc=connect(sys,q,inputs,outputs)   %将系统 sys 按照连接矩阵及输入/输出矩阵
                                        %组成复杂系统 sysc
```

运行结果为：

a=

	x1	x2	x3	x4
x1	0	0	0	−0.025
x2	0.6	0	−0.75	−0.03
x3	0.12	0.05	−0.4	−0.006
x4	0	0	0.3	−0.1

b=

	u1
x1	1
x2	1.2
x3	0.24
x4	0

c=

	x1	x2	x3	x4
y1	0	0	0.3	0
y2	0	0	0	0.05

d=

	u1
y1	0
y2	0

Continuous-time model.

（3）求取系统的传递函数矩阵。在 MATLAB 命令窗口中输入：

```
>> G=tf(sysc)
```

运行结果为：

Transfer function from input to output...

$$0.072s^3 + 0.0612s^2 + 0.0144s + 0.0009$$

#1: ---

$$s^4 + 0.5s^3 + 0.0793s^2 + 0.0051s + 0.000225$$

$$0.0036s^2 + 0.0027s + 0.00045$$

#2: ---

$$s^4 + 0.5s^3 + 0.0793s^2 + 0.0051s + 0.000225$$

即：求得的传递函数分别为

$$\frac{Y_1(s)}{R(s)} = \frac{0.072s^3 + 0.0612s^2 + 0.0144s + 0.0009}{s^4 + 0.5s^3 + 0.0793s^2 + 0.0051s + 0.000\,225}$$

$$\frac{Y(s)}{R(s)} = \frac{0.0036s^2 + 0.0027s + 0.000\,45}{s^4 + 0.5s^3 + 0.0793s^2 + 0.0051s + 0.000\,225}$$

最后，求取系统单位阶跃响应。在 MATLAB 命令窗口中输入：

>> step(G(1), '*-', G(2))

运行后得到的曲线如图 3.9 所示。图中，G(1) 为输入变量 $r(t)$ 至输出变量 $y_1(t)$ 之间的单位阶跃响应曲线，G(2) 为输入变量 $r(t)$ 至输出变量 $y(t)$ 之间的单位阶跃响应曲线，横轴为时间，纵轴为幅度。

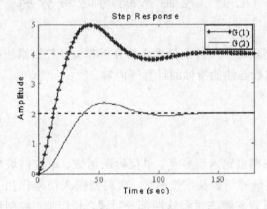

图 3.9　图 3.8 所示系统的单位阶跃响应曲线

除了上述方法之外，本书 5.8.3 节将介绍应用函数 linmod() 并依据系统的 Simulink 模型求复杂系统数学模型的方法。

第4章 控制系统分析与设计

第3章介绍了基于 MATLAB 的控制系统数学模型的建立及转换方法。本章在上一章的基础上，介绍如何应用 MATLAB 提供的各种分析和设计工具对控制系统进行分析和设计。本章内容主要有：控制系统的时域分析，频域分析，根轨迹分析，状态空间模型的线性变换及简化，状态空间法分析，状态空间法设计以及线性二次型问题的最优控制等。通过对本章的学习，读者可掌握经典控制理论和现代控制理论的分析与设计方法。

4.1 控制系统的时域分析

时域分析法是控制理论中一种十分重要的分析和设计控制系统的方法，它包括系统稳定性分析、动态性能和稳态性能指标的计算等内容。

4.1.1 基本概念

1. 典型输入信号

控制系统中常用的典型输入信号有：单位阶跃函数、单位斜坡（速度）函数、单位加速度（抛物线）函数、单位脉冲函数及正弦函数。在典型输入信号作用下，任何一个控制系统的时间响应都由动态过程和稳态过程这两部分组成。相应地，控制系统在典型输入信号作用下的性能指标，通常也由动态性能指标和稳态性能指标这两部分组成。

2. 动态过程与动态性能

动态过程又称过渡过程或瞬态过程，是指系统在典型输入信号作用下，其输出量从初始状态到最终状态的响应过程。系统在动态过程中所提供的系统响应速度和阻尼情况等用动态性能指标描述。

通常，在单位阶跃函数作用下，稳定系统的动态过程随时间 t 变化的指标称为动态性能指标。对于图 4.1 所示的单位阶跃响应 $h(t)$，通常定义动态性能指标为以下几种。

1）上升时间（Rise time）t_r

对于无振荡的系统，定义系统响应从终值的 10% 上升到 90% 所需的时间为上升时间；对于有振荡的系统，定义响应从零第一次上升到终值所需要的时间为上升时间。缺省情况下，MATLAB 按照第一种定义方式计算上升时间，但可以通过设置得到第二种方式定义的上升时间。

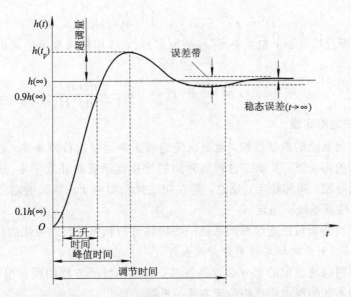

图 4.1　控制系统的单位阶跃响应和性能指标

2）峰值时间（Peak time）t_p

响应超过其终值到达第一个峰值所需的时间定义为峰值时间。

3）超调量（Overshoot）$\sigma\%$

响应的最大偏差量 $h(t_p)$ 与终值 $h(\infty)$ 的差与终值 $h(\infty)$ 之比的百分数，定义为超调量，即

$$\sigma\% = \frac{h(t_p) - h(\infty)}{h(\infty)} \times 100\% \qquad (4.1)$$

超调量也称为最大超调量或百分比超调量。

4）调节时间（Settling time）t_s

响应到达并保持在终值 ±2% 或 ±5% 内所需的最短时间定义为调节时间。缺省情况下，MATLAB 计算动态性能时，取误差范围为 ±2%，可以通过设置得到误差范围为 ±5% 时的调节时间。

3. 稳态过程与稳态性能

稳态过程又称为稳态响应，指系统在典型输入信号作用下，当时间 t 趋于无穷大时，系统输出量的表现方式。它表征系统输出量最终复现输入量的程度，提供系统有关稳态误差的信息。

稳态误差是控制系统控制准确度（或控制精度）的一种度量，也称为稳态性能。若时间趋于无穷时系统的输出量不等于输入量或输入量的确定函数，则系统存在稳态误差。对于图 4.2 所示的控制系统，由输入信号 $R(s)$ 至误差信号 $E(s)$ 之间的误差传递函数为

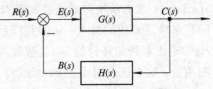

图 4.2　控制系统的典型结构图

$$\Phi_e(s) = \frac{E(s)}{R(s)} = \frac{1}{1 + G(s)H(s)} \qquad (4.2)$$

则系统的误差信号为

$$e(t) = \mathscr{L}^{-1}[E(s)] = \mathscr{L}^{-1}[\Phi_e(s)R(s)] \tag{4.3}$$

当 $sE(s)$ 的极点均位于 s 左半平面（包括原点）时，应用拉氏变换的终值定理可求出系统的稳态误差为

$$e_{ss} = \lim_{t \to \infty} e(t) = \lim_{s \to 0} sE(s) = \lim_{s \to 0} \frac{sR(s)}{1+G(s)H(s)} \tag{4.4}$$

4. 控制系统的稳定性

稳定性是控制系统的重要性能，也是系统能够正常运行的首要条件。若线性定常连续系统在初始扰动的影响下，其动态过程随时间的推移逐渐衰减并趋于零（原平衡工作点），则称该系统渐近稳定，简称稳定；反之，若在初始扰动影响下，系统的动态过程随时间的推移而发散，则称该系统不稳定。

系统的稳定性分析包括连续时间系统的稳定性分析和离散时间系统的稳定性分析。

1）连续时间控制系统稳定的充分必要条件

连续时间控制系统稳定的充分必要条件是：其闭环特征方程的所有根均具有负实部，或者说闭环传递函数的极点均严格位于左半 s 平面。

通常，求解控制系统特征方程的特征根（或传递函数的极点）比较繁琐困难，所以在控制理论教材中，采用了劳思稳定判据等方法。此法不用求出特征根（或极点），而是直接根据特征方程的系数判定系统的稳定性。MATLAB 提供了直接求解代数方程根的函数，利用该函数可以非常方便地求出系统的特征根，从而判定系统的稳定性。

2）离散时间控制系统稳定的充分必要条件

离散时间控制系统稳定的充分必要条件是：其闭环特征根位于 z 平面上的单位圆周内部，即其闭环特征根的模小于 1。当然，也可以应用 Tustin 变换将 z 域特征方程变换到 w 域，然后应用连续时间系统的稳定性分析方法进行分析。

4.1.2 时域分析方法

应用 MATLAB 可以方便、快捷地对控制系统进行时域分析。由于系统闭环极点在 s 平面上的分布决定了控制系统的稳定性，因此，欲判断系统的稳定性，只需确定系统闭环极点在 s 平面上的分布。利用 MATLAB 命令可以快速求出闭环系统零极点并绘制其零极点图，也可以方便地绘制系统的时间响应曲线。

1. 系统的稳定性分析

MATLAB 中，可以使用函数 pzmap() 绘制系统的零极点图，也可以使用函数 zpkdata() 求出系统传递函数的零点和极点，还可以通过使用函数 roots() 求闭环特征方程的根来确定系统的极点，从而判断系统的稳定性。对于多输入多输出系统，可以使用函数 eig() 求出系统的特征值。2.3 节和 3.3 节已经分别介绍了函数 roots()，eig() 和 zpkdata() 的用法，这里仅介绍函数 pzmap()。

功能：计算线性定常系统的零极点，并将它们表示在 s 复平面上。

格式：

pzmap(sys)　　　　　　　　　　绘制线性定常系统 sys 的零极点图

pzmap(sys1，sys2，…，sysN)　　在一张零极点图中同时绘制 N 个线性定常系统
　　　　　　　　　　　　　　　sys1，sys2，…，sysN 的零极点图

$$[p, z] = pzmap(sys) \qquad 得到线性定常系统的极点和零点数值，并不绘$$
制零极点图

说明：① sys 描述的系统是线性定常连续系统和线性定常离散系统。

② 零极点图中，极点以"×"表示，零点以"○"表示。

【例 4.1】 已知连续系统的传递函数为

$$G(s) = \frac{3s^4 + 2s^3 + 5s^2 + 4s + 6}{s^5 + 3s^4 + 4s^3 + 2s^2 + 7s + 2}$$

要求：（1）求出该系统的零点、极点及增益。

（2）绘制出其零极点图，判断系统的稳定性。

【解】 首先建立系统的数学模型。在 MATLAB 命令窗口中输入：

>>num=[3, 2, 5, 4, 6];

>>den=[1, 3, 4, 2, 7, 2];

>>sys=tf(num, den);　　%建立传递函数模型

（1）直接提取数学模型参数（见例 3.16）。由例 3.16 的结果可知，该系统有一对共轭极点的实部大于零，系统不稳定。

（2）绘制其零极点图：

>>pzmap(sys)

运行后得到的零极点图如图 4.3(a)所示。

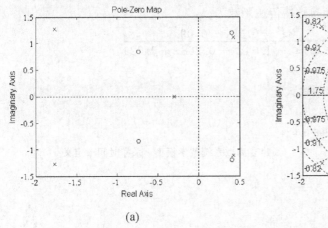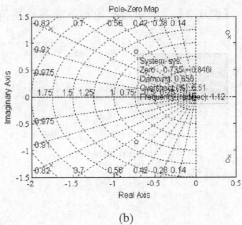

(a)　　　　　　　　　　　　　　(b)

图 4.3　系统的零极点图

(a) 不包含网格线；(b) 包含网格线

采用 2.5 节介绍的方法，可以在零极点图中添加网格线。此时在 MATLAB 命令窗口中输入：

>> grid

运行后就可以在图 4.3(a)中添加网格线，如图 4.3(b)所示。也可以用鼠标右键单击图 4.3(a)，在弹出的菜单中用鼠标左键单击"Grid"，同样可以得到图 4.3(b)。

进一步地，若需要显示所绘制的零点或者极点坐标，只需将鼠标光标在零点或极点处停顿片刻，即可以得到如图 4.3(b)所示的一个零点坐标值。由图 4.3 可知，该系统有位于 s 右半平面的极点，所以系统不稳定。

（3）直接求出系统传递函数的极点。在 MATLAB 命令窗口中输入：

>> p=pole(sys)

运行结果为：

```
p=
    -1.7680+1.2673i
    -1.7680-1.2673i
     0.4176+1.1130i
     0.4176-1.1130i
    -0.2991
```

（4）应用函数 roots() 求其特征根。在 MATLAB 命令窗口中输入：

>> p=roots([1, 3, 4, 2, 7, 2])

运行结果为：

```
p=
    -1.7680+1.2673i
    -1.7680-1.2673i
     0.4176+1.1130i
     0.4176-1.1130i
    -0.2991
```

可见，上述几种方法得到的结果相同。

【例 4.2】 已知离散控制系统的脉冲传递函数为

$$G(z) = \frac{3z^2 - 0.39z - 0.09}{z^4 - 1.7z^3 + 1.04z^2 + 0.268z + 0.024}$$

判断系统的稳定性。

【解】 在 MATLAB 命令窗口中输入：

>> num=[3 -0.39 -0.09];

>> den=[1 -1.7 1.04 0.268 0.024];

>> h=tf(num, den, -1)   %建立离散系统数学模型，采样时间未定义

运行结果为：

Transfer function：

```
        3z^2-0.39z-0.09
-------------------------------------------
z^4-1.7z^3+1.04z^2+0.268z+0.024
```

>> roots(den)   %直接求特征根

运行结果为：

```
ans=
     0.9553+0.7162i
     0.9553-0.7162i
    -0.1053+0.0758i
    -0.1053-0.0758i
```

>> abs(roots(den))   %求特征根的绝对值

运行结果为：

    ans＝

        1.1939

        1.1939

        0.1298

        0.1298

在 MATLAB 命令窗口中输入：

    ＞＞ pzmap(h)   %绘制离散时间系统的零极点图

运行后得到的零极点图如图 4.4 所示。由图可见，系统有一对共轭极点位于 z 平面单位圆周的外部，因此系统不稳定。

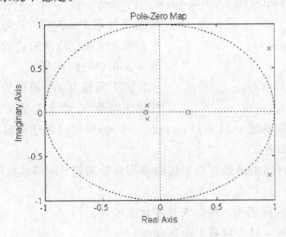

图 4.4　系统的零极点图

2. 系统的动态性能分析

MATLAB 提供了线性定常系统(包括连续时间系统和离散时间系统)的各种时间响应函数和各种动态性能分析函数，如表 4.1 所示。下面对表 4.1 的函数进行详细介绍。

表 4.1　时域分析函数及功能

函数名称	功　能	函数名称	功　能
step	计算并绘制线性定常系统阶跃响应	dinitial	计算并绘制离散时间系统零输入响应
dstep	计算并绘制离散时间系统阶跃响应	initialplot	绘制系统的零输入响应并返回句柄图形
stepplot	绘制系统的阶跃响应并返回句柄图形	lsim	仿真线性定常连续模型对任意输入的响应
impulse	计算并绘制连续时间系统脉冲响应	dlsim	仿真线性定常离散模型对任意输入的响应
dimpulse	计算并绘制离散时间系统脉冲响应	gensig	产生输入信号
impulseplot	绘制系统的脉冲响应并返回句柄图形	lsimplot	绘制系统对任意输入的响应并返回句柄图形
initial	计算并绘制连续时间系统零输入响应		

1) 函数 step()

功能：求线性定常系统（单输入单输出或多输入多输出）的单位阶跃响应（多输入多输出系统需对每一个输入通道施加独立的阶跃输入指令）。

格式：

step(sys)	绘制系统 sys 的单位阶跃响应曲线
step(sys, T)	时间向量 T 由用户指定
step(sys1,sys2，…，sysN)	在一个图形窗口中同时绘制 N 个系统 sys1，sys2，…，sysN 的单位阶跃响应曲线
step(sys1, sys2，…，sysN, T)	时间向量 T 由用户指定
step(sys1, ′PlotStyle1′，…，sysN, ′PlotStyleN′)	
	曲线属性用′PlotStyle′定义
[y, t]＝step(sys)	求系统 sys 单位阶跃响应的数据值，包括输出向量 y 及相应时间向量 t
[y, t, x]＝step(sys)	求状态空间模型 sys 单位阶跃响应的数据值，包括输出向量 y、状态向量 x 及相应时间向量 t

说明：① 线性定常系统 sys，sys1，sys2，…，sysN 可以为连续时间传递函数、零极点增益及状态空间等模型形式。

② 缺省时，响应时间由函数根据系统的模型自动确定，也可以由用户指定，由 t＝0 开始，至 T 结束。

③ 若系统为状态空间模型，则只求其零状态响应。

④ 不包含返回值时，只在屏幕上绘制曲线。

⑤ 也可以绘制离散时间系统的单位阶跃响应曲线。

（1）单位阶跃响应曲线的绘制。

【例 4.3】 已知典型二阶系统的传递函数为

$$\Phi(s) = \frac{\omega_n^2}{s^2 + 2\zeta\omega_n s + \omega_n^2}$$

其中，自然频率 $\omega_n＝6$，绘制当阻尼比 $\zeta＝0.1，0.2，0.707，1.0，2.0$ 时系统的单位阶跃响应曲线。

【解】 在 MATLAB 命令窗口中输入：

```
>>wn=6;
>>kosi=[0.1, 0.2, 0.707, 1.0, 2.0];
>>hold on;
>>for kos=kosi
num=wn.^2;
den=[1, 2 * kos * wn, wn.^2];
step(num, den)
end        %在 MATLAB 命令窗口中执行循环语句，后 4 条命令前没有">>"提示符，下同
```

运行后得到的单位阶跃响应曲线如图 4.5 所示。

也可以应用下述 MATLAB 命令绘制阶跃响应曲线：

```
>> step(tf(num, den))
```

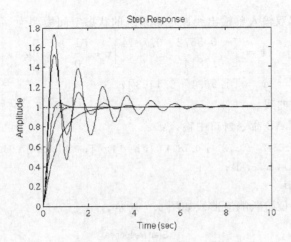

图 4.5　系统的单位阶跃响应曲线

运行后同样可得到如图 4.5 所示的曲线。

【例 4.4】　已知线性定常系统的状态空间模型为

$$\dot{x} = \begin{bmatrix} -1.6 & -0.9 & 0 & 0 \\ 0.9 & 0 & 0 & 0 \\ 0.4 & 0.5 & -5.0 & -2.45 \\ 0 & 0 & 2.45 & 0 \end{bmatrix} x + \begin{bmatrix} 1 \\ 0 \\ 1 \\ 0 \end{bmatrix} u$$

$$y = \begin{bmatrix} 1 & 1 & 1 & 1 \end{bmatrix} x$$

绘制其单位阶跃响应曲线。

【解】　在 MATLAB 命令窗口中输入：

```
>>a=[-1.6, -0.9, 0, 0; 0.9, 0, 0, 0; 0.4, 0.5, -5.0, -2.45; 0, 0, 2.45, 0];
>>b=[1; 0; 1; 0];
>>c=[1, 1, 1, 1];
>>d=[0];
>>sys=ss(a, b, c, d);
>>step(sys)
```

运行后得到的单位阶跃响应曲线如图 4.6 所示。

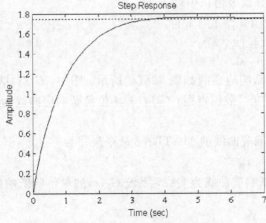

图 4.6　例 4.4 单位阶跃响应曲线

【例 4.5】 已知双输入单输出线性定常系统的状态空间模型为

$$\dot{x} = \begin{bmatrix} -0.5572 & 0.7814 \\ 0.7814 & 0 \end{bmatrix} x + \begin{bmatrix} 1 & -1 \\ 0 & 2 \end{bmatrix} u$$

$$y = \begin{bmatrix} 1.9691 & 6.4493 \end{bmatrix} x$$

绘制其单位阶跃响应曲线。

【解】 在 MATLAB 命令窗口中输入：

  ≫ a=[−0.5572 −0.7814; 0.7814 0]; b=[1 −1; 0 2]; c=[1.9691 6.4493]; d=[0,0];

  ≫ sys=ss(a, b, c, d);

  ≫ step(sys)

运行后得到的单位阶跃响应曲线如图 4.7 所示。

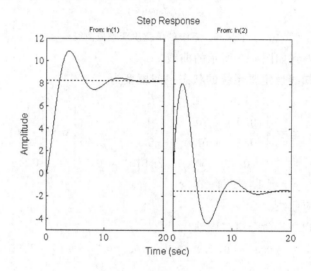

图 4.7　例 4.5 的单位阶跃响应曲线

【例 4.6】 已知两个系统的传递函数分别为

$$G_1(s) = \frac{s^2 + 2s + 4}{s^3 + 10s^2 + 5s + 4}, \quad G_2(s) = \frac{3s + 2}{2s^2 + 7s + 2}$$

绘制它们的单位阶跃响应曲线。

【解】 在 MATLAB 命令窗口中输入：

  ≫ G1=tf([1 2 4], [1 10 5 4]);

  ≫ G2=tf([3 2], [2 7 2]);

  ≫ step(G1, ′ro′, G2, ′b∗′)

运行后得到单位阶跃响应曲线如图 4.8(a) 所示。图中，$G_1(s)$ 的单位阶跃响应曲线为红色（"r"），曲线上带有"○"数据点型；$G_2(s)$ 的单位阶跃响应曲线为绿色（"b"），曲线上带有"∗"数据点型。

若将绘制单位阶跃响应曲线的 MATLAB 命令改写为

  ≫ step(G1, ′-′, G2, ′-.′)

则 $G_1(s)$ 的单位阶跃响应曲线为实线，系统 $G_2(s)$ 的单位阶跃响应曲线为点划线（见图 4.8(b)）。

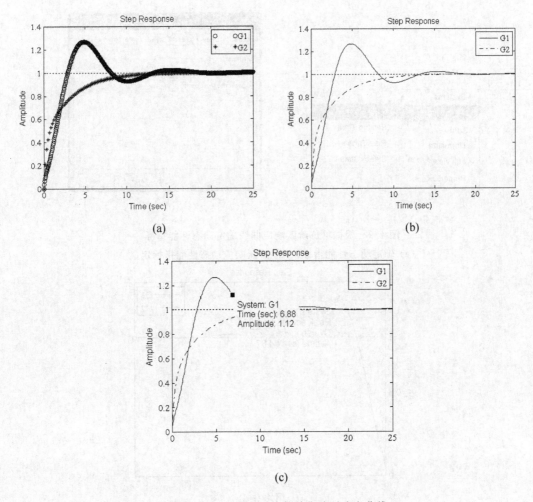

图 4.8　例 4.6 所示系统的单位阶跃响应曲线

(a) 设置了颜色和线型；(b) 设置了数据点型；(c) 得到曲线上的坐标值

在系统 $G_1(s)$ 的曲线上单击任一点，则可以得到该点的坐标值（见图 4.8(c)）。将鼠标光标放置于图 4.8(c) 中的"■"点上，按下鼠标左键的同时，沿着曲线移动光标，则"■"点也会移动，且它将显示出经过处曲线的时间（秒）和响应曲线的幅值。

(2) 根据单位阶跃响应曲线确定动态性能指标。

下面以图 4.8(c) 为例，介绍根据单位阶跃响应曲线确定动态性能指标的方法。

① 用鼠标右键单击图 4.8(c) 图形窗口中任一处，将弹出图 4.9(a) 所示的菜单。

② 在图 4.9(a) 中选择"Characteristics"，弹出的菜单内容包括"Peak Response（峰值响应）"（包括最大值（Peak amplitude）、超调量（Overshoot）和峰值时间 t_p（At time））、"Settling Time（调节时间）"、"Rise Time（上升时间）"及"Steady State（稳态值）"。

③ 在图 4.9(a) 中，选择"Properties..."，弹出阶跃响应属性编辑对话框（见图 4.9(b)），利用该对话框可以重新定义调节时间和上升时间。

④ 在图 4.9(a) 中，用鼠标左键单击"Peak Response（峰值响应）"，此时，MATLAB 自动在曲线上用"●"标注出峰值点。用鼠标左键单击该峰值点，可以得到该点的指标值（见图 4.10）。

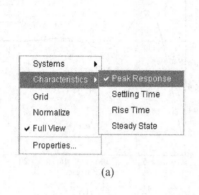

(a)   (b)

图 4.9　根据单位阶跃响应曲线确定动态性能指标

（a）确定动态性能指标；（b）阶跃响应动态性能指标定义

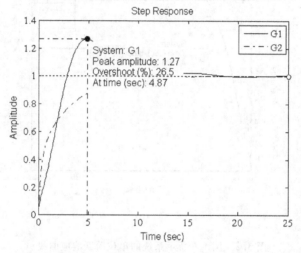

图 4.10　在曲线上确定峰值响应的方法

（3）阶跃响应时间的设置。

MATLAB 会根据数学模型自动选择阶跃响应的时间范围，也可以由用户指定仿真时间的长度。下面仍以例 4.6 为例来说明。

在 MATLAB 命令窗口中输入：

    ＞＞ step(G1，'-'，G2，'-.'，50)　　　　％ 指定响应时间为 0～50 s

运行后得到如图 4.11 所示的阶跃响应曲线。

（4）在同一绘图窗口绘制多条阶跃响应曲线。

绘制阶跃响应曲线时，若函数 step() 中包含了多个系统的数学模型，缺省情况下，MATLAB 会将所有数学模型的曲线绘制在一个图形窗口中，且共用一个坐标轴，如图 4.10 所示。如果需要将两条以上的阶跃响应曲线绘制在同一图形窗口的不同子图中，就要采用 2.5 节介绍的图形窗口分割函数 subplot() 将图形窗口进行分割，然后再绘制曲线。下面仍以例 4.6 为例，介绍如何将两条阶跃响应曲线绘制在同一图形窗口的两个子图中。请读者比较一下下述几种绘制阶跃响应曲线的命令及得到的结果。

① 将图形窗口分割成 1 行 2 列。在 MATLAB 命令窗口中输入：

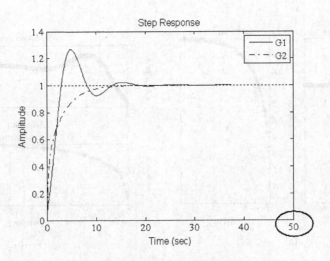

图 4.11　指定响应时间为 50 s 时的响应曲线

　　>> subplot(1, 2, 1)，step(tf([1 2 4]，[1 10 5 4]))，′ro-′;

　　>> subplot(1, 2, 2)，step(tf([3 2]，[2 7 2]))，′*-′;

运行后得到的单位阶跃响应曲线如图 4.12(a)所示。

② 将图形窗口分割成 2 行 1 列。在 MATLAB 命令窗口中输入：

　　>> subplot(2, 1, 1)，step(tf([1 2 4]，[1 10 5 4]))，′ro-′;

　　>> subplot(2, 1, 2)，step(tf([3 2]，[2 7 2]))，′*-′;

运行后得到的单位阶跃响应曲线如图 4.12(b)所示。

③ 将图形窗口分割成 2 行 2 列并在指定区域绘图。在 MATLAB 命令窗口中输入：

　　>> subplot(2, 2, 1)，step(tf([1 2 4]，[1 10 5 4]))，′ro-′;

　　>> subplot(2, 2, 4)，step(tf([3 2]，[2 7 2]))，′*-′;

运行后得到的单位阶跃响应曲线如图 4.12(c)所示。

2）函数 dstep()

功能：求线性定常离散系统（单输入单输出或多输入多输出）的单位阶跃响应。

格式：

dstep(num, den)	绘制单输入单输出系统的单位阶跃响应曲线
dstep(nem, den, N)	绘制单输入单输出系统的单位阶跃响应曲线，且响应点数 N 由用户定义
dstep(a, b, c, d, iu)	绘制多输入多输出系统第 iu 个输入信号作用下的单位阶跃响应曲线
dstep(a, b, c, d, iu, N)	绘制多输入多输出系统第 iu 个输入信号下的单位响应曲线，且响应点数 N 由用户定义
[y, x]=dstep(a, b, c, d, …)	求多输入多输出系统的单位阶跃响应数据值
[y, x]=dstep(num, den, …)	求单输入单输出系统的单位阶跃响应数据值

说明：① 这里的系统指线性定常离散系统。

② 单输入单输出系统只需给出传递函数分子向量和分母向量 num，den；多输入多输出系统只需给出 a，b，c 和 d 阵即可。

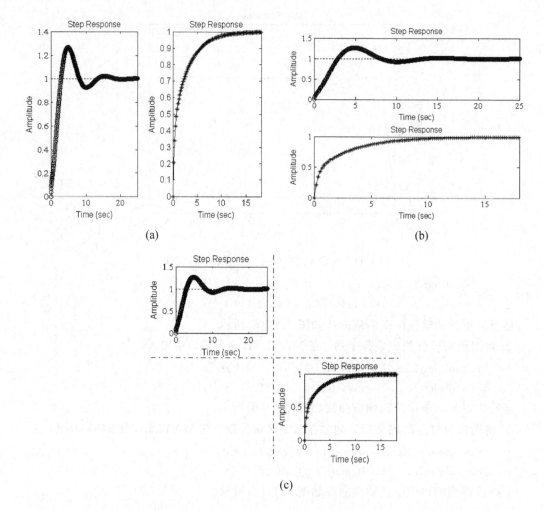

图 4.12　在子图中绘制阶跃响应曲线示意图

（a）图形窗口分割成 1 行 2 列；（b）图形窗口分割成 2 行 1 列

（c）图形窗口分割成 2 行 2 列并在指定区域绘图

③ 缺省时响应点数由 MATLAB 自动选取。

④ 不包含返回值时，只在屏幕上绘制响应曲线；包含返回值 y 和 x 时，分别表示输出向量 y 和状态向量 x 的时间序列矩阵，此时不绘制曲线，只给出响应数据值。

【例 4.7】　已知线性定常离散系统的脉冲传递函数为

$$G(z) = \frac{2z^2 - 3.4z + 1.5}{z^2 - 1.6z + 0.8}$$

绘制其单位阶跃响应曲线。

【解】　在 MATLAB 命令窗口中输入：

```
>> num=[2, -3.4, 1.5];
>> den=[1, -1.6, 0.8];
>> dstep(num, den)
```

运行后得到的单位阶跃响应曲线如图 4.13(a)所示。

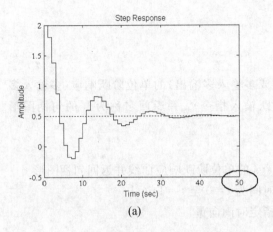

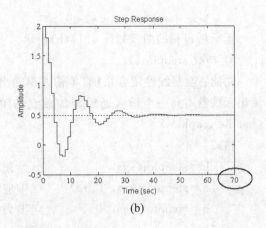

(a)   (b)

图 4.13 离散时间控制系统的单位阶跃响应曲线

（a）采用缺省离散点数；（b）指定离散点数

用户可根据实际需要定义响应点数 N。将绘图命令改写为

>> dstep(num, den, 70)　　　%定义离散点个数为 70

运行后得到的单位阶跃响应曲线如图 4.13(b) 所示。

【例 4.8】　线性定常离散系统的状态空间模型为

$$x(k+1) = \begin{bmatrix} -0.5572 & -0.7814 \\ 0.7814 & 0 \end{bmatrix} x(k) + \begin{bmatrix} 1 & -1 \\ 0 & 2 \end{bmatrix} u(k)$$

$$y(k) = \begin{bmatrix} 1.9691 & 6.4493 \end{bmatrix} x(k)$$

绘制其单位阶跃响应曲线。

【解】　在 MATLAB 命令窗口中输入：

>> a=[−0.5572 −0.7814; 0.7814 0]; b=[1 −1; 0 2]; c=[1.9691 6.4493]; d=[0];

>> dstep(a, b, c, d)

运行后得到的单位阶跃响应曲线如图 4.14(a) 所示。若只需绘制在第 1 个输入信号作用下的阶跃响应，可将上述 MATLAB 命令改写为下述形式：

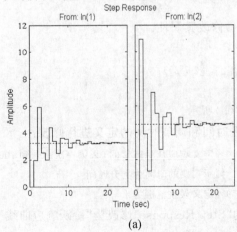

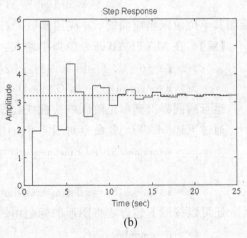

(a)   (b)

图 4.14 单位阶跃响应曲线

（a）缺省绘制；（b）指定输入变量

```
>> dstep(a, b, c, d, 1)
```

运行后得到的曲线如图 4.14(b)所示。

3) 函数 stepplot()

功能：绘制线性定常系统(单输入单输出或多输入多输出)的单位阶跃响应(多输入多输出系统需对每一个输入通道施加独立的阶跃输入指令)，并返回名称为 h 的句柄图形(handle graphics)。

格式：

h＝stepplot(sys)	绘制 sys 的单位阶跃响应曲线并返回句柄图形 h
h＝stepplot(sys, Tfinal)	响应时间为 t＝0 至 t＝Tfinal
h＝stepplot(sys, T)	T 为指定时间向量
h＝stepplot(sys1, sys2, …, T)	在一个图形窗口中同时绘制系统 sys1，sys2，…，的单位阶跃响应曲线并返回句柄图形 h，时间向量 T 由用户指定
h＝stepplot(…, plotoptions)	绘制单位阶跃响应曲线并返回句柄图形 h，字符串 "plotoptions"用来指定曲线的属性

说明：① 用户可以通过返回的句柄 h，在 MATLAB 命令窗口中应用"setoptions"命令设置或修改图形的属性，也可以应用"getoptions"命令得到当前曲线的属性。

② 函数 stepplot()同时适用于连续时间系统和离散时间系统。

③ 其他输入参数的含义同函数 step()。

④ 可设置或修改的图形属性可以通过在 MATLAB 命令窗口中输入"help timeoptions"命令来得到。

⑤ 也可以省略返回的句柄图形 h，此时其功能和用法与函数 step()相同。

【例 4.9】 函数 stepplot()的应用例子。对于例 4.6 所示的两个线性定常系统

$$G_1(s) = \frac{s^2 + 2s + 4}{s^3 + 10s^2 + 5s + 4}, \quad G_2(s) = \frac{3s + 2}{2s^2 + 7s + 2}$$

绘制其单位阶跃响应曲线，并应用函数 stepplot()修改其属性。

【解】 在 MATLAB 命令窗口中输入：

```
>> G1=tf([1 2 4], [1 10 5 4]); G2=tf([3 2], [2 7 2]);
>> h=stepplot(G1, '-', G2, '-.');
```

运行后同样得到单位阶跃响应曲线如图 4.8(b)所示。

通过下述 MATLAB 命令对图 4.8(b)中上升时间和调节时间的定义进行修改：

```
>> setoptions(h, 'risetimelimits', [0 1.0])    %定义响应从稳态值的 0% 第一次上升到 100%
                                                %所需要的时间为上升时间
>> setoptions(h, 'settletimethreshold', 0.05)  %定义误差范围为±5%
```

还可以按照下述方法将图形的标题由缺省的"Step Response"修改为"阶跃响应曲线"：

```
>> p=getoptions(h);                %得到曲线的选项
>> p. Title. String='阶跃响应曲线';    %改变选项中的图形标题
>> setoptions(h, p);               %将选项应用于曲线
```

运行后得到的曲线如图 4.15 所示。

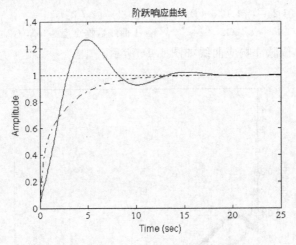

图 4.15　修改属性后的单位阶跃响应曲线

4）函数 impulse()

功能：求线性定常系统的单位脉冲响应。

格式：

impulse(sys)	绘制系统的脉冲响应曲线
impulse(sys, T)	响应时间 T 由用户指定
impulse(sys1, sys2, …, sysN)	在同一个图形窗口中绘制 N 个系统 sys1，sys2，…，sysN 的单位脉冲响应曲线
impulse(sys1, sys2, …, sysN, T)	响应时间 T 由用户指定
impulse(sys1, ′PlotStyle1′, …, sysN, ′PlotStyleN′)	曲线属性用′PlotStyle′定义
[y, t]=impulse(sys)	求系统 sys 单位脉冲响应的数据值，包括输出向量 y 及相应时间向量 t
[y, t, x]=impulse(sys)	求状态空间模型 sys 单位脉冲响应的数据值，包括输出向量 y，状态向量 x 及相应时间向量 t

说明：① 线性定常系统 sys，sys1，sys2，…，sysN 可以为传递函数、零极点增益及状态空间等模型形式。

② 缺省时，响应时间由函数根据系统的模型自动确定，也可以由用户指定，由 t=0 开始，至 T 秒结束。

③ 对于连续时间系统模型，输入信号为单位脉冲函数 $\delta(t)$，对于离散时间系统模型，输入函数为单位脉冲序列。

④ 有关其他参数的说明与函数 step() 的相同。

【例 4.10】　已知两个线性定常连续系统的传递函数分别为

$$G_1(s) = \frac{s^2 + 2s + 4}{s^3 + 10s^2 + 5s + 4}, \quad G_2(s) = \frac{3s + 2}{2s^2 + 7s + 2}$$

绘制它们的脉冲响应曲线。

【解】 在 MATLAB 命令窗口中输入：

>> G1=tf([1 2 4], [1 10 5 4]); G2=tf([3 2], [2 7 2]);

>> impulse(G1, '-ro', G2, '-b＊')　　％G1 曲线数据点型为"o"，G2 曲线数据点型为"＊"

运行后得到的单位脉冲响应曲线如图 4.16 所示。

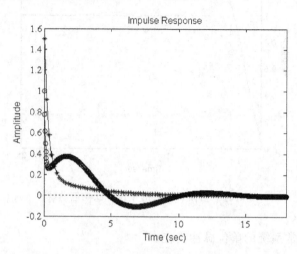

图 4.16　例 4.10 的单位脉冲响应曲线

5）函数 dimpulse()

功能：求线性定常离散系统的单位脉冲响应。

格式：

dimpulse(num, den)	绘制单输入单输出系统的单位脉冲响应曲线
dimpulse(num, den, N)	绘制单输入单输出系统的阶跃响应曲线，且响应点数 N 由用户定义
dimpulse(a, b, c, d, iu)	绘制多输入多输出系统第 iu 个输入信号作用下的单位脉冲响应曲线
dimpulse(a, b, c, d, iu, N)	绘制多输入多输出系统第 iu 个输入信号下的单位响应曲线，且响应点数由用户定义
[y, x]=dimpulse(a,b,c,d,…)	求多输入多输出系统的单位阶跃响应数据值
[y, x]=dimpulse(num,den,…)	求单输入单输出系统的单位阶跃响应数据值

说明：① 这里的系统指线性定常离散系统。

② num，den，a，b，c 和 d 的含义与函数 dstep() 的相同。

③ 缺省时响应点数由 MATLAB 自动选取。

④ 不包含返回值时，只在屏幕上绘制响应曲线；包含返回值 y 和 x 时，分别表示输出向量 y 和状态向量 x 的时间序列矩阵，此时不绘制曲线，只给出响应数据值。

【例 4.11】 已知线性定常离散系统的脉冲传递函数为

$$G(z) = \frac{z^2 + 2z + 4}{z^3 + 10z^2 + 5z + 4}$$

计算并绘制其脉冲响应曲线。

【解】 在 MATLAB 命令窗口中输入：

```
>> num=[1 2 4]; den=[1 10 5 4];
>> dimpulse(num, den)
```

运行后得到的离散时间系统的单位脉冲响应曲线如图 4.17 所示。

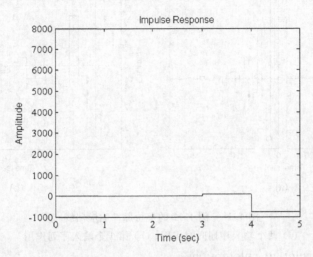

图 4.17 例 4.11 的单位脉冲响应

【例 4.12】 线性定常离散系统的状态空间模型为

$$x(k+1) = \begin{bmatrix} -0.5572 & -0.7814 \\ 0.7814 & 0 \end{bmatrix} x(k) + \begin{bmatrix} 1 & -1 \\ 0 & 2 \end{bmatrix} u(k)$$

$$y(k) = \begin{bmatrix} 1.9691 & 6.4493 \end{bmatrix} x(k)$$

绘制其脉冲响应曲线。

【解】 在 MATLAB 命令窗口中输入：

```
>> a=[-0.5572 -0.7814; 0.7814 0]; b=[1 -1; 0 2]; c=[1.9691 6.4493]; d=[0, 0];
>> dimpulse(a, b, c, d)
```

运行后得到的单位脉冲响应曲线如图 4.18(a)所示。

若只需绘制图 4.18(a)中两条曲线中的第一条，可将上述命令改写为

```
>> dimpulse(a, b, c, d, 1)
```

运行后得到的脉冲响应曲线如图 4.18(b)所示。

6) 函数 impulseplot()

功能：绘制线性定常连续系统单位脉冲响应曲线，并返回句柄图形 h。

格式：

h=impulseplot(sys)   绘制系统 sys 的单位脉冲响应曲线并返回句柄图
                            形 h

h=impulseplot(sys, Tfinal) 响应时间为 t=0 至 t=Tfinal

h=impulseplot(sys, T)   T 为用户指定时间向量

h=impulseplot(sys1, sys2, …, T)

                            在一个图形窗口中同时绘制系统 sys1，sys2，…，
                            的单位阶跃响应曲线并返回句柄图形 h，时间向量
                            T 由用户指定

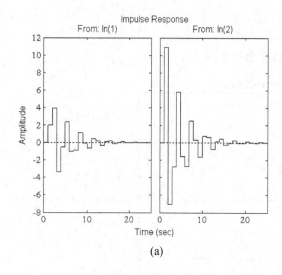
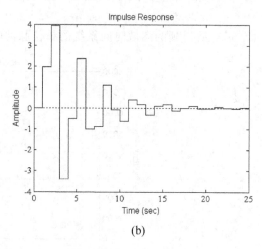

图 4.18　例 4.12 的单位脉冲响应曲线

（a）两个输入序列同时作用；（b）第 1 个输入序列作用

　　　　h＝impulseplot(…, plotoptions)

　　　　　　　　　　　　　绘制单位阶跃响应曲线并返回句柄图形 h，字符串
　　　　　　　　　　　　　"plotoptions"用来指定曲线的属性

　　说明：① 用户可以通过返回的句柄图形 h，在 MATLAB 命令窗口中应用"setoptions"命令设置或修改图形的属性，也可以应用"getoptions"命令得到当前曲线的属性。

　　② 该函数同时适用于连续时间系统和离散时间系统。

　　③ 其他输入参数的含义同函数 impulse()。

　　④ 可设置或修改的图形属性可以通过在 MATLAB 命令窗口中输入"help timeoptions"命令来得到。

　　⑤ 也可以省略返回的句柄图形 h，此时其功能和用法与函数 impulse() 相同。

　　函数 impulseplot() 的应用方法与函数 stepplot() 的相同。

　　7) 函数 initial( )

　　功能：求线性系统状态空间模型的的零输入响应（即初始条件响应）。

　　格式：

　　　　initial(sys, x0)　　　　　　绘制系统 sys 在初始条件 x0 作用下的响应曲线

　　　　initial(sys, x0, T)

　　　　initial(sys1, sys2, …, sysN, x0)

　　　　initial(sys1, sys2, …, sysN, x0, T)

　　　　initial(sys1, ′PlotStyle1′, …, sysN, ′PlotStyleN′, x0)

　　　　[y, t, x]＝initial(sys, x0)

　　说明：① 该函数同时适用于线性定常连续系统和线性定常离散系统。

　　② sys, sys1, sys2, …, sysN, T, PlotStyle1, y, t, x 等参数的含义同函数 step()。

　　【例 4.13】　已知线性定常系统的状态空间模型和初始条件分别为

$$\begin{bmatrix} \dot{x}_1 \\ \dot{x}_2 \end{bmatrix} = \begin{bmatrix} -0.5572 & -0.7814 \\ 0.7814 & 0 \end{bmatrix} \begin{bmatrix} x_1 \\ x_2 \end{bmatrix}$$

$$y = \begin{bmatrix} 1.9691 & 6.4493 \end{bmatrix} \begin{bmatrix} x_1 \\ x_2 \end{bmatrix}$$

$$x(0) = \begin{bmatrix} 1 \\ 0 \end{bmatrix}$$

绘制其零输入响应曲线。

【解】 在 MATLAB 命令窗口中输入：

>>a=[-0.5572, -0.7814; 0.7814, 0]; b=[0; 0];

>>c=[1.9691, 6.4493]; d=[0];

>>x0=[1; 0];

>>sys=ss(a, b, c, d);

>>initial(sys, x0)

运行后得到的零输入响应曲线如图 4.19 所示。

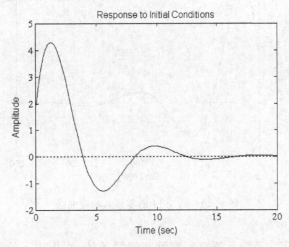

图 4.19 例 4.13 的零输入响应曲线

8) 函数 dinitial()

功能：计算线性定常离散时间状态空间模型的零输入响应。

格式：

dinitial(a, b, c, d, x0)　　　绘制系统(a, b, c, d)在初始条件 x0 作用下的响应曲线

dinitial(a, b, c, d, x0, N)　　响应点数 N 由用户定义

[y, x, N]=dinitial(a, b, c, d, x0, …)

　　　　　　　　　　　　　不绘制曲线，返回输出向量 y，状态向量 x 和响应点
　　　　　　　　　　　　　数 N 的数据值

说明：系统的数学模型只能以离散时间状态空间模型形式给出。

【例 4.14】 已知线性离散时间控制系统的状态空间模型和初始条件分别为

$$\begin{bmatrix} x_1(k+1) \\ x_2(k+1) \end{bmatrix} = \begin{bmatrix} 0.9429 & -0.075\,93 \\ 0.075\,93 & 0.997 \end{bmatrix} \begin{bmatrix} x_1(k) \\ x_2(k) \end{bmatrix}$$

$$y(k) = \begin{bmatrix} 1.969 & 6.449 \end{bmatrix} \begin{bmatrix} x_1(k) \\ x_2(k) \end{bmatrix}$$

$$\boldsymbol{x}(0) = \begin{bmatrix} 1 \\ 0 \end{bmatrix}$$

采样周期 $Ts = 0.1\,s$，初始条件 $\boldsymbol{x}_0 = [1 \quad 0]^T$，绘制其零输入响应曲线。

【解】 在 MATLAB 命令窗口中输入：

>> A=[0.9429, −0.07593; 0.07593, 0.997]; B=[0; 0];

>> C=[1.969 6.449]; D=0;

>> x0=[1; 0];

>> dinitial(a, b, c, d, x0);

运行后得到的零输入响应曲线如图 4.20 所示。

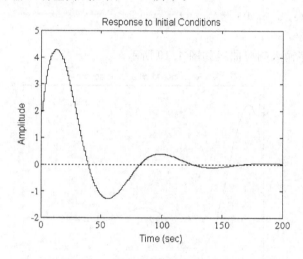

图 4.20 例 4.14 的零输入响应曲线

9）函数 initialplot()

功能：绘制线性定常系统状态空间模型在初始条件 x0 作用下的零输入响应曲线，并返回句柄图形 h。

格式：

h=initialplot(sys, x0)　　　　绘制系统 sys 在初始条件作用下的响应曲线并返回句柄图形 h

h=initialplot(sys, x0, Tfinal)　响应时间为 t=0 至 t=Tfinal

h=initialplot(sys, x0, T)　　　T 为用户指定时间向量

h=initialplot(sys1, sys2, …, x0, T)

在一个图形窗口中同时绘制系统 sys1，sys2，…，在初始条件作用下的响应曲线

h=initialplot(…, plotoptions)　字符串"plotoptions"用来指定曲线的属性

说明：① 该函数同时适用于连续时间系统和离散时间系统。

② 也可以省略返回的句柄图形 h，此时其功能和用法与函数 initial() 相同。

③ 其他用法与函数 stepplot() 相同。

10）函数 gensig()

功能：产生用于函数 lsim() 的试验输入信号。

格式：

　　[u, t]＝gensig(type, tau)　　产生以 tau(单位为秒)为周期并由 type 确定形式的
　　　　　　　　　　　　　　　　　标量信号 u；t 为由采样周期组成的矢量；矢量 u 为
　　　　　　　　　　　　　　　　　这些采样周期点的信号值

　　[u, t]＝gensig(type, tau, Tf, Ts)
　　　　　　　　　　　　　　　　　Tf 指定信号的持续时间，Ts 为采样周期 t 之间的
　　　　　　　　　　　　　　　　　间隔

说明：① 由 type 定义的信号形式包括：'sin'为正弦波，'square'为方波，'pulse'为周期性脉冲。

② 返回值为数据，并不绘制波形图。

③ 函数 lism()的用法见其后。

【例 4.15】　用函数 gensig()产生周期为 5 s，持续时间为 30 s，每 0.1 s 采样一次的正弦波。

【解】　在 MATLAB 命令窗口中输入：

　　＞＞[u, t]＝gensig('sin', 5, 30, 0.1);　　　％返回值为数据
　　＞＞plot(t, u);　　　　　　　　　　　　　％根据返回值绘制波形图
　　＞＞axis([0 30 －2 2])　　　　　　　　　　％重新定义坐标轴的量程

运行后得到的波形如图 4.21 所示。

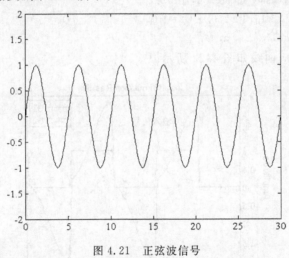

图 4.21　正弦波信号

11) 函数 lism()

功能：求线性定常系统在任意输入信号作用下的时间响应。

格式：

　　lsim(sys, u, t)　　　　　　　绘制系统 sys 的时间响应曲线，输入信号由 u 和
　　　　　　　　　　　　　　　　t 定义，其含义见函数 gensig()的返回值

　　lsim(sys, u, t, x0)　　　　　绘制系统在给定输入信号和初始条件 x0 同时作用
　　　　　　　　　　　　　　　　下的响应曲线

　　lsim(sys, u, t, x0, 'zoh')　　指定采样点之间的插值方法为零阶保持器(zoh)

　　lsim(sys, u, t, x0, 'foh')　　指定采样点之间的插值方法为一阶保持器(foh)

lsim(sys1, sys2, …, sysN, u, t)　　绘制 N 个系统的时间响应曲线

lsim(sys1, sys2, …, sysN, u, t, x0)

　　　　　　　　　　　绘制 N 个系统在给定输入信号和初始条件
x0 同时作用下的响应曲线

lsim(sys1, ′PlotStyle1′, …, sysN, ′PlotStyleN′, u, t)

　　　　　　　　　　　曲线属性用′PlotStyle′定义

[y, t, x]＝lsim(sys, u, t, x0)　　y, t, x 的含义同函数 step()

说明：① u 和 t 由函数 gensig()产生，用来描述输入信号特性，t 为时间区间，u 为输入向量，其行数应与输入信号个数相等。

② 缺省时，函数 lsim()根据输入信号 u 的平滑度自动选择采样点之间的插值方法。用户也可以指定采样点之间的插值方法。

③ 在所绘制的响应曲线中还绘制了输入信号的波形。

【例 4.16】 已知线性定常系统的传递函数分别为

$$G_1(s) = \frac{2s^2 + 5s + 1}{s^2 + 2s + 3}, \quad G_2(s) = \frac{s-1}{s^2 + s + 5}$$

求其在指定方波信号作用下的响应。

【解】 在 MATLAB 命令窗口中输入：

>> [u, t]＝gensig(′square′, 4, 10, 0.1);
>> G1＝tf([2 5 1], [1 2 3]); G2＝tf([1 −1], [1 1 5]);
>> lsim(G1, G2, ′-.′, u, t)

运行后得到的响应曲线如图 4.22 所示。

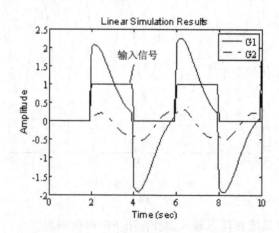

图 4.22　例 4.16 指定方波信号作用下的响应曲线

12) 函数 dlsim()

功能：求线性定常离散系统在任意输入下的响应。

格式：

dlsim(a, b, c, d, u)　　绘制系统(a, b, c, d)在输入序列 u 作用下的响应曲线

dlsim(num, den, u)　　绘制分子向量和分母向量分别为 num 和 den 的脉冲传递函数模型在输入序列 u 作用下的响应曲线

$$[y, x] = dlsim(a, b, c, d, u)$$

$$[y, x] = dlsim(num, den, u)$$

说明：返回值 y，x 分别表示在 MATLAB 的命令窗口中依次得到的输出向量 y 和状态向量 x 的数据值，此时不绘制曲线，只给出解析结果。

13）函数 lsimplot()

功能：求线性定常系统在任意输入信号作用下的时间响应，并返回句柄图形 h。

格式：

h=lsimplot(sys，u，t)	绘制系统 sys 的时间响应曲线并返回句柄图形 h，输入信号由 u 和 t 定义，其含义见函数 gensig() 的返回值
h=lsimplot(sys，u，t，x0)	绘制系统 sys 的时间响应曲线并返回句柄图形 h，输入信号由 u 和 t 定义，x0 为初始条件
h=lsimplot(sys1，sys2，…，u，t)	绘制系统 sys1，sys2，… 的时间响应曲线并返回句柄图形 h
h=lsimplot(sys1，sys2，…，u，t，x0)	绘制系统 sys1，sys2，… 的时间响应曲线并返回句柄图形 h，输入信号由 u 和 t 定义，x0 为初始条件
h=lsimplot(…，plotoptions)	字符串"plotoptions"用来指定曲线的属性
h=lsimplot(sys，u，t，x0，'zoh')	指定采样点之间的插值方法为零阶保持
h=lsimplot(sys，u，t，x0，'foh')	指定采样点之间的插值方法为线性插值

说明：① 用户可以通过所返回的句柄 h，在 MATLAB 命令窗口中应用"setoptions"命令设置或修改图形的属性，也可以应用"getoptions"命令得到当前曲线的属性。

② 该函数同时适用于连续时间系统和离散时间系统。

③ 也可以省略返回的句柄图形 h，此时其功能和用法与函数 lsim() 相同。

④ 其应用方法与 stepplot() 相同。

3. 系统的稳态性能分析

线性控制系统的稳态性能分析主要是指稳态误差的计算。如前所示，只有当 $sE(s)$ 的极点均位于 s 左半平面（包括原点）时，才可以根据拉氏变换的终值定理，应用式(4.4)求取系统的稳态误差。计算稳态误差通常多采用静态误差系数法。

设控制系统的开环传递函数为 $G(s)H(s)$，则静态误差系数的定义如下：

（1）静态位置误差系数 K_p：

$$K_p = \lim_{s \to 0} G(s)H(s) \tag{4.5}$$

（2）静态速度误差系数 K_v：

$$K_v = \lim_{s \to 0} s\, G(s)H(s) \tag{4.6}$$

（3）静态加速度误差系数 K_a：

$$K_a = s^2 \lim_{s \to 0} G(s)H(s) \tag{4.7}$$

可见，计算稳态误差问题实质上是求极限问题，MATLAB 符号数学工具箱中提供了求极限的函数 limit()，其调用格式及功能如表 4.2 所示。

表 4.2　求极限函数 limit()的用法

函数格式	功　能
limit(F，x，a)	求极限 $\lim\limits_{x \to a} F$
limit(F，a)	同上，且 F 中自变量由 findsym(F)产生
limit(F)	同上，且 $a=0$
limit(F，x，a，'right')	求单边右极限 $\lim\limits_{x \to a_+} F$
limit(F，x，a，'left')	求单边左极限 $\lim\limits_{x \to a_-} F$

4.2　控制系统的频域分析

4.2.1　基本概念

频域分析法是指应用频率特性研究线性系统的方法，它是经典控制理论中经常使用的分析方法之一。

1. 频率特性

设稳定线性定常系统的传递函数为 $G(s)$，在谐波输入信号 $r(t)=A \sin(\omega t+\varphi)$ 作用下，其稳态输出为

$$c_{ss}(t) = A \mid G(j\omega) \mid \sin(\omega t + \varphi + \angle G(j\omega)) \tag{4.8}$$

定义在谐波输入作用下，式(4.8)中与输入同频率的谐波分量与谐波输入的幅值之比 $\mid G(j\omega) \mid$ 为幅频特性，相位之差 $\angle G(j\omega)$ 为相频特性，并称 $\mid G(j\omega) \mid \angle G(j\omega)$（即 $G(j\omega)$）为系统的频率特性。$G(j\omega)$ 还可表示为

$$G(j\omega) = G(s) \mid_{s=j\omega} = \mid G(j\omega) \mid \angle G(j\omega) = \mid G(j\omega) \mid e^{j \angle G(j\omega)} \tag{4.9}$$

2. 频率特性的几何表示

常用的频率特性曲线有三种，它们分别是幅相频率特性曲线（Nyquist 曲线）、对数频率特性曲线（Bode 图）和对数幅相曲线（Nichols 曲线）。频域分析法的基本内容之一就是绘制上述三种曲线。

(1) 幅相频率特性曲线（Nyquist Diagram）也称为幅相曲线、极坐标图或奈奎斯特曲线。它以横轴为实轴，以纵轴为虚轴构成复平面。当输入信号的频率 ω 由 $-\infty$ 变化至 $+\infty$ 时，向量 $G(j\omega)$ 的幅值和相位也随之作相应的变化，其端点在复平面上移动的轨迹就是幅相曲线。由于幅频特性为 ω 的偶函数，相频特性为 ω 的奇函数，则 ω 从 0 变化至 $+\infty$ 和 ω 从 0 变化至 $-\infty$ 的幅相曲线关于实轴对称，因而一般只绘制 ω 从 0 变化至 $+\infty$ 的幅相曲线。

(2) 对数频率特性曲线又称为伯德曲线或伯德图（Bode Diagram），它由对数幅频特性

曲线和对数相频特性曲线组成，是工程中广泛使用的一组曲线。两条曲线的横坐标相同，均按照 $\lg\omega$ 分度，单位为弧度/秒（rad/s）。对数幅频特性曲线的纵坐标按照 $L(\omega) = 20\lg|G(j\omega)|$ 线性分度，单位为分贝（dB）；对数相频特性曲线的纵坐标按照 $\angle G(j\omega)$ 线性分度，单位为度（°）。

（3）对数幅相曲线又称尼柯尔斯曲线或尼柯尔斯图（Nichols Chart）。其特点是纵坐标为 $L(\omega)$，单位为分贝（dB）；横坐标为 $\angle G(j\omega)$，单位为度（°）；频率 ω 为参变量。

3. 频域稳定性分析

频域分析法中的一个重要内容是稳定性分析。稳定性分析包括线性定常系统稳定性的判别和稳定裕度的计算。频域稳定性的判别依据是奈奎斯特稳定判据。稳定裕度包括相角裕度 γ 和幅值裕度 h。它们的定义分别如下（见图 4.23）：

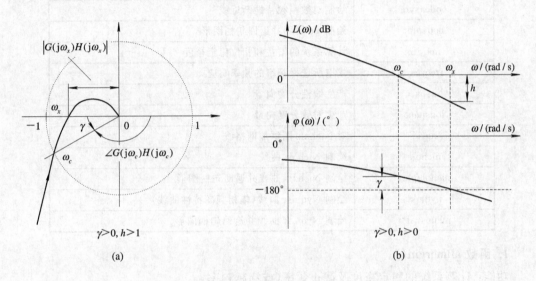

图 4.23　稳定裕度的定义

（a）幅相频率特性曲线上稳定裕度的定义；（b）对数频率特性曲线上稳定裕度的定义

（1）相角裕度 γ。设系统的截止频率为 ω_c，即

$$|G(j\omega_c)H(j\omega_c)| = 1 \tag{4.10}$$

定义相角裕度为

$$\gamma = 180° + \angle G(j\omega_c)H(j\omega_c) \quad (°) \tag{4.11}$$

（2）幅值裕度 h。设系统的穿越频率为 ω_x，即

$$\angle G(j\omega_x)H(j\omega_x) = (2k+1)\pi \quad (k = 0, \pm 1, \cdots) \tag{4.12}$$

定义幅值裕度为

$$h = \frac{1}{|G(j\omega_x)H(j\omega_x)|} \tag{4.13}$$

对数坐标下，幅值裕度定义如下

$$h = -20\log|G(j\omega_x)H(j\omega_x)| \quad (dB) \tag{4.14}$$

MATLAB 提供了大量的绘制线性定常系统频率特性曲线的函数，有些函数在绘制频率特性曲线的同时，还给出了系统是否稳定以及稳定裕度的信息。

4.2.2 频域分析方法

MATLAB 的控制系统工具箱包含了进行控制系统频域分析与设计所必需的函数，见表 4.3。下面详细介绍表中的常用函数。

表 4.3 系统频率响应绘制及分析函数列表

函数名称	功　能
allmargin	计算系统稳定裕度的全部信息
bode	计算并绘制 Bode 图
dbode	计算并绘制离散时间线性系统的 Bode 图
bodemag	计算并绘制对数幅频特性曲线
bodeasym	绘制对数幅频特性渐近线
bodeplot	绘制 Bode 图并返回句柄图形
margin	计算系统的增益和相位稳定裕度
freqresp	求取所选择频率的频率响应
linspace	产生线性分度向量
logspace	产生对数分度向量
ngrid	对 Nichols 图添加网格线
nichols	绘制 Nichols 曲线
nicholsplot	绘制 Nichols 曲线并返回句柄图形
nyquist	绘制 Nyquist 曲线（幅相频率特性曲线）
nyquistplot	绘制 Nyquist 曲线并返回句柄图形

1. 函数 allmargin（）

功能：计算系统的稳定裕度及截止频率（或穿越频率）。

格式：

  S＝allmargin(sys) 提供单输入单输出开环模型 sys 的详细信息

说明：① 返回变量 S 包括：

• GMFrequency：对数相频特性曲线与 $-180°$ 线相交的穿越频率 ω_x（单位为弧度/秒（rad/s））；

• GainMargin：幅值裕度，其单位不是分贝（dB），若采用分贝表示，则需按照 $20\times$lg(GainMargin)进行换算；

• PMFrequency：对数幅频特性曲线与 0 dB 线相交的截止频率 ω_c（单位为 rad/s）；

• PhaseMargin：相位裕度（单位为°（度））；

• DelayMargin(DMFrequency)：延迟裕度（连续系统时单位为 s，离散时间系统时为采样周期的倍数）及相应的临界频率（单位为 rad/s）；

• Stable：相应闭环系统稳定（含临界稳定）时其值为 1，否则为 0。

② 当输出为无穷大时，用 inf 表示。

③ sys 不能为频率响应数据模型。

④ 该函数适用于任何单输入单输出系统。

【例 4.17】 线性定常系统的传递函数为

$$G(s) = \frac{8s + 0.8}{s^5 + 5s^4 + 20s^3 + 19s^2 + 15s}$$

计算其稳定裕度及相应的穿越频率 ω_x 和截止频率 ω_c。

【解】 在 MATLAB 命令窗口中输入：

```
>>num=[8, 0.8];
>>den=[1 5 20 19 15 0];
>>sys=tf(num, den);          %建立传递函数模型
>> S=allmargin(sys)
```

运行结果为：

```
S=
    GainMargin   : 5.4337
    GMFrequency: 1.8856
    PhaseMargin  : 117.7136
    PMFrequency: 0.0633
    DelayMargin  : 32.4813
    DMFrequency: 0.0633
        Stable   : 1
```

将稳定裕度表示为分贝(dB)形式。在 MATLAB 命令窗口中输入：

```
>> 20 * log10(5.4337)
```

运行结果为：

```
ans=
    14.7019
```

即，幅值裕度 $h=5.4337$(或 14.7019 dB)，穿越频率 $\omega_x=1.8856$ 弧度/秒，相位裕度 $\gamma=117.7136°$，截止频率 $\omega_c=0.0633$ 弧度/秒。

2. 函数 bode()

功能：计算并绘制线性定常连续系统的对数频率特性曲线(即 Bode 图)。

格式：

bode(sys)	绘制系统 sys 的 Bode 图
bode(sys, w)	绘制系统 sys 的 Bode 图，频率范围由向量 w 指定
bode(sys1, sys2, …, sysN)	在同一个图形窗口中绘制系统 sys1, sys2, …, sysN 的 Bode 图
bode(sys1, sys2, …, sysN, w)	在同一个图形窗口中绘制系统 sys1, sys2, …, sysN 的 Bode 图，频率范围由向量 w 指定
bode(sys1, 'PlotStyle1', …, sysN, 'PlotStyleN')	
	'PlotStyle'用来指定所绘制曲线的属性
[mag, phase, w]=bode(sys)	得到幅值向量 mag，相位向量 phase(度)及相应频率向量 w 的数据值，但不绘制曲线

说明：① 缺省情况下，频率范围由 MATLAB 根据数学模型自动确定，也可由用户利用向量 w 指定，其用法为 w＝{wmin，wmax}。

② 系统 sys 既可以为单输入单输出系统，还可以为多输入多输出系统，其形式可以为传递函数模型、零极点增益模型或状态空间模型。

③ 不包含返回值时，只在屏幕上绘制曲线。

【例 4.18】 设线性定常连续系统的传递函数分别为

$$G_1(s) = \frac{1}{5s+1}, \quad G_2(s) = \frac{0.3}{5s^2+s+4}, \quad G_3(s) = \frac{0.6}{s+1}$$

将它们的 Bode 图绘制在一张图中。

【解】 在 MATLAB 命令窗口中输入：

```
>> G1=tf([1], [5 1]);
>> G2=tf([0.3], [5 1 4]);
>> G3=tf([0.6], [1 1]);
>> bode(G1, 'o-', G2, '-', G3, '->');
```

运行后得到的 Bode 图如图 4.24 所示。

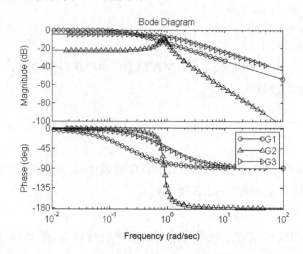

图 4.24　例 4.18 系统的 Bode 图

【例 4.19】 线性定常连续系统的传递函数为

$$G(s) = \frac{s^2+0.1s+7.5}{s^4+0.12s^3+9s^2}$$

绘制其 Bode 图。

【解】 在 MATLAB 命令窗口中输入：

```
>> G=tf([1 0.1 7.5], [1 0.12 9 0 0]);
>> bode(G)
```

运行后得到的 Bode 图如图 4.25 所示。

下面以例 4.19 为例，介绍对 Bode 图一些属性的操作。

1) 曲线上任一点参数值的确定

用鼠标左键单击图 4.25 中对数频率特性曲线上的任一点，可得到单击点的对数幅频（或对数相频）值及相应的频率值；用鼠标左键按住并移动图中的"■"，还可以得到"■"所到达点的对数幅频(或对数相频)值及相应的频率值。

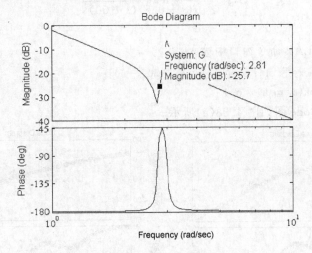

图4.25　Bode图绘制及属性设置示例

2)曲线显示属性的设置

用鼠标右键单击图 4.25 图形框中任一处,弹出如图
4.26所示菜单,"Show"表示在图形窗口中显示对数幅频特
性曲线(Magnitude)和对数相频特性曲线(Phase)。若只需
显示其中的任意一条曲线而隐藏另外一条,则取掉不显示
曲线前面的"√"即可。图 4.27 为选择只显示对数相频特性
曲线(Phase)后得到的结果。

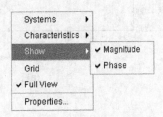

图 4.26　在 Bode 图上单击右
键弹出的菜单

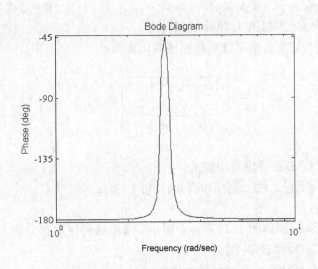

图 4.27　对数相频特性曲线

3)添加网格线

与前述相同,Bode 图中添加网格线的方法是,在图 4.26 的弹出菜单中选中"Grid",
就可以为所绘制的曲线添加网格线。

【例 4.20】　已知线性定常系统的传递函数为

$$G(s) = \frac{100(s+4)}{s(s+0.5)(s+50)^2}$$

绘制其 Bode 图。

    【解】 在 MATLAB 命令窗口中输入:

        >> k=100; z=[-4]; p=[0, -0.5, -50, -50];

        >> bode(zpk(z, p, k), 'o-')

运行后得到的 Bode 图如图 4.28(a)所示。

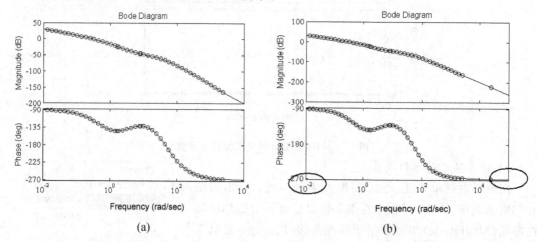

图 4.28 例 4.20 的 Bode 图

(a) 缺省绘制;(b) 指定 ω 变化范围

若还需要自定义频率范围,则可以将绘图语句改写为

        >> bode(zpk(z, p, k), 'o-', {10^-2, 10^5})   %指定频率范围为 $10^{-2} \sim 10^5$

运行后得到的 Bode 图如图 4.28(b)所示。

    【例 4.21】 线性定常连续系统的传递函数矩阵为

$$G(s) = \begin{bmatrix} \dfrac{s+1}{s^3+3s^2+3s+2} \\ \dfrac{s^2+3}{s^2+s+1} \end{bmatrix} = \begin{bmatrix} G_1(s) \\ G_2(s) \end{bmatrix}$$

绘制其 Bode 图。

    【解】 在 MATLAB 命令窗口中输入:

        >> G=[tf([1 1], [1 3 3 2]); tf([1 0 3], [1 1 1])];

        >> bode(G)

运行后得到的 Bode 图如图 4.29 所示。图中,点画线包围的部分为 $G_1(s)$ 的 Bode 图,虚线包围的部分为 $G_2(s)$ 的 Bode 图。

    3. 离散时间控制系统对数频率特性曲线的绘制

功能:绘制线性定常离散系统的对数频率特性曲线(Bode 图)。

格式:

        dbode(a, b, c, d, Ts, iu)   绘制系统(a, b, c, d)第 iu 个输入信号至全部
                               输出的 Bode 图,Ts 为采样周期

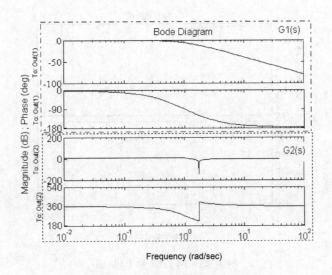

图 4.29 例 4.21 的 Bode 图

dbode(a, b, c, d, Ts, iu, w)   频率范围由向量 w 指定

dbode(num, den, Ts)   绘制传递函数的 Bode 图, Ts 为采样周期, 其分
                                  子向量和分母向量分别为 num, den

dbode(num, den, Ts, w)   绘制传递函数模型的 Bode 图, 频率范围由向量
                                  w 指定

[mag, phase, w]=dbode(a, b, c, d, Ts, …)
                                  计算系统的幅值向量 mag, 相位向量 phase 及
                                  相应频率 w 的数据值, 但是不绘制曲线

[mag, phase, w]=dbode(num, den, Ts, …)
                                  计算传递函数的幅值向量 mag, 相位向量 phase
                                  及相应频率 w 的数据值, 但是不绘制曲线

说明: ① 这里的系统指线性定常离散系统。

② 缺省情况下, 频率范围由 MATLAB 根据数学模型自动确定, 也可以由向量 w
指定。

③ 其他参数的意义同函数 bode()。

④ 不包含返回值时, 只在屏幕上绘制曲线。

【例 4.22】 离散时间系统的脉冲传递函数为

$$G(z) = \frac{z^2 + 0.1z + 7.5}{z^4 + 0.12z^3 + 9z^2}$$

采样周期 Ts=0.5 s, 绘制其 Bode 图。

【解】 在 MATLAB 命令窗口中输入:

>> dbode([1 0.1 7.5], [1 0.12 9 0 0], 0.5)

运行后得到的 Bode 图如图 4.30 所示。

与例 4.19 相比可见, 即使数学模型相似, 线性连续系统的 Bode 图与线性离散系统的
Bode 图的差别也非常显著。

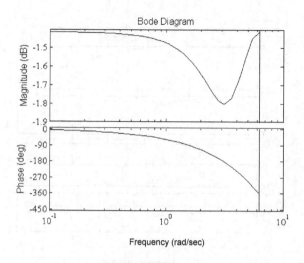

图 4.30 例 4.22 的 Bode 图

4. 函数 bodemag( )

功能：计算线性定常连续系统的对数幅频特性曲线。

格式：

bodemag(sys)　　　　绘制系统 sys 的对数幅频特性曲线

bodemag(sys,w)　　　频率范围由 w 向量指定

bodemag(sys1,sys2,…,sysN,w)

　　　　　　　　　　在同一个图形窗口中绘制系统 sys1，sys2，…，sysN 的
　　　　　　　　　　对数幅频特性曲线，频率范围由 w 向量指定

bodemag(sys1,'PlotStyle1',…,sysN,'PlotStyleN')

　　　　　　　　　　曲线的属性由'PlotStyle'设置

说明：各输入参数的意义与函数 bode( )相同。

注意：使用函数 bode( )时，在图 4.26 中，仅选择对数幅频特性曲线（Magnitude），隐藏对数相频特性曲线（Phase），会得到与函数 bodemag( )相同的结果。

【例 4.23】　两个控制系统的传递函数分别为

$$G_1(s) = \frac{s+1}{s^3+3s^2+3s+2}, \quad G_2(s) = \frac{s^2+3}{s^2+s+1}$$

绘制其对数幅频特性曲线。

【解】　在 MATLAB 命令窗口中输入：

>> G1=tf([1 1],[1 3 3 1]); G2=tf([1 0 3],[1 1 1]);

>> bodemag(G1,'o-',G2,'*-')

运行后得到的对数幅频特性曲线如图 4.31 所示。

5. 函数 bodeasym( )

功能：绘制单输入单输出线性定常连续系统的对数幅频特性渐近线。

格式：

bodeasym(sys)　　　　绘制系统 sys 的对数幅频特性渐近线

bodeasym(sys,PlotStr)　字符串 PlotStr 用来定义曲线的属性

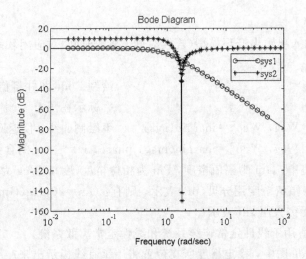

图 4.31　例 4.23 的对数幅频特性曲线

说明：① 每次只能绘制一个系统的对数幅频特性渐近线。

② 字符串可定义的曲线属性见函数 plot()。

【例 4.24】　系统的传递函数为

$$G(s) = \frac{s^2 + 3}{s^2 + s + 1}$$

绘制其对数幅频特性渐近线。

【解】　在 MATLAB 命令窗口中输入：

>> G=tf([1 0 3],[1 1 1]);

>> bodeasym(G)

运行后得到的对数幅频特性渐近线如图 4.32(a)所示。由图可见，缺省情况下绘制的对数幅频特性渐近线不是很清晰。可以通过对函数添加曲线属性的方法改变所绘制的对数幅频特性曲线，如将绘图语句更改为

>> bodeasym(G,'>')

运行后得到的对数幅频特性渐近线如图 4.32(b)所示。

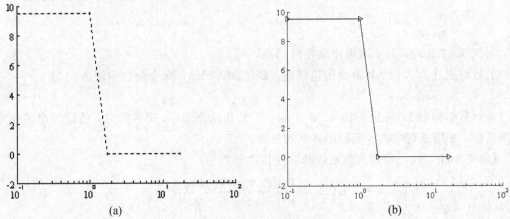

图 4.32　例 4.24 的对数幅频特性渐近线

(a) 缺省绘制；(b) 指定线型绘制

6. 函数 margin( )

功能：计算单输入单输出开环模型（连续时间、离散时间）对应闭环系统的频域指标。

格式：

margin(sys)　　　　　　　　　　　　　　　绘制 Bode 图并将稳定裕度及相应频率标示在图上

[Gm，Pm，Wcg，Wcp]＝margin(sys)　　不绘制曲线，仅返回稳定裕度数据值

[Gm，Pm，Wcg，Wcp]＝margin(mag, phase, w)　　w 的含义同函数 bode( )

说明：① 返回值中，Gm 为幅值裕度，Pm 为相位裕度（度），Wcg 为截止频率 ω_x，Wcp 为穿越频率 ω_c。若将幅值裕度用分贝（dB）表示，则有：Gm＝20×lg(Gm)（分贝）。

② 返回值中，无穷大用 Inf 表示。

③ 该函数同时适用于线性定常连续系统和线性定常离散系统。

④ 在绘制的 Bode 图中，稳定裕度所在位置将用垂直线标示出来。

⑤ 每次只能计算或绘制一个系统的稳定裕度。

【例 4.25】　重新计算例 4.17，已知单位负反馈控制系统的开环传递函数为

$$G(s) = \frac{8s + 0.8}{s^5 + 5s^4 + 20s^3 + 19s^2 + 15s}$$

计算其稳定裕度。

【解】　在 MATLAB 命令窗口中输入：

>> sys1＝tf([8, 0.8], [1 5 20 19 15 0]);

>> [Gm, Pm, Wcg, Wcp]＝margin(sys1)

运行结果为：

Gm＝

5.4337

Pm＝

117.7136

Wcg＝

1.8856

Wcp＝

0.0633

与例 4.17 比较可见，结果完全相同。

若省略上述 MATLAB 命令的返回值，即在 MATLAB 命令窗口中输入：

>> margin(sys1)

运行后得到的 Bode 图如图 4.33 所示。可见在绘制 Bode 图的同时，还计算出了稳定裕度指标，并用垂直线标示了稳定裕度的位置。

【例 4.26】　线性定常离散系统的脉冲传递函数为

$$G(z) = \frac{0.047\,98z + 0.0464}{z^2 - 1.81z + 0.9048}$$

已知采样周期 Ts＝0.1 s。绘制其 Bode 图并计算稳定裕度。

【解】　在 MATLAB 命令窗口中输入：

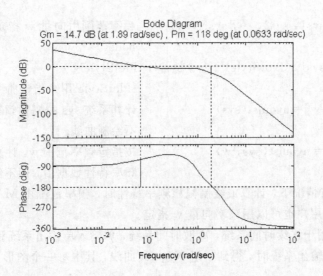

图 4.33　例 4.25 所示连续时间系统的 Bode 图及稳定裕度

>> G=tf([0.04798 0.0464], [1 −1.81 0.9048], 0.1);

>> margin(G)

运行后得到系统的开环 Bode 图如图 4.34 所示。

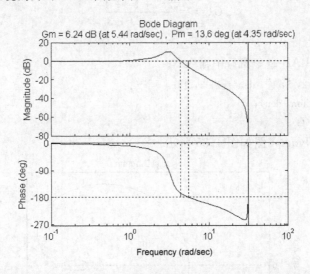

图4.34　例 4.26 所示离散时间系统的 Bode 图及稳定裕度

7. 函数 nyquist()

功能：计算并绘制线性定常系统的幅相频率特性曲线（Nyquist 曲线）。

格式：

nyquist(sys)	绘制系统 sys 的 Nyquist 曲线
nyquist(sys，w)	频率范围由向量 w 指定，其含义见函数 bode()
nyquist(sys1，sys2，…，sysN)	在一个图形窗口中同时绘制系统 sys1，sys2，…，sysN 的 Nyquist 曲线

nyquist(sys1，sys2，…，sysN，w)　　　频率范围由向量 w 指定，其含义见函数
　　　　　　　　　　　　　　　　　　　　bode()

nyquist(sys1，'PlotStyle1'，…，sysN，'PlotStyleN')

　　　　　　　　　　　　　　　　　　　　'PlotStyle'用来指定曲线的属性

[re，im，w]=nyquist(sys)　　　　　　计算系统 sys 的幅相频率特性数据值，但
　　　　　　　　　　　　　　　　　　　　不绘制曲线

[re，im]=nyquist(sys，w)　　　　　　按指定频率范围 w，计算系统 sys 的幅相
　　　　　　　　　　　　　　　　　　　　频率特性数据值，但不绘制曲线

说明：① 缺省情况下，计算或绘制幅相频率特性时，频率范围由 MATLAB 根据数学模型自动确定，但用户也可以用频率向量 w 指定。

② 此函数可用于连续时间系统，离散时间系统，单输入单输出系统和多输入多输出系统；用于多输入多输出系统时，得到一组 Nyquist 曲线，其中每一个图形表示一个输入/输出通道的数学模型。

③ 返回值中，re、im 和 w 分别为幅相频率特性实部向量、虚部向量及频率向量（若存在的话）的数据值，此时不绘制曲线。

【例 4.27】　二阶系统的传递函数为

$$G(s) = \frac{2s^2 + 5s + 1}{s^2 + 2s + 3}$$

绘制其 Nyquist 曲线。

【解】　在 MATLAB 命令窗口中输入：

>> num=[2，5，1]；den=[1，2，3]；

>> G=tf(num，den)；

>> nyquist(G)

运行后得到的 Nyquist 图如图 4.35 所示。

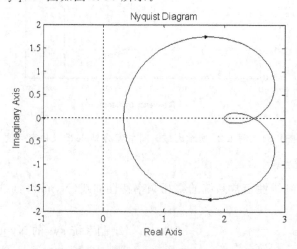

图 4.35　例 4.27 的 Nyquist 图

与 Bode 图绘制函数类似，用鼠标右键单击图 4.35（不包含曲线），得到的菜单如图 4.36 所示。选中"Grid"，就可以得到带有网格线的 Nyquist 曲线（见图 4.37）。注意，这时的网格线是等分贝线。

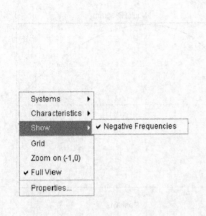 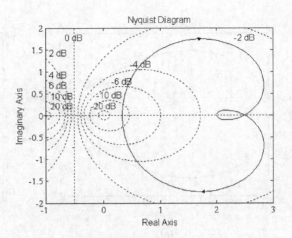

图 4.36 Nyquist 图设置菜单   图 4.37 含有网格线的 Nyquist 图

也可以直接在 MATLAB 命令窗口中用下述命令实现：

>> grid

缺省情况下，用 MATLAB 命令可得到 ω 由 $-\infty$ 变化至 $+\infty$ 时的 Nyquist 曲线，但有时只需要绘制 ω 由 0 变化至 $+\infty$ 时的 Nyquist 曲线，这时只需在图 4.36 中将"Show|Nega-tive Frequencies"菜单选项前面的"√"取掉即可，得到的曲线如图 4.38 所示。

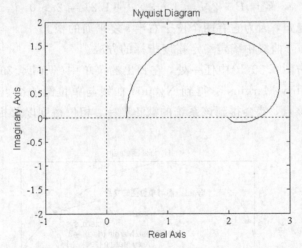

图 4.38 ω 由 0 变化至 $+\infty$ 时的 Nyquist 曲线

【例 4.28】 单位负反馈系统的开环传递函数为

$$G(s) = \frac{50}{(s+1)(s+5)(s-2)}$$

绘制系统的 Nyquist 曲线，并判断闭环系统的稳定性。

【解】 在 MATLAB 命令窗口中输入：

>> k=50; z=[]; p=[-1, -5, 2];

>> G=zpk(z, p, k);

>> nyquist(G)

运行后得到的 Nyquist 曲线如图 4.39(a)(ω 由 $-\infty$ 变化至 $+\infty$)或 4.39(b)(ω 由 0 变化至 $+\infty$)所示。

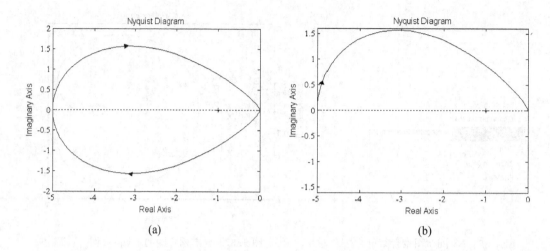

(a)   (b)

图 4.39　例 4.28 的 Nyquist 图

（a）ω 由 $-\infty$ 变化至 $+\infty$；（b）ω 由 0 变化至 $+\infty$

由图 4.39（b）可见，ω 由 0 变化至 $+\infty$ 时，系统的 Nyquist 曲线顺时针方向包围 $(-1, j0)$ 点 $1/2$ 圈，而开环右极点个数为 1，因此闭环系统位于右半 s 平面的特征根的数目为

$$Z = P - 2N = 1 - 2 \times (-1/2) = 2 > 0$$

故闭环系统不稳定，因为它有两个位于右半 s 复平面的根。

下面说明 Nyquist 曲线中确定稳定裕度指标的方法。

用鼠标右键单击图 4.39（b）中任一处，在弹出的菜单中（见图 4.36）选择"Characteristics|Minimum Stability Margins"，得到 Nyquist 曲线与单位圆的交点，如图 4.40 所示。将鼠标指针放置在该点，就会得到该系统的截止频率、相位裕度以及相应闭环系统是否稳定等信息。

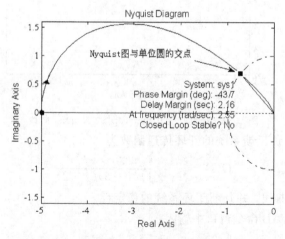

图 4.40　在 Nyquist 图上确定稳定裕度示例

8. 函数 nichols( )

功能：计算并绘制线性定常模型的对数幅相曲线（或 Nichols 曲线）并将其绘制在尼柯尔斯（Nichols）坐标中。

格式：

nichols(sys)	绘制线性定常模型 sys 的 Nichols 曲线
nichols(sys，w)	绘制线性定常模型 sys 的 Nichols 曲线，频率范围由 w 向量指定
nichols(sys1，sys2，…，sysN)	在一个图形窗口中绘制线性定常模型 sys1，sys2，…，sysN 的 Nichols 曲线
nichols(sys1，sys2，…，sysN，w)	在一个图形窗口中绘制线性定常模型 sys1，sys2，…，sysN 的 Nichols 曲线，频率范围由向量 w 指定
nichols(sys1，′PlotStyle1′，…，sysN，′PlotStyleN′)	′PlotStyle′用来指定曲线的属性
[mag，phase，w]＝nichols(sys)	计算系统 sys 的对数幅相特性数据值，但不绘制曲线
[mag，phase]＝nichols(sys，w)	按照指定频率范围 w，计算系统 sys 的对数幅相特性数据值，但不绘制曲线

说明：函数 nichols() 的使用方法与前述函数 nyquist() 和函数 bode() 相同，这里不再赘述。

【例 4.29】 线性定常系统的传递函数模型为

$$G(s) = \frac{-4s^4 + 48s^3 - 18s^2 + 250s + 600}{s^4 + 30s^3 + 282s^2 + 525s + 60}$$

绘制其 Nichols 曲线。

【解】 在 MATLAB 命令窗口中输入：

```
>> G=tf([-4 48 -18 250 600], [1 30 282 525 60]);
>> nichols(G)
```

运行后得到如图 4.41(a) 所示的 Nichols 曲线。

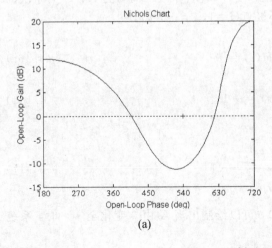
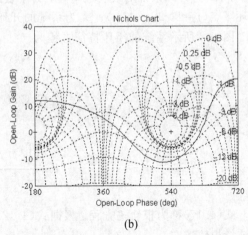

(a)　　　　　　　　　　　　　　(b)

图 4.41　例 4.29 的 Nichols 曲线

(a) 缺省绘制；(b) 添加网格线

在 Nichols 曲线中添加网格线的方法与前述方法类似,即用鼠标右键单击图 4.41(a)中任一处(但不能单击曲线),从弹出的菜单中选择"Grid",得到带有网格线的 Nichols 曲线,如图 4.41(b)所示。不过,此时得到的是 Nichols 曲线的等 M 圆和等 N 圆,且均为虚线圆,图中还提供了有关的对数幅频值和对数相频值。

在 MATLAB 命令窗口中输入下述命令,也可以向 Nichols 曲线中添加网格线:

>> ngrid

4.3 控制系统根轨迹法

4.3.1 基本概念

1. 根轨迹法的基本概念

根轨迹(Root Locus)法是分析和设计线性定常控制系统的一种图解方法,其使用十分简便。根轨迹简称根迹,是开环系统某一参数(如开环增益)由 0 变化至 $+\infty$ 时,闭环系统特征方程式的根在 s 平面上变化的轨迹。

根轨迹与系统性能之间存在着比较密切的联系。根轨迹图不仅可以直接给出闭环系统时间响应的全部信息,而且还可以指明开环零点和极点应该怎样变化才能满足给定的闭环系统的性能指标要求。

2. 根轨迹方程

设控制系统的典型结构图如图 4.2 所示,其开环传递函数可表示为

$$G(s)H(s) = K^* \frac{(s-z_1)(s-z_2)\cdots(s-z_m)}{(s-p_1)(s-p_2)\cdots(s-p_n)} = K^* \frac{\prod\limits_{j=1}^{m}(s-z_j)}{\prod\limits_{i=1}^{n}(s-p_i)} \tag{4.15}$$

其中,K^* 为开环系统的根轨迹增益,为了表述方便,本书中将 K^* 简写为 K;z_j 为系统的开环零点($j=1,2,\cdots,m$);p_i 为系统的开环极点($i=1,2,\cdots,n$)。

图 4.2 所示系统的闭环特征方程为

$$1 + G(s)H(s) = 0 \tag{4.16a}$$

或

$$G(s)H(s) = -1 \tag{4.16b}$$

即

$$K \frac{\prod\limits_{j=1}^{m}(s-z_j)}{\prod\limits_{i=1}^{n}(s-p_i)} = -1 \tag{4.17}$$

式(4.17)称为根轨迹方程。根据式(4.17),可以绘制出当 K 由 0 变化至 $+\infty$ 时,系统的连续根轨迹。

3. 绘制根轨迹的基本条件

将根轨迹方程(式(4.17))的幅值和相角分别表示为

$$\sum_{j=1}^{m} \angle (s - z_j) - \sum_{i=1}^{n} \angle (s - p_i) = (2k+1)\pi \quad (k = 0, \pm 1, \pm 2, \cdots)$$

$$\text{(4.18)}$$

$$K = \frac{\prod\limits_{i=1}^{n} |s - p_i|}{\prod\limits_{j=1}^{m} |s - z_j|} \tag{4.19}$$

式(4.18)和式(4.19)是根轨迹上的点应同时满足的条件，前者称为相角条件，后者称为模值条件。根据这两个条件就可以完全确定 s 平面上的根轨迹和根轨迹上对应的 K 值。并且只有相角条件是确定 s 平面上根轨迹的充分必要条件。

值得指出的是，图 4.2 中的反馈形式为负反馈，相应地，式(4.18)中的相角条件满足 $180° + 2k\pi$ 条件，称为 $180°$ 根轨迹。如果图 4.2 中为正反馈，则式(4.18)变化为

$$\sum_{j=1}^{m} \angle (s - z_j) - \sum_{i=1}^{n} \angle (s - p_i) = 2k\pi \quad (k = 0, \pm 1, \pm 2, \cdots) \tag{4.20}$$

式(4.20)的相角条件满足 $0° + 2k\pi$ 条件，称为 $0°$ 根轨迹。一般情况下，若不加说明，只讨论 $180°$ 根轨迹的绘制方法。

4.3.2 根轨迹分析方法

MATLAB 的控制系统工具箱提供的根轨迹分析方法的相关函数如表 4.4 所示。

表 4.4 系统根轨迹绘制及分析函数列表

函数名称	功　能
damp	计算自然频率及阻尼比
dcgain	计算低频(稳态)增益(DC)
dsort	离散时间模型排序
esort	连续时间模型根据实部排序
pole, eig	计算线性定常模型的极点
zero	计算线性定常模型的零点
pzmap	绘制线性定常模型的零极点图
rlocus	计算并绘制根轨迹
rlocusplot	绘制根轨迹并返回句柄
rlocfind	计算给定根的根轨迹增益
roots	计算多项式的根
sgrid	在连续系统根轨迹或零极点图中绘制等阻尼比线或等自然频率线
zgrid	在离散系统根轨迹或零极点图中绘制等阻尼比线或等自然频率线

1. 根轨迹绘制函数

功能：计算并绘制系统的根轨迹。

格式：

rlocus(sys)	绘制开环系统 sys 的闭环根轨迹
rlocus(sys, k)	增益向量 k 由用户指定
rlocus(sys1, sys2, …)	在同一个绘图窗口中绘制模型 sys1，sys2，…的闭环根轨迹
[r, k]＝rlocus(sys)	计算 sys 的根轨迹数据值，返回值 k 为增益向量，r 为闭环极点向量，但不绘制根轨迹
r＝rlocus(sys, k)	计算 sys 的根轨迹数据值，增益向量 k 由用户指定，但不绘制根轨迹

说明：① 系统 sys 可为图 4.42 所示负反馈形式中的一种。

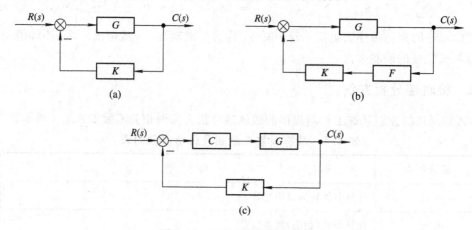

图 4.42 三种反馈形式示意图

(a) sys＝G；(b) sys＝$F*G$；(c) sys＝$G*C$

② 缺省情况下，绘制根轨迹时的反馈增益 k 由 MATLAB 根据数学模型自动确定，也可以由用户指定。

③ 此函数同时适用于连续时间系统和离散时间系统。

【例 4.30】 已知单位负反馈系统的开环传递函数为

$$G(s) = \frac{2s^2 + 5s + 1}{s^2 + 2s + 3}$$

绘制其闭环系统的根轨迹。

【解】 在 MATLAB 命令窗口中输入：

```
>> G=tf([2, 5, 1], [1 2 3]);
>> rlocus(G)
```

运行后得到的根轨迹如图 4.43(a)所示。

直接在 MATLAB 命令窗口中输入下述命令，运行后能得到同样的结果：

```
>> rlocus(tf([2, 5, 1], [1 2 3]))
```

如前所述，用鼠标右键单击根轨迹，从弹出的菜单中用鼠标左键单击选择"Grid"，就可以加入网格线。也可以通过在 MATLAB 命令窗口中键入"Grid"命令并运行来增加网格线。注意，根轨迹中的网格线并不是直线，而是由等阻尼比线和等自然频率线组成的（见图4.43(b)）。

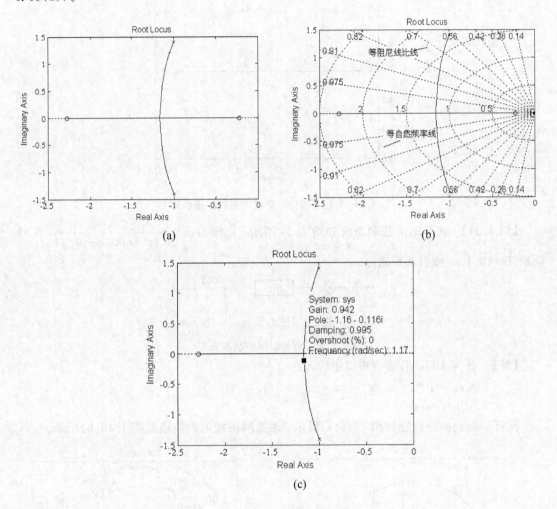

图 4.43　例 4.30 的根轨迹图

（a）缺省绘制的根轨迹；（b）包含网格线的根轨迹；（c）根轨迹上性能参数的确定

用鼠标左键单击绘制的根轨迹图，也可以得到当前点的闭环增益（Gain）、闭环极点坐标（ploe）、阻尼比（Damping）、超调量（Overshoot）及频率（Frequence）等信息，如图4.43(c)所示。

以上所绘制的是开环增益 k 由 0 变化至 $+\infty$ 时的根轨迹，也可以绘制开环增益 k 为用户指定向量时的根轨迹。例如，绘制例 4.32 所示系统开环增益 k 在 1～100 之间取值时的根轨迹时，可在 MATLAB 命令窗口中输入：

```
>> rlocus(sys, [1, 100])          %k 在 1～100 之间取值
```

运行后得到的根轨迹如图 4.44 所示。

根轨迹曲线的属性设置及在一个根轨迹窗口中绘制多个系统的根轨迹的方法与前述单位阶跃响应曲线的相同，这里不再赘述。

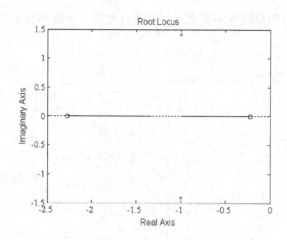

图 4.44 k 在 1 与 100 之间取值时的根轨迹

【**例 4.31**】 离散时间控制系统如图 4.45 所示。已知 $G(z) = \dfrac{0.7z + 0.06}{z^2 - 0.5z + 0.43}$，采样周期 $Ts = 0.1$ s，绘制其根轨迹。

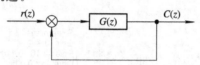

图 4.45 离散时间控制系统

【**解**】 在 MATLAB 命令窗口中输入：

```
>> sys=tf([0.7, 0.06], [1, -0.5, 0.43], 0.1);
>> rlocus(sys)
```

运行后得到的根轨迹如图 4.46(a)所示。添加网格线的根轨迹如图 4.46(b)所示。

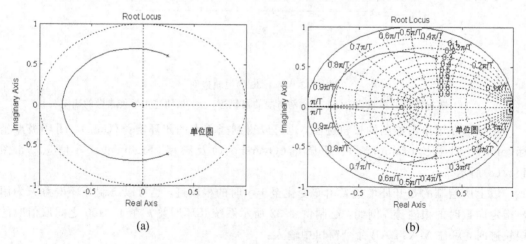

(a)   (b)

图 4.46 例 4.31 的根轨迹图

（a）缺省情况；（b）添加网格线

比较图 4.43(a)和图 4.46(a)可见，与绘制连续时间控制系统的根轨迹不同，函数 rlocus() 在绘制离散时间系统根轨迹的图形窗口上还绘制了单位圆，这样就可以很方便地进行稳定性分析了。

2. 函数 sgrid( )

功能：为连续时间系统的根轨迹添加网格线，包括等阻尼比线和等自然频率线。

格式：

  sgrid   为根轨迹添加网格线

  sgird(z, wn)   为根轨迹添加网格线，等阻尼比范围和等自然频率范围分别由

         向量 z 和向量 wn 确定

说明：缺省情况下，等阻尼比步长为 0.1，范围为 0～1。等自然频率步长为 1，范围为 0～10，也可以由向量 z 和 wn 分别指定其范围。

仍以例 4.30 为例，当按照缺省设置绘制根轨迹（见图 4.43(a)）后，若在 MATLAB 命令窗口中输入：

    >> sgrid

运行后也得到图 4.43(b)所示的包含网格线的根轨迹。

3. 函数 zgrid( )

功能：为离散时间系统的根轨迹添加网格线，包括等阻尼比线和等自然频率线。

格式：

  zgrid   为根轨迹添加网格线

  zgird(z, wn)   为根轨迹添加网格线，等阻尼比范围和等自然频率范围分别

         由向量 z 和向量 wn 确定

说明：① 缺省情况下，等阻尼比步长为 0.1，范围为 0～1。等自然频率步长为 1，范围为 0～10，也可以由向量 z 和 wn 分别指定其范围。

② 函数 sgrid 和 zgrid 的使用方法完全相同。

以例 4.31 为例，当按照缺省设置绘制根轨迹（见图 4.46(a)）后，若在 MATLAB 命令窗口中输入：

    >> zgrid

运行后也得到图 4.46(b)所示的包含网格线的根轨迹。

当然，用鼠标右键单击图 4.46(a)图形中任一处，从弹出的菜单中选择"Grid"，也可为根轨迹图添加网格线，得到图 4.46(b)所示的离散系统根轨迹。

4.4　状态空间模型的线性变换及简化

4.4.1　基本概念

线性定常连续系统和线性定常离散系统状态空间模型分别见式(3.4)和式(3.8)。为了便于对控制系统进行分析与设计，常常需要将所建立的状态空间模型进行规范化处理。本节以连续时间状态空间模型（式(3.4)）为例，讨论状态空间模型的实现及简化问题，所得到的结论也适用于离散时间状态空间模型。

1. 线性变换及规范型

对式(3.4)所示状态空间模型，按照 $\bar{x}=Tx$ 进行线性变换（也称相似变换），得到

$$\left.\begin{array}{l} \dot{x} = TAT^{-1}x + TBu \\ y = CT^{-1}x + Du \end{array}\right\} \tag{4.21}$$

即

$$\left.\begin{array}{l} \dot{x} = \overline{A}x + \overline{B}u \\ y = \overline{C}x + Du \end{array}\right\} \tag{4.22}$$

式中，T 为非奇异变换矩阵，$\overline{A}=TAT^{-1}$，$\overline{B}=TB$，$\overline{C}=CT^{-1}$。

对系统进行线性变换的目的在于使 A 阵规范化，便于对系统进行分析与综合。下面介绍状态空间模型的几种常用的规范形式。

1）对角线规范型（Diagonal Forms）

设 A 为 $n \times n$ 维矩阵，且有 n 个互异的实数特征值 λ_1，λ_2，$\cdots$，λ_n，可以通过线性变换将 A 阵化为对角矩阵 Λ。且

$$\Lambda = \begin{bmatrix} \lambda_1 & & & & \\ & \lambda_2 & & & \\ & & \ddots & & \\ & & & \lambda_n \end{bmatrix} \tag{4.23}$$

2）约当规范型（Jordan Forms）

若 A 阵具有重实数特征值，则可以将其化为约当规范型。重特征值所对应的特征向量是否独立直接影响约当规范型矩阵的形式，这里仅考虑两种情形。

（1）设 A 阵具有 5 重实特征值 λ_1，其余为 $(n-5)$ 个互异实特征值，且 5 重实特征值 λ_1 只对应 1 个独立的实特征向量，则 A 阵的约当规范型矩阵 J 为

$$J = \begin{bmatrix} \lambda_1 & 1 & & & & & & \\ & \lambda_1 & 1 & & & & & \\ & & \lambda_1 & 1 & & & & \\ & & & \lambda_1 & 1 & & & \\ & & & & \lambda_1 & & & \\ & & & & & \lambda_6 & & \\ & & & & & & \ddots & \\ & & & & & & & \lambda_n \end{bmatrix} \tag{4.24}$$

（2）设 A 阵具有 5 重实特征值 λ_1，对应两个独立的实特征向量，其余为 $(n-5)$ 个互异实特征值，则 A 阵的约当规范型矩阵的一种可能形式为

$$J = \begin{bmatrix} \lambda_1 & 1 & & & & & & \\ & \lambda_1 & 1 & & & & & \\ & & \lambda_1 & & & & & \\ & & & \lambda_1 & 1 & & & \\ & & & & \lambda_1 & & & \\ & & & & & \lambda_6 & & \\ & & & & & & \ddots & \\ & & & & & & & \lambda_n \end{bmatrix} \tag{4.25}$$

对角线规范型可以看做是约当规范型的一种特殊情况。

3）模态规范型（Modal Forms）

$n \times n$ 维矩阵 A 既有实特征值，也有成对出现的复特征值，A 阵规范化后得到的矩阵 M 称为模态规范型。实特征值在模态规范型中的形式与约当规范型（或对角线规范型）相同，共轭复特征值则以 2×2 维模块出现在模态规范型矩阵的对角线上。例如，设 $n \times n$ 维矩阵 A 有 m 个互异特征值 $\lambda_1, \lambda_2, \cdots, \lambda_m$，$l$ 组互异复特征值 $\lambda_i = \sigma_i \pm j\omega_i (i = 1, 2, \cdots, l)$，则 A 阵可化为如下模态规范型矩阵 M：

$$M = \begin{bmatrix} \lambda_1 & & & & & & & & \\ & \lambda_2 & & & & & & & \\ & & \ddots & & & & & & \\ & & & \lambda_m & & & & & \\ & & & & M_1 & & & & \\ & & & & & M_2 & & & \\ & & & & & & \ddots & \\ & & & & & & & M_l \end{bmatrix} \quad (4.26)$$

式中，

$$M_i = \begin{bmatrix} \sigma_i & \omega_i \\ -\omega_i & \sigma_i \end{bmatrix} (i = 1, 2, \cdots, l) \quad (4.27)$$

4）伴随规范型（Companion Forms）

设系统的特征多项式为 $p(s) = s^n + a_1 s^{n-1} + \cdots + a_{n-1} s + a_n$，则伴随规范型矩阵的形式为

$$A = \begin{bmatrix} 0 & 1 & 0 & \cdots & 0 & 0 \\ 0 & 0 & 1 & \cdots & 0 & 0 \\ 0 & 0 & 0 & \ddots & 0 & 0 \\ \vdots & \vdots & \vdots & \ddots & \ddots & \vdots \\ 0 & 0 & 0 & \cdots & 0 & 1 \\ -a_n & -a_{n-1} & \cdots & \cdots & -a_2 & -a_1 \end{bmatrix} \quad (4.28)$$

式（4.28）所示形式也称为友矩阵。

2. 实现与最小实现

1）传递函数矩阵的实现

给定一传递函数矩阵 $G(s)$，若存在一状态空间模型

$$\left. \begin{array}{l} \dot{x} = Ax + Bu \\ y = Cx + Du \end{array} \right\} \quad (4.29)$$

使得

$$G(s) = C(sI - A)^{-1} B + D \quad (4.30)$$

成立，则称状态空间模型（式（4.29））为传递函数矩阵 $G(s)$ 的一个实现。

说明：

（1）$G(s)$ 的物理可实现条件是：$G(s)$ 中每一个元的分子多项式和分母多项式系数均为

实常数。

（2）一个传递函数矩阵的实现不是惟一的。

2）最小实现及其必要充分条件

传递函数矩阵 $G(s)$ 的实现中，阶次最小的一种实现称为 $G(s)$ 的最小实现。

状态空间模型（式（4.29））为传递函数矩阵 $G(s)$ 的最小实现的必要充分条件是：式（4.29）既能控又能观测。最小实现不是惟一的，但是最小实现的维数是惟一的。

4.4.2　线性变换及简化

MATLAB 提供的状态空间模型的线性变换及实现函数如表 4.5 所示。下面对表中常用函数的使用进行详细介绍。

表 4.5　线性变换及模型实现函数

函数名称	功　能　描　述
canon	状态空间模型的规范实现
ss2ss	相似变换
jordan	Jordan 规范型
modred，dmodred	模型降阶
minreal	最小实现与零极点对消
balreal，dbalreal	状态空间均衡实现

1. 函数 canon()

功能：求状态空间规范型（canonical forms）的实现。

格式：

　　csys＝canon(sys,'type')　　　　求系统 sys 在指定规范型形式时的状态空间模型规范型 csys

　　[csys，T]＝canon(sys,'type')　返回值 T 将 sys 的状态向量 x 与 csys 的状态向量 x_c 联系起来，即 $x_c = Tx$

　　[csys，T] ＝ canon(a，b，c，d，'type')

　　　　　　　　　　　　　　　　　将系统(a，b，c，d)进行转换

说明：① 此函数适用于连续时间系统和离散时间系统。

② 字符串"type"指定规范型的形式，包括两种选项：modal（模态规范型）和 companion（伴随规范型）。

注意：得到的伴随规范型矩阵并不是式（4.28）所示的友矩阵，而是友矩阵的转置矩阵。

【例 4.32】　已知线性定常连续系统的状态空间模型为

$$\dot{x} = \begin{bmatrix} 0 & 1 & 0 \\ -2 & -3 & 0 \\ -1 & 1 & 3 \end{bmatrix} x + \begin{bmatrix} 0 \\ 1 \\ 2 \end{bmatrix} u$$

$$y = \begin{bmatrix} 0 & 0 & 1 \end{bmatrix} x$$

求其模态规范型实现和伴随规范型实现。

【解】 （1）模态规范型实现。在 MATLAB 命令窗口中输入：

```
>> A=[0,1,0;-2,-3,0;-1,1,3]; B=[0;1;2];
>> C=[0,0,1]; D=0;
>> sys=ss(A,B,C,D);
>> sysc=canon(sys,'modal')          %模态规范型形式
```

运行结果为：

```
a=
       x1    x2    x3
   x1   3     0     0
   x2   0    -2     0
   x3   0     0    -1
b=
           u1
   x1      2.1
   x2    -2.315
   x3    -1.5
c=
       x1      x2        x3
   y1   1    0.2592   -0.3333
d=
       u1
   y1   0
```

Continuous-time model.

显见，运行结果中的 a 矩阵为对角矩阵。

（2）伴随矩阵实现。只需将上述 MATLAB 命令的最后一条改写为

```
>> sysc=canon(sys,'companion')        %伴随矩阵实现
```

运行结果为：

```
a=
                  x1              x2               x3
   x1   -2.22e-016      1.332e-015                6
   x2            1               0                7
   x3    2.776e-017              1        2.22e-016
b=
       u1
   x1   1
   x2   0
   x3   0
c=
       x1   x2   x3
   y1    2    7   17
```

d=

          u1

   y1   0

Continuous-time model.

显见，此时的 a 矩阵为伴随矩阵(友矩阵)的转置矩阵。

2. 函数 Jordan()

功能：求矩阵的 Jordan(约当)规范型。

格式：

    J＝jordan(A)   求矩阵 A 的约当规范型矩阵 J

    [V，J]＝jordan(A) 求矩阵 A 的约当规范型矩阵 J，并返回相似变换矩阵 V

说明：① A 阵为符号或数值矩阵，返回值中 V 的列为广义特征向量，J 与 V 满足 $V \backslash A * V = J$。

② 函数 jordan() 位于 MATLAB 符号数学工具箱中。

【例 4.33】 已知线性定常连续系统的状态矩阵为

$$A = \begin{bmatrix} 1 & -3 & -2 \\ -1 & 1 & -1 \\ 2 & 4 & 5 \end{bmatrix}$$

求取其 Jordan 规范型。

【解】 在 MATLAB 命令窗口中输入：

    ＞＞ A＝[1 −3 −2；−1 1 −1；2 4 5]；

    ＞＞ [V，J]＝jordan(A)

运行结果为：

    V＝

      −1 −1   1

        0 −1   0

        1   2   0

    J＝

        3   0   0

        0   2   1

        0   0   2

该结果可以验证如下：

    ＞＞ V\A * V

运行结果为：

    ans＝

        3   0   0

        0   2   1

        0   0   2

3. 函数 ss2ss()

功能：将状态空间模型进行线性变换(相似变换)。

格式：

sysT＝ss2ss(sys，T)　　求状态空间模型 sys 的线性变换 sysT，T 为变换矩阵

说明：① 状态空间模型 sys 为式(3.4)所示形式，相似变换状态空间模型 sysT 为式(4.21)所示形式。

② 该函数同时适用于连续时间系统模型和离散时间系统模型。

【例 4.34】 已知线性定常连续系统的状态空间模型为

$$\dot{x} = \begin{bmatrix} 0 & 1 & 0 \\ 0 & 0 & 1 \\ 2 & -1 & 2 \end{bmatrix} x + \begin{bmatrix} 0 \\ 0 \\ 1 \end{bmatrix} u$$

$$y = \begin{bmatrix} 1 & 0 & 0 \end{bmatrix} x$$

求其在下述变换矩阵下的状态空间模型。

$$T = \frac{1}{20} \begin{bmatrix} 4 & 0 & 4 \\ 8+4i & -10i & -2+4i \\ 8-4i & 10i & -2-4i \end{bmatrix}$$

【解】 在 MATLAB 命令窗口中输入：

>> A＝[0, 1, 0; 0, 0, 1; 2, −1, 2]; B＝[0; 0; 1];

>> C＝[1, 0, 0]; D＝[0];

>> sys＝ss(A, B, C, D);

>> T＝(1/20)＊[4, 0, 4; 8+4i, −10i, −2+4i; 8−4i, 10i, −2−4i];

>> sysT＝ss2ss(sys, T)

运行结果为：

a＝

	x1	x2	x3
x1	2+1.11e−016i	−2.22e−017	0−2.78e−017i
x2	0	−5.55e−017+1i	0
x3	0	5.55e−017+2.22e−017i	0−1i

b＝

	u1
x1	0.2
x2	−0.1+0.2i
x3	−0.1−0.2i

c＝

	x1	x2	x3
y1	1+5.55e−017i	1	1−1.39e−017i

d＝

	u1
y1	0

Continuous-time model.

即

$$\dot{x} = \begin{bmatrix} 2 & 0 & 0 \\ 0 & i & 0 \\ 0 & 0 & -i \end{bmatrix} x + \begin{bmatrix} 0.2 \\ -1+2i \\ -1-2i \end{bmatrix} u$$

$$y = \begin{bmatrix} 1 & 1 & 1 \end{bmatrix} x$$

4. 函数 minreal( )

功能：求控制系统的最小实现或零极点对消。

格式：

    sysr＝minreal(sys)   求系统 sys 的最小实现 sysr

    sysr＝minreal(sys, tol)   tol 为用于状态消除或零极点对消的容许误差

    [sysr, u]＝minreal(sys, tol)   u 为正交矩阵

说明：① 用来消除状态空间模型 sys 中不可控或不可观测的状态变量，或者消去传递函数模型及零极点增益模型中的零极点对。其输出 sysr 与原始模型 sys 的响应特性相同，但与 sys 相比阶次最小。

② 正交矩阵 u 使得 (uAu^T, uB, Cu^T) 为系统 (A, B, C) 的一个卡尔曼(Kalman)分解。

【例 4.35】 已知线性定常连续系统的零极点增益模型为

$$G(s) = \frac{s(s-1)}{(s-1)(s^2+s+1)}$$

求其最小实现。

【解】 在 MATLAB 命令窗口中输入：

```
>> num=conv([1 0], [1 -1]);
>> den=conv([1 -1], [1 1 1]);
>> clop=minreal(tf(num, den))
```

运行结果为：

```
Transfer function：
      s
---------------
   s^2+s+1
```

显见，运行结果已经消去了零极点增益模型中分子和分母的公因式 $(s-1)$。

【例 4.36】 系统状态空间模型为

$$\dot{x}(t) = \begin{bmatrix} 0 & 0 & 1 & 0 & 0 & 0 \\ 0 & 0 & 0 & 1 & 0 & 0 \\ 0 & 0 & 0 & 0 & 1 & 0 \\ 0 & 0 & 0 & 0 & 0 & 1 \\ -6 & 0 & -11 & 0 & -6 & 0 \\ 0 & -6 & 0 & -11 & 0 & -6 \end{bmatrix} x(t) + \begin{bmatrix} 0 & 0 \\ 0 & 0 \\ 0 & 0 \\ 0 & 0 \\ 1 & 0 \\ 0 & 1 \end{bmatrix} u(t)$$

$$y(t) = \begin{bmatrix} 6 & 2 & 5 & 3 & 1 & 1 \\ -6 & -3 & -5 & -4 & -1 & -1 \end{bmatrix} x(t) + \begin{bmatrix} 1 & 0 \\ 1 & 1 \end{bmatrix} u(t)$$

求其最小实现。

【解】 在 MATLAB 命令窗口中输入：

```
>> A=[0, 0, 1, 0, 0, 0; 0, 0, 0, 1, 0, 0; 0, 0, 0, 0, 1, 0; 0, 0, 0, 0, 0, 1; …
       -6, 0, -11, 0, -6, 0; 0, -6, 0, -11, 0, -6];    %"…"为续行符
>> B=[0, 0; 0, 0; 0, 0; 0, 0; 1, 0; 0, 1];
>> C=[6, 2, 5, 3, 1, 1; -6, -3, -5, -4, -1, -1];
```

```
>> D=[1, 0; 1, 1];
>> G1=ss(A, B, C, D);
>> G2=minreal(G1)
```

运行结果为：

```
3 states removed.
a=
            x1       x2       x3
    x1   -3.667   -0.845   -1.75
    x2   -7.726   -3.743   -4.825
    x3    3.984    1.508    1.41
b=
            u1       u2
    x1   -0.07332   0.3333
    x2    0.06638   0.6941
    x3    0.07966  -0.2716
c=
            x1       x2       x3
    y1   -1.546    4.931    7.021
    y2    0.5461  -4.84    -8.017
d=
          u1   u2
    y1    1    0
    y2    1    1
Continuous-time model.
```

显见，运行结果得到的最小实现消去了 3 个状态变量，使系统的状态变量由 6 个减少到 3 个，从而为系统的分析和设计提供了方便。

4.5 状态空间法分析

状态空间分析主要包括系统的可控性（controllable，或称能控性）和可观测性（observability，或称能观测性）的判别、稳定性分析等。可控性和可观测性是现代控制理论中两个基础性的概念，也是状态反馈、状态观测器、最优控制及最优估计的基础。

4.5.1 基本概念

设线性系统的状态空间模型为

$$\begin{cases} \dot{\boldsymbol{x}}(t) = \boldsymbol{A}(t)\boldsymbol{x}(t) + \boldsymbol{B}(t)\boldsymbol{u}(t) \\ \boldsymbol{y}(t) = \boldsymbol{C}(t)\boldsymbol{x}(t) \end{cases} \tag{4.31}$$

初始条件为 $\boldsymbol{x}(t_0) = \boldsymbol{x}_0$。

式中，$\boldsymbol{x}(t)$ 为状态向量（n 维），$\boldsymbol{u}(t)$ 为输入向量（p 维），$\boldsymbol{y}(t)$ 为输出向量（q 维），$\boldsymbol{A}(t)$ 为 $n \times n$ 维状态矩阵，$\boldsymbol{B}(t)$ 为 $n \times p$ 维输入矩阵，$\boldsymbol{C}(t)$ 为 $q \times n$ 维输出矩阵。

1. 可控性及其判据

1) 可控性

对于线性系统(式(4.31)),如果存在一个分段连续输入 $u(t)$,能在$[t_0,t_f]$ $(t_f>t_0)$有限时间区间内使得系统从一非零状态 $x(t_0)=x_0$ 转移到 $x(t_f)=0$,则称状态 $x(t_0)$ 在时刻 t_0 为可控的。若系统的所有状态在时刻 t_0 都是可控的,则称此系统状态完全可控,简称系统(式(4.31))可控。如果系统存在一个或一些非零状态在时刻 t_0 是不可控的,则称系统(式(4.31))在时刻 t_0 是不完全可控,简称系统不可控。

2) 线性定常系统可控性判据

线性定常系统 $\dot{x}=Ax+Bu$ 状态完全可控的充分必要条件是可控性判别矩阵

$$Q_c=\begin{bmatrix} B & AB & A^2B & \cdots & A^{n-1}B \end{bmatrix} \tag{4.32}$$

满秩,即

$$\mathrm{rank}Q_c=n \tag{4.33}$$

式中,n 是状态向量 x 的维数,即系统的阶数。

2. 可观测性及其判据

1) 可观测性

对于线性系统(式(4.31)),若对于初始时刻为 t_0 的一非零初始状态 $x(t_0)=x_0$,存在一个有限时刻 $t_f>t_0$,使得有限时间间隔$[t_0,t_f]$的系统输出 $y(t)$ 能惟一地确定系统的初始状态 x_0,则称此状态 x_0 在时刻 t_0 为可观测。如果状态空间中的所有状态都是时刻 t_0 的可观测状态,则称系统(式(4.31))在时刻 t_0 是完全可观测的,简称可观测。如果状态空间中存在一个或一些非零状态在时刻 t_0 是不可观测的,则称系统(式(4.31))在时刻 t_0 是不完全可观测的,简称不可观测。

2) 线性定常系统可观测性判据

对于线性定常连续系统

$$\left.\begin{array}{l} \dot{x}=Ax \\ y=Cx \end{array}\right\}$$

状态完全可观测的充要条件是其可观测判别矩阵

$$Q_o=\begin{bmatrix} C^T & A^TC^T & \cdots & (A^T)^{n-1}C^T \end{bmatrix} \tag{4.34}$$

满秩,即

$$\mathrm{rank}\begin{bmatrix} C^T & A^TC^T & \cdots & (A^T)^{n-1}C^T \end{bmatrix}=n \tag{4.35}$$

式中,n 是状态向量 x 的维数,即系统的阶数。

3. 系统按可控性分解

对于不可控的系统,可以通过线性变换将其状态向量分解为可控与不可控两部分,系统的状态空间表达式也发生相应的变化。

设不可控系统的状态空间模型为

$$\left.\begin{array}{l} \dot{x}(t)=Ax(t)+Bu(t) \\ y(t)=Cx(t) \end{array}\right\} \tag{4.36}$$

式中,状态向量 $x(t)$,输入向量 $u(t)$,输出向量 $y(t)$,A,B 和 C 均具有适当的维数。通过线性变换,可以将上式变换为

$$\begin{bmatrix} \dot{\boldsymbol{x}}_{\bar{c}}(t) \\ \dot{\boldsymbol{x}}_{c}(t) \end{bmatrix} = \begin{bmatrix} \boldsymbol{A}_{u\bar{c}} & \boldsymbol{0} \\ \boldsymbol{A}_{21} & \boldsymbol{A}_{c} \end{bmatrix} \begin{bmatrix} \boldsymbol{x}_{\bar{c}}(t) \\ \boldsymbol{x}_{c}(t) \end{bmatrix} + \begin{bmatrix} \boldsymbol{0} \\ \boldsymbol{B}_{c} \end{bmatrix} \boldsymbol{u}(t)$$
$$\boldsymbol{y}(t) = \begin{bmatrix} \boldsymbol{C}_{n\bar{c}} & \boldsymbol{C}_{c} \end{bmatrix} \begin{bmatrix} \boldsymbol{x}_{\bar{c}}(t) \\ \boldsymbol{x}_{c}(t) \end{bmatrix} \tag{4.37}$$

式中，$\boldsymbol{x}_{\bar{c}}(t)$ 为不可控的状态向量；$\boldsymbol{x}_{c}(t)$ 为可控的状态向量，可控子系统为 $(\boldsymbol{A}_{c}, \boldsymbol{B}_{c}, \boldsymbol{C}_{c})$。

4. 系统按可观测性分解

对于不可观测的系统，也可以通过线性变换将其状态向量分解为可观测与不可观测两部分，系统的状态空间表达式也发生相应的变化。

设不可观测系统的状态空间模型如式(4.36)所示，状态向量 $\boldsymbol{x}(t)$，输入向量 $\boldsymbol{u}(t)$，输出向量 $\boldsymbol{y}(t)$，$\boldsymbol{A}$，$\boldsymbol{B}$ 和 $\boldsymbol{C}$ 均具有适当的维数。通过线性变换，可以将式(4.36)变换为

$$\begin{bmatrix} \dot{\boldsymbol{x}}_{\bar{o}}(t) \\ \dot{\boldsymbol{x}}_{o}(t) \end{bmatrix} = \begin{bmatrix} \boldsymbol{A}_{n\bar{o}} & \boldsymbol{A}_{12} \\ \boldsymbol{0} & \boldsymbol{A}_{o} \end{bmatrix} \begin{bmatrix} \boldsymbol{x}_{\bar{o}}(t) \\ \boldsymbol{x}_{o}(t) \end{bmatrix} + \begin{bmatrix} \boldsymbol{B}_{n\bar{o}} \\ \boldsymbol{B}_{o} \end{bmatrix} \boldsymbol{u}(t)$$
$$\boldsymbol{y}(t) = \begin{bmatrix} \boldsymbol{0} & \boldsymbol{C}_{o} \end{bmatrix} \begin{bmatrix} \boldsymbol{x}_{\bar{o}}(t) \\ \boldsymbol{x}_{o}(t) \end{bmatrix} \tag{4.38}$$

式中，$\boldsymbol{x}_{\bar{o}}(t)$ 为不可观测的状态向量；$\boldsymbol{x}_{o}(t)$ 为可观测的状态向量，可观测子系统为 $(\boldsymbol{A}_{o}, \boldsymbol{B}_{o}, \boldsymbol{C}_{o})$。

5. 系统的完全分解

系统的完全分解(也称为规范分解)指将既不可控又不可观测的系统同时按照可控性和可观测性分解，得到如下分解形式：

$$\begin{bmatrix} \dot{\boldsymbol{x}}_{co} \\ \dot{\boldsymbol{x}}_{c\bar{o}} \\ \dot{\boldsymbol{x}}_{\bar{c}o} \\ \dot{\boldsymbol{x}}_{\bar{c}\bar{o}} \end{bmatrix} = \begin{bmatrix} \bar{\boldsymbol{A}}_{co} & \boldsymbol{0} & \bar{\boldsymbol{A}}_{13} & \boldsymbol{0} \\ \bar{\boldsymbol{A}}_{21} & \bar{\boldsymbol{A}}_{c\bar{o}} & \bar{\boldsymbol{A}}_{23} & \bar{\boldsymbol{A}}_{24} \\ \boldsymbol{0} & \boldsymbol{0} & \bar{\boldsymbol{A}}_{\bar{c}o} & \boldsymbol{0} \\ \boldsymbol{0} & \boldsymbol{0} & \bar{\boldsymbol{A}}_{43} & \bar{\boldsymbol{A}}_{\bar{c}\bar{o}} \end{bmatrix} \begin{bmatrix} \bar{\boldsymbol{x}}_{co} \\ \bar{\boldsymbol{x}}_{c\bar{o}} \\ \bar{\boldsymbol{x}}_{\bar{c}o} \\ \bar{\boldsymbol{x}}_{\bar{c}\bar{o}} \end{bmatrix} + \begin{bmatrix} \bar{\boldsymbol{B}}_{co} \\ \bar{\boldsymbol{B}}_{c\bar{o}} \\ \boldsymbol{0} \\ \boldsymbol{0} \end{bmatrix} \boldsymbol{u}$$
$$\boldsymbol{y} = \begin{bmatrix} \bar{\boldsymbol{C}}_{co} & \boldsymbol{0} & \bar{\boldsymbol{C}}_{\bar{c}o} & \boldsymbol{0} \end{bmatrix} \begin{bmatrix} \dot{\boldsymbol{x}}_{co} \\ \dot{\boldsymbol{x}}_{c\bar{o}} \\ \dot{\boldsymbol{x}}_{\bar{c}o} \\ \dot{\boldsymbol{x}}_{\bar{c}\bar{o}} \end{bmatrix} \tag{4.39}$$

式中，$\boldsymbol{x}_{co}$ 为可控且可观测分状态，即 $\begin{bmatrix} \bar{\boldsymbol{A}}_{co} & \bar{\boldsymbol{B}}_{co} & \bar{\boldsymbol{C}}_{co} \end{bmatrix}$ 既可控又可观测；$\boldsymbol{x}_{c\bar{o}}$ 为可控但不可观测分状态，即 $\begin{bmatrix} \bar{\boldsymbol{A}}_{c\bar{o}} & \bar{\boldsymbol{B}}_{c\bar{o}} & \boldsymbol{0} \end{bmatrix}$ 可控但不可观测；$\boldsymbol{x}_{\bar{c}o}$ 为不可控但可观测分状态，即 $\begin{bmatrix} \bar{\boldsymbol{A}}_{\bar{c}o} & \boldsymbol{0} & \bar{\boldsymbol{C}}_{\bar{c}o} \end{bmatrix}$ 不可控但可观测；$\boldsymbol{x}_{\bar{c}\bar{o}}$ 为不可控又不可观测分状态，即 $\begin{bmatrix} \bar{\boldsymbol{A}} & \boldsymbol{0} & \boldsymbol{0} \end{bmatrix}$ 不可控又不可观测。

6. 稳定性

1) 系统

研究运动稳定性问题时，可用如下状态方程描述系统：

$$\dot{\boldsymbol{x}} = \boldsymbol{f}(\boldsymbol{x}, t), \quad \boldsymbol{x}(t_0) = \boldsymbol{x}_0, \quad t \geqslant t_0 \tag{4.40}$$

满足解存在的惟一性条件时，其解可表示为

$$x(t) = \boldsymbol{\Phi}(t; \boldsymbol{x}_0, t_0) \quad (t \geqslant t_0)$$

2）平衡状态

对于所有 t，满足 $\dot{\boldsymbol{x}}_e = \boldsymbol{f}(\boldsymbol{x}_e, t) = \boldsymbol{0}(\forall t \geqslant t_0)$ 的解 $\boldsymbol{x}_e$ 称为系统的一个平衡点或平衡状态。线性系统 $\dot{\boldsymbol{x}} = \boldsymbol{A}\boldsymbol{x}$ 的平衡状态 $\boldsymbol{x}_e$ 满足 $\boldsymbol{A}\boldsymbol{x}_e = \boldsymbol{0}$。

一般把平衡状态取为状态空间的原点，即 $\boldsymbol{x}_e = 0$。

3）李雅普诺夫意义下的稳定性

任意给定一个实数 $\varepsilon > 0$，设系统的初始状态位于以 $\boldsymbol{x}_e$ 为球心，半径为 $\delta(\varepsilon, t_0) > 0$ 的闭球域 $S(\delta)$ 内，即满足 $\| \boldsymbol{x}_0 - \boldsymbol{x}_e \| \leqslant \delta(\varepsilon, t_0)$，若能使系统方程的解 $\boldsymbol{x}(t, \boldsymbol{x}_0, t_0)$ 在 $t \rightarrow \infty$ 的过程中都位于以 $\boldsymbol{x}_e$ 为球心、以 ε 为半径的闭球域 $S(\varepsilon)$ 内，即满足 $\| e(t; \boldsymbol{x}_0, t_0) - \boldsymbol{x}_e \| \leqslant \varepsilon(\forall t \geqslant t_0)$，则称系统的平衡状态 $\boldsymbol{x}_e$ 在李雅普诺夫意义下是稳定的；若 δ 的选取与 t_0 选取无关，称此时系统的平衡状态 $\boldsymbol{x}_e$ 在李雅普诺夫意义下是一致稳定的。

4）渐近稳定

若平衡状态 $\boldsymbol{x}_e$ 在时刻 t_0 是李雅普诺夫意义下稳定的，且满足 $\lim\limits_{t \rightarrow \infty} \| \boldsymbol{x}(t) - \boldsymbol{x}_e \| = 0$，则称平衡状态 $\boldsymbol{x}_e$ 为渐近稳定的。若平衡状态 $\boldsymbol{x}_e$ 为渐近稳定的，且 δ 的选取与 t_0 选取无关，则称此时平衡状态 $\boldsymbol{x}_e$ 为一致渐近稳定的。

5）大范围内渐近稳定

若平衡状态 $\boldsymbol{x}_e$ 是渐近稳定的，且其渐近稳定的最大范围是整个状态空间，则平衡状态 $\boldsymbol{x}_e$ 就称为大范围内渐近稳定。若平衡状态 $\boldsymbol{x}_e$ 为大范围内渐近稳定，且 δ 的选取与 t_0 选取无关，则此时平衡状态 $\boldsymbol{x}_e$ 还称为大范围一致渐近稳定的。

6）不稳定

对于某一实数 $\varepsilon > 0$，不论 δ 取得多么小，由 $S(\delta)$ 内出发的轨迹，只要其中有一条轨迹越出 $S(\varepsilon)$，则称平衡状态 $\boldsymbol{x}_e$ 为不稳定。

7. 线性定常连续系统的李雅普诺夫稳定性

线性定常连续系统 $\dot{\boldsymbol{x}} = \boldsymbol{A}\boldsymbol{x}$ 在平衡状态 $\boldsymbol{x}_e = 0$ 处渐近稳定的充要条件是：给定一个正定对称矩阵 $\boldsymbol{Q}$，存在一个正定实对称矩阵 $\boldsymbol{P}$，满足

$$\boldsymbol{A}^{\mathrm{T}}\boldsymbol{P} + \boldsymbol{P}\boldsymbol{A} = -\boldsymbol{Q} \tag{4.41}$$

式（4.41）称为李雅普诺夫（Lyapunov）矩阵代数方程（或李雅普诺夫方程）。且标量函数 $V(\boldsymbol{x}) = \boldsymbol{x}^{\mathrm{T}}\boldsymbol{P}\boldsymbol{x}$ 是系统的一个李雅普诺夫函数。

8. 线性定常离散系统的李雅普诺夫稳定性

线性定常离散系统的状态方程为 $\boldsymbol{x}(k+1) = \boldsymbol{\Phi}\boldsymbol{x}(k)(\boldsymbol{x}(0) = \boldsymbol{x}_0; k = 0, 1, 2, \cdots)$，系统在其平衡状态 $\boldsymbol{x}_e = 0$ 处渐近稳定的充分必要条件是：给定任一正定对称矩阵 $\boldsymbol{Q}$，存在一个正定对称矩阵 $\boldsymbol{P}$，满足离散型李雅普诺夫矩阵代数方程

$$\boldsymbol{\Phi}^{\mathrm{T}}\boldsymbol{P}\boldsymbol{\Phi} - \boldsymbol{P} = -\boldsymbol{Q} \tag{4.42}$$

标量函数 $V[\boldsymbol{x}(k)] = \boldsymbol{x}^{\mathrm{T}}(k)\boldsymbol{P}\boldsymbol{x}(k)$ 是系统的一个李雅普诺夫函数。

4.5.2 可控性与可观测性分析

1. 可控性判别

MATLAB 提供了生成可控性判别矩阵的函数 ctrb()。

格式：

  Qc＝ctrb(A，B)   由系统矩阵 A 和输入矩阵 B 计算可控性判别矩阵 Qc

  Qc＝ctrb(sys)   计算系统 sys 的可控性判别矩阵 Qc

说明：① Qc 为可控性判别矩阵，即 $Qc=[B，AB，A^2B，\cdots，A^{n-1}B]$。

② 该函数同时适用于连续时间系统和离散时间系统。

③ 若 $rank(Qc)=n$（n 为状态变量的个数），则系统可控；若 $rank(Qc)<n$，则系统完全不可控，简称不可控，且可控状态变量的个数等于 $rank(Qc)$。

【例 4.37】 线性定常系统的状态方程为

$$\begin{bmatrix} \dot{x}_1 \\ \dot{x}_2 \\ \dot{x}_3 \end{bmatrix} = \begin{bmatrix} 1 & 2 & -1 \\ 0 & 1 & 0 \\ 1 & 0 & 3 \end{bmatrix} \begin{bmatrix} x_1 \\ x_2 \\ x_3 \end{bmatrix} + \begin{bmatrix} 1 & 0 \\ 0 & 1 \\ 0 & 0 \end{bmatrix} \begin{bmatrix} u_1 \\ u_2 \end{bmatrix}$$

判定系统的可控性。

【解】 (1) 求可控性判别矩阵。在 MATLAB 命令窗口中输入：

  >> A=[1 2 −1; 0 1 0; 1 0 3];

  >> B=[1 0; 0 1; 0 0];

  >> Qc＝ctrb(A，B)

运行结果为：

  Qc＝

   1 0 1 0 −2 0

   0 1 −1 −2 1 4

   0 0 3 0 6 0

(2) 求可控性判别矩阵的秩。在 MATLAB 命令窗口中输入：

  >> rank(Qc)

运行结果为：

  ans＝

   3

显见，可控性判别矩阵满秩，该系统状态可控。

也可以将可控性判别矩阵的求取和其秩的求取嵌套使用，可得到同样的结果。在 MATLAB 命令窗口中输入：

  >> rank(ctrb(A，B))

运行结果为：

  ans＝

   3

【例 4.38】 线性定常离散系统的状态空间模型为

$$x(k+1) = \begin{bmatrix} 0.8760 & 0 & 0 \\ 0.2546 & 0.6621 & -0.5701 \\ 0.1508 & 0.4221 & 1 \end{bmatrix} x(k) + \begin{bmatrix} 0.2105 \\ 0.1033 \\ 0.1768 \end{bmatrix} u(k)$$

$$y(k) = \begin{bmatrix} 0 & 1 & 3.5 \end{bmatrix} x(k)$$

判定系统的可控性。

【解】 在 MATLAB 命令窗口中输入：

```
>> F=[0.8760, 0, 0; 0.2546, 0.6621, -0.5701; 0.1508, 0.4221, 1];
>> G=[0.2105; 0.1033; 0.1768];
>> Qc=ctrb(F, G)
```

运行结果为：

```
Qc=
     0.2105     0.1844      0.1615
     0.1033     0.0212     -0.0828
     0.1768     0.2521      0.2889
```

求取可控性判别矩阵的秩。在 MATLAB 命令窗口中输入：

```
>> rank(Qc)
```

运行结果为：

```
ans=
     3
```

可见，该离散控制系统状态可控。

2. 系统按可控性分解

不可控是指状态不完全可控，可以通过线性变换将系统按照可控性进行分解，MATLAB 提供了对不可控系统进行可控性分解的函数 ctrbf()。

格式：

$$[Abar, Bbar, Cbar, T, K]=ctrbf(A, B, C) \quad 将系统(A, B, C)按照可控性进$$
$$行分解$$

说明：A，B，C 分别为状态空间模型的矩阵，返回值 Abar，Bbar，Cbar 按式(4.37)构成可控性分解的状态空间模型；T 为归一化线性变换矩阵。矩阵 K 中所有元素的代数和等于可控状态变量的数目。

【例 4.39】 已知线性定常系统状态空间模型的 $\boldsymbol{A}$，$\boldsymbol{B}$，$\boldsymbol{C}$ 矩阵分别为

$$\boldsymbol{A} = \begin{bmatrix} 1 & 1 & 1 \\ 0 & 1 & 0 \\ 1 & 1 & 1 \end{bmatrix}, \quad \boldsymbol{B} = \begin{bmatrix} 0 & 1 \\ 1 & 0 \\ 0 & 1 \end{bmatrix}, \quad \boldsymbol{C} = \begin{bmatrix} 1 & 0 & 1 \end{bmatrix}$$

将其按照可控性分解。

【解】 （1）判定系统的可控性。在 MATLAB 命令窗口中输入：

```
>> A=[1, 1, 1; 0, 1, 0; 1, 1, 1]; B=[0, 1; 1, 0; 0, 1]; C=[1, 0, 1];
>> rank(ctrb(A, B))
```

运行结果为

```
ans=
     2
```

可控性判别矩阵的秩为 2，所以系统不完全可控，且只有两个状态向量可控。

（2）将系统按照可控性分解。在 MATLAB 命令窗口中输入：

```
>> [Abar, Bbar, Cbar, T, K]=ctrbf(A, B, C)
```

运行结果为：

Abar=

0.0000	−0.0000	0.0000
0	1.0000	0
0.0000	−1.4142	2.0000

Bbar=

0	0.0000
−1.0000	0
0	1.4142

Cbar=

0.0000	0	1.4142

T=

−0.7071	0	0.7071
0	−1.0000	0
0.7071	0	0.7071

K=

2	0	0

由于 K＝2，所以系统有两个状态变量可控，其可控性分解为

$$\begin{bmatrix} \dot{\boldsymbol{x}}_{\bar{c}} \\ \dot{\boldsymbol{x}}_{c} \end{bmatrix} = \begin{bmatrix} 0 & 0 & 0 \\ 0 & 1 & 0 \\ 0 & -1.4142 & 2 \end{bmatrix} \begin{bmatrix} \boldsymbol{x}_{\bar{c}} \\ --- \\ \boldsymbol{x}_{c} \end{bmatrix} + \begin{bmatrix} 0 & 0 \\ -1 & 0 \\ 0 & 1.4142 \end{bmatrix} \begin{bmatrix} \boldsymbol{u}_1 \\ --- \\ \boldsymbol{u}_2 \end{bmatrix}$$

$$\boldsymbol{y} = \begin{bmatrix} 0 & 0 & 1.4142 \end{bmatrix} \begin{bmatrix} \boldsymbol{x}_{\bar{c}} \\ --- \\ \boldsymbol{x}_{c} \end{bmatrix}$$

线性变换矩阵为

$$\boldsymbol{T} = \begin{bmatrix} -0.7071 & 0 & 0.7071 \\ 0 & -1 & 0 \\ 0.7071 & 0 & 0.7071 \end{bmatrix}$$

使用函数 ctrbf() 进行可控性分解所得到的结果，其形式与一般控制理论教材有所不同，在使用时应注意它们的区别。

3. 可观测性判别

MATLAB 提供了构成可观测性判别矩阵的函数 obsv()。

格式：

Qo＝obsv(A，C)   由系统矩阵 A 和输出矩阵 C 计算可观测性判别矩阵 Qo

Qo＝obsv(sys)   计算系统 sys 的可观测性判别矩阵 Qo

说明：① Qo 为可观测性判别矩阵，即 $Qo = \begin{bmatrix} C^T & A^T C^T & \cdots & (A^T)^{n-1} C^T \end{bmatrix}$。

② 该函数同时适用于连续时间系统和离散时间系统。

③ 若 rank(Qo)＝n，n 为状态变量的个数，则系统可观测；若 rank(Qo)<n，则系统不完全可观测，简称不可观测，且可观测状态变量的个数等于 rank(Qc)。

【例 4.40】 线性定常系统的状态空间表达式为

$$\begin{bmatrix} \dot{x}_1 \\ \dot{x}_2 \\ \dot{x}_3 \end{bmatrix} = \begin{bmatrix} 1 & 0 & -1 \\ -1 & -2 & 0 \\ 3 & 0 & 1 \end{bmatrix} \begin{bmatrix} x_1 \\ x_2 \\ x_3 \end{bmatrix}$$

$$y = \begin{bmatrix} 1 & 0 & 0 \\ 0 & -1 & 0 \end{bmatrix} \begin{bmatrix} x_1 \\ x_2 \\ x_3 \end{bmatrix}$$

判定系统的可观测性。

【解】 在 MATLAB 命令窗口中输入：

```
>> A=[1 0 −1; −1 −2 0; 3 0 1];
>> C=[1 0 0; 0 −1 0];
>> Qo=obsv(A, C)
```

运行结果为：

```
Qo=
     1    0    0
     0   -1    0
     1    0   -1
     1    2    0
    -2    0   -2
    -1   -4   -1
>> rank(Qo)              %求取可观测性判别矩阵的秩
```

运行结果为：

```
ans=
     3
```

可见，该系统可观测性判别矩阵满秩，所以系统可观测。

【例 4.41】 线性离散系统的状态空间模型为

$$\boldsymbol{x}(k+1) = \begin{bmatrix} 0.7754 & 0 & 1 \\ 0.3346 & 0.7648 & -0.5661 \\ 0.2448 & 0.3725 & 2.2254 \end{bmatrix} \boldsymbol{x}(k)$$

$$\boldsymbol{y}(k) = \begin{bmatrix} 0 & 1.5 & 2.7210 \end{bmatrix} \boldsymbol{x}(k)$$

判定系统的可观测性。

【解】 在 MATLAB 命令窗口中输入：

```
>> F=[0.7754, 0, 1; 0.3346, 0.7648, −0.5661; 0.2448, 0.3725, 2.2254];
>> C=[0, 1.5, 2.7210];
>> Qo=obsv(F, C)
```

运行结果为：

```
Qo=
          0    1.5000    2.7210
     1.1680    2.1608    5.2062
```

— 180 —

```
           2.9031    3.5919    11.5306
>> rank(Qo)                    %求取可观测性判别矩阵的秩
```
运行结果为：
```
    ans=
        3
```
可见，该离散时间系统可观测性判别矩阵满秩，所以系统可观测。

4. 按照可观测性分解

不可观测是指状态不完全可观测，可以通过线性变换将系统按照可观测性进行分解。MATLAB 提供了对不可观测系统进行可观测性分解的函数 obsvf()。

格式：

$$[Abar，Bbar，Cbar，T，K]=obsvf（A，B，C）\quad 将系统（A，B，C）按照可观测性$$
$$进行分解$$

说明：A，B，C 分别为状态空间模型的矩阵，返回值 Abar，Bbar，Cbar 按式(4.38)构成可观测性分解的状态空间模型；T 为归一化线性变换矩阵；矩阵 K 中所有元素的代数和等于可观测状态变量的数目。

【例 4.42】 已知系统状态空间模型的 $\boldsymbol{A}$，$\boldsymbol{B}$，$\boldsymbol{C}$ 矩阵分别为

$$\boldsymbol{A}=\begin{bmatrix} 1 & 2 & -1 \\ 0 & 1 & 0 \\ 1 & -4 & 3 \end{bmatrix}，\quad \boldsymbol{B}=\begin{bmatrix} 0 \\ 0 \\ 1 \end{bmatrix}，\quad \boldsymbol{C}=\begin{bmatrix} 1 & -1 & 1 \end{bmatrix}$$

将其按照可观测性分解。

【解】 (1)判定系统的可观测性。在 MATLAB 命令窗口中输入：
```
>> A=[1, 2, -1; 0, 1, 0; 1, -4, 3]; B=[0; 0; 1]; C=[1, -1, 1];
>> rank(obsv(A, C))
```
运行结果为：
```
    ans=
        2
```
可观测性判别矩阵的秩为 2，所以系统不完全可观测，且只有两个状态向量可观测。

(2)将系统按照可观测性分解。在 MATLAB 命令窗口中输入：
```
>> [Abar, Bbar, Cbar, T, k] = obsvf(A, B, C)
```
运行结果为：
```
    Abar=
        2.0000    -2.3094    4.0825
        0.0000     0.6667    0.9428
        0.0000    -0.4714    2.3333
    Bbar=
       -0.7071
       -0.4082
       -0.5774
    Cbar=
        0          0.0000   -1.7321
```

$$T=$$

$$
\begin{array}{ccc}
0.7071 & 0.0000 & -0.7071 \\
-0.4082 & -0.8165 & -0.4082 \\
-0.5774 & 0.5774 & -0.5774
\end{array}
$$

$$k=$$

$$
\begin{array}{ccc}
1 & 1 & 0
\end{array}
$$

$k=2$，所以系统有两个状态变量可观测，按照可观测性分解得到的结果为

$$
\begin{bmatrix} \dot{x}_{\bar{o}} \\ \hline \dot{x}_{o} \end{bmatrix} =
\begin{bmatrix} 2 & -2.3094 & 4.0825 \\ \hline 0 & 0.6667 & 0.9428 \\ 0 & -0.4714 & 2.3333 \end{bmatrix}
\begin{bmatrix} x_{\bar{o}} \\ \hline x_{o} \end{bmatrix} +
\begin{bmatrix} -0.7071 \\ \hline -0.4082 \\ -0.5774 \end{bmatrix} \boldsymbol{u}
$$

$$
\boldsymbol{y} = \begin{bmatrix} 0 & 0 & -1.7321 \end{bmatrix}
\begin{bmatrix} \dot{x}_{\bar{o}} \\ \hline x_{o} \end{bmatrix}
$$

相似变换矩阵为

$$
\boldsymbol{T} = \begin{bmatrix}
-0.7071 & 0 & -0.7071 \\
-0.4082 & -0.8165 & -0.4082 \\
-0.5774 & 0.5774 & -0.5774
\end{bmatrix}
$$

使用函数 obsvf() 进行可观测性分解所得到的结果，其形式与一般控制理论教材有所不同，在使用时应注意它们的区别。

4.5.3　稳定性分析

线性定常系统的稳定性分析归结为求解李雅普诺夫方程。使用函数 lyap() 求解连续时间系统的李雅普诺夫方程，使用函数 dlyap() 求解离散时间系统的李雅普诺夫方程。然后根据所求实对称矩阵 $\boldsymbol{P}$ 的定号性判定系统的稳定性。

1. 函数 lyap()

功能：求解连续时间李雅普诺夫矩阵方程。

格式：

　　X＝lyap(A，Q)　　　　　　求解李雅普诺夫方程 $AX + XA^{\mathrm{T}} = -Q$

　　X＝lyap(A，B，C)　　　　　求解 Sylvester 方程 $AX + XB + C = 0$

　　X＝lyap(A，Q，[ ]，E)　　求解广义李雅普诺夫矩阵方程 $AXE + EXA^{\mathrm{T}} + Q = 0$

说明：① 求解李雅普诺夫方程时，A 和 Q 为相同维数的方阵。若 Q 为对称矩阵，则返回值 X 也为对称矩阵。根据返回值 X 的定号性来判定系统在李雅普诺夫意义下的稳定性。

② 求解 Sylvester 方程时，A、B 和 C 矩阵必须具有合适的维数，但不要求必须是方阵。

③ 求解广义李雅普诺夫矩阵方程时，Q 为对称矩阵，空方括号"[ ]"为强制的，如果在其中放置任何值，该函数将会出错。

④ 如果 A 的特征值 α_1，α_2，$\cdots$，α_n 和 B 的特征值 β_1，β_2，$\cdots$，β_n 满足 $\alpha_i \neq \beta_j$（对所有的 (i, j) 对），则连续李雅普诺夫矩阵方程具有惟一解；否则，函数 lyap() 会发生以下错误："Solution does not exist or is not unique"。

⑤ MATLAB 给定李雅普诺夫方程的形式与一般控制理论教材中的形式 $A^{\mathrm{T}}P+PA=-Q$ 有所不同，主要体现在 A 的形式上。在使用时应注意它们之间的区别。

【例 4.43】 已知线性定常系统的状态方程为

$$\begin{bmatrix} \dot{x}_1(t) \\ \dot{x}_2(t) \end{bmatrix} = \begin{bmatrix} 0 & 1 \\ 2 & -1 \end{bmatrix} \begin{bmatrix} x_1(t) \\ x_2(t) \end{bmatrix}$$

应用李雅普诺夫第二法分析系统的稳定性。

【解】 由于 $|A| = \begin{vmatrix} 0 & 1 \\ 2 & -1 \end{vmatrix} = -2 \neq 0$，因此原点为惟一平衡状态。所以只需判定系统在原点的稳定性。

在 MATLAB 命令窗口中输入：

```
>> A=[0, 1; 2, -1]';          %将 A 阵转置
>> Q=eye(2);                   %生成 2×2 维单位矩阵 Q
>> X=lyap(A, Q)
```

运行结果为：

```
X=
    -0.7500    -0.2500
    -0.2500     0.2500
```

显见，$X_{11} < 0$，$\det(X) = -0.25 < 0$，故 X 负定，可判定系统非渐近稳定。由特征值判据知系统是不稳定的。

2. 函数 dlyap()

功能：求解线性定常离散时间系统的李雅普诺夫方程。

格式：

X=dlyap(A, Q)　　　　求解离散时间系统的李雅普诺夫方程 $AXA^{\mathrm{T}}-X=-Q$

X=dlyap(A, B, C)　　　求解离散时间系统的 Sylvester 方程 $AXB^{\mathrm{T}}-X+C=0$

X=dlyap(A, Q, [], E)　求解离散时间系统的广义李雅普诺夫矩阵方程 $AXA^{\mathrm{T}}+EXE^{\mathrm{T}}+Q=0$

说明：① 求解离散时间系统的李雅普诺夫方程时，A 和 Q 为 $n \times n$ 维方阵。若 Q 为对称矩阵，则返回值 X 也为对称矩阵。根据 X 的定号性判定系统在李雅普诺夫意义下的稳定性。

② 求解离散时间系统的 Sylvester 方程时，A、B 和 C 矩阵必须具有合适的维数，但不要求必须是方阵。

③ 求解广义李雅普诺夫方程时，Q 为对称矩阵，空方括号"[ ]"为强制的，如果在其中放置任何值，该函数将会出错。

④ 如果 A 的所有特征值 $\alpha_1, \alpha_2, \cdots, \alpha_n$ 满足 $\alpha_i \alpha_j \neq 0$(对所有的 (i, j) 对)，则连续李雅普诺夫方程具有惟一解；否则，函数 dlyap() 会发生以下错误："Solution does not exist or is not unique"。

⑤ 与连续时间形式类似，这里李雅普诺夫方程的形式与一般控制理论教材中离散时间李雅普诺夫方程 $A^{\mathrm{T}}XA-X=-Q$ 有所不同，主要体现在 A 的形式上。在使用时应注意它们之间的区别。

【例 4.44】 已知离散时间系统的状态方程为

$$x(k+1) = \begin{bmatrix} 1 & 4 & 0 \\ -3 & -2 & -3 \\ 2 & 0 & 0 \end{bmatrix} x(k)$$

应用李雅普诺夫第二法分析系统的稳定性。

【解】 $|A| = \begin{vmatrix} 1 & 4 & 0 \\ -3 & -2 & -3 \\ 2 & 0 & 0 \end{vmatrix} = -24 \neq 0$，所以原点为惟一平衡状态。因此只需判定

系统在原点的稳定性。

在 MATLAB 命令窗口中输入：

```
>> A=[1, 4, 0; -3, -2, -3; 2, 0, 0]';          %必须将 A 阵转置
>> Q=eye(3);                                    %Q 阵为 2 阶单位矩阵
>> X=dlyap(A, Q)
```

运行结果为：

```
X=
        -0.0985    -0.0683    -0.0570
        -0.0683    -0.1725    -0.2151
        -0.0570    -0.2151    -0.5526
>> det([-0.0985 -0.0683; -0.0683 -0.1725])      %判定 X 的定号性
```

运行结果为：

```
ans=
        0.0123
>> det(X)
```

运行结果为：

```
ans=
-0.0034
```

又 X(1, 1)=0.0985<0，因此，X 矩阵负定，系统不稳定。

4.6 状态空间法设计

MATLAB 控制工具箱提供了控制系统状态空间法设计函数，即极点配置函数。本节介绍极点配置设计函数的应用。

4.6.1 基本概念

本书只讨论单输入系统的极点配置问题，此时根据指定极点所设计的状态反馈增益矩阵是惟一的。

设单输入系统的状态空间模型为

$$\left.\begin{array}{l} \dot{x} = Ax + Bu \\ y = Cx \end{array}\right\} \tag{4.43}$$

其中，x，u，y 分别为 n 维、m 维和 q 维向量，A、B 和 C 矩阵分别为 $n \times n$ 维，$n \times m$ 维和 $q \times n$ 维实数矩阵。由期望闭环极点组成的向量为 p。将状态向量 x 通过状态反馈增益（参数待定）负反馈至系统的参考输入，即 $u = v - Kx$，便构成了状态反馈系统。

利用状态反馈任意配置闭环极点的充分必要条件是，被控系统状态完全可控。

引入状态反馈后系统的状态空间模型为

$$\left. \begin{aligned} \dot{x} &= (A - BK)x + Bv \\ y &= Cx \end{aligned} \right\} \tag{4.44}$$

若系统（式（4.43））可控，选择反馈矩阵 K，引入状态反馈后得到的式（4.44）所示系统的闭环极点可任意配置。且 $A - BK$ 的特征值与向量 p 的元素按照升序一一对应，即有 $p = \mathrm{eig}(A - BK)$。

4.6.2　极点配置问题求解

MATLAB 提供了用于极点配置的函数 acker() 和 place()。

1. 函数 acker()

功能：应用 Ackermann 算法确定单输入系统状态反馈极点配置的反馈增益矩阵 K。

格式：

K=acker(A，B，p)　　根据线性定常系统的系统矩阵 A 和输入矩阵 B 及期望闭环特征向量 p 确定矩阵 K

说明：① 该函数只适用于可控的单输入系统。

② 返回值 K 为反馈增益矩阵。

③ 对于高于 5 阶的系统，此法并不是数值可靠的。

【例 4.45】　已知线性定常系统的状态方程为

$$\begin{bmatrix} \dot{x}_1 \\ \dot{x}_2 \\ \dot{x}_3 \end{bmatrix} = \begin{bmatrix} 0 & 1 & 0 \\ 0 & 0 & 1 \\ 0 & -2 & -3 \end{bmatrix} \begin{bmatrix} x_1 \\ x_2 \\ x_3 \end{bmatrix} + \begin{bmatrix} 0 \\ 0 \\ 1 \end{bmatrix} u$$

试求状态反馈矩阵 K，使由状态反馈构成的闭环系统的极点配置在 -2，$-1 \pm j$。

【解】　（1）首先判定系统的可控性。在 MATLAB 命令窗口中输入：

```
>> A=[0 1 0；0 0 1；0 -2 -3]；
>> B=[0；0；1]；
>> rank(ctrb(A，B))
```

运行结果为：

```
ans=
   3
```

显见，系统状态可控，可以对其闭环极点进行任意配置。

（2）求反馈增益矩阵 K。在 MATLAB 命令窗口中输入：

```
>> p=[-2 -1+j -1-j]；        %由期望闭环极点构成的向量
>> K=acker(A，b，p)
```

运行结果为：

$$K=$$
$$\quad 4 \quad 4 \quad 1$$

2. 函数 place( )

功能：确定多输入系统状态反馈极点配置的反馈增益矩阵 K。

格式：

K＝place(A，B，p)　　根据线性定常系统的系统矩阵 A 和输入矩阵 B 及期望闭环特征向量 p 确定矩阵 K

[K，prec，message]＝place(A，B，p)

说明：① 返回值 prec 为 A－BK 的特征值与期望极点 p 接近程度的估计；当系统一些非零极点偏离期望位置大约 10％时，message 给出警告信息。

② 返回值 K 为反馈增益矩阵。

③ 对于一些高阶系统，极点位置的选择会得到非常大的状态反馈增益矩阵，所以要谨慎使用极点配置技术。

④ 单输入系统建议使用函数 place( )。

【例 4.46】 已知线性定常系统的状态方程为

$$\begin{bmatrix} \dot{x}_1 \\ \dot{x}_2 \\ \dot{x}_3 \end{bmatrix} = \begin{bmatrix} -0.1 & 5 & 0.1 \\ -5 & -0.1 & 5 \\ 0 & 0 & -10 \end{bmatrix} \begin{bmatrix} x_1 \\ x_2 \\ x_3 \end{bmatrix} + \begin{bmatrix} 0 \\ 0 \\ 10 \end{bmatrix} u$$

试求状态反馈阵 **K**，使闭环系统的极点配置在 -10，$-1\pm5j$。

本例仍为单输入系统，这里应用函数 place( )求解，同时为了比较，也用函数 acker( )进行求解。

【解】 (1) 判定系统的可控性。在 MATLAB 命令窗口中输入：

```
>> A=[-0.1, 5, 0.1; -5, -0.1, 5; 0, 0, -10];
>> B=[0; 0; 10];
>> rank(ctrb(A, B))
```

运行结果为：

```
ans=
    3
```

(2) 求反馈增益矩阵 **K**。在 MATLAB 命令窗口中输入：

```
>> p=[-1-5j, -1+5j, -10];        %由期望极点组成向量 p
>> K=place(A, B, p)              %计算状态反馈增益矩阵
```

运行结果为：

```
K=
    -0.1404   0.3754   0.1800
```

当需要给出极点配置信息时，可以应用下述方法。在 MATLAB 命令窗口中输入：

```
>> [K, prec, mes]=place(A, B, p)    %计算状态反馈增益矩阵并给出极点配置信息
```

运行结果为：

```
K=
    -0.1404   0.3754   0.1800
```

```
prec=
    15
mes=
    ' '
```

由运行结果可见，配置过程中没有出错和警告信息。

下面再应用函数 acker() 求解。在 MATLAB 命令窗口中输入：

```
>> k=acker(A, B, p)
```

运行结果为：

```
k=
    -0.1404    0.3754    0.1800
```

可以将此结果验证如下。在 MATLAB 命令窗口中输入：

```
>> eig(A-K*B)
```

运行结果为：

```
ans=
    -1.8497+5.0460i
    -1.8497-5.0460i
    -11.9005
```

可见，对于单输入系统而言，使用函数 acker() 和函数 place() 所得到的结果是相同的。

4.7　线性二次型问题的最优控制

线性二次型最优控制是最优控制系统设计中最常采用的方法。此方法中，被控对象是线性的（Linear），目标函数是对象状态向量和控制输入向量的二次型（Quadratic）函数，也称为线性二次型问题（LQ 问题）。本节主要讨论定常系统线性二次型调节器问题（Linear-Quadratic-Regulator，LQR）和线性二次型高斯最优控制问题（Linear-Quadratic-Gaussian，LQG）。

4.7.1　最优控制的基本概念

设线性系统的状态方程及初始条件分别为

$$\dot{x}(t) = f[x(t), u(t), t], \quad x(t_0) = x_0 \tag{4.45}$$

式中，$x(t)$ 为 n 维状态向量；$u(t)$ 为 p 维输入向量；$f(x, u, t)$ 是 $x(t)$、$u(t)$ 和 t 的 n 维连续向量函数，且对 $x(t)$ 和 t 连续可微，$u(t)$ 在 $[t_0, t_f]$ 中分段连续，其中，t_0 为系统的起始控制时刻，t_f 为系统终端控制时刻，且 $u(t) \in \Omega \subset \mathbf{R}^m$，其中 Ω 为有界闭集，$\mathbf{R}^m$ 为 m 维完备线性赋范空间。要求确定在 $[t_0, t_f]$ 中分段连续的最优控制函数 $u^*(t)$，使系统从已知初始状态 $x(t_0)$ 转移到要求的终端状态 $x(t_f)$，并使性能指标

$$J = \varphi[x(t_f), t_f] + \int_{t_0}^{t_f} L(x(t), u(t), t) \, \mathrm{d}t \tag{4.46}$$

达到极值，同时还满足：

（1）控制不等式约束：

$$g[x(t), u(t), t] \geqslant 0 \tag{4.47}$$

（2）目标集等式约束：

$$\psi[x(t_f), t_f] = 0 \tag{4.48}$$

式中，$\varphi[x(t_f), t_f]$ 和 $L[x(t), u(t), t]$ 是连续可微的标量函数，$g[x(t), u(t), t]$ 是 p 维可微向量函数，且 $p \leqslant m$；$\psi[x(t_f), t_f]$ 是 r 维连续可微向量函数，且 $r \leqslant n$。

式（4.46）中，$\varphi[x(t_f), t_f]$ 称为末值型性能指标，$\int_{t_0}^{t_f} L[x(t), u(t), t] \, dt$ 称为积分型性能指标。

4.7.2 线性二次型最优控制问题及求解

1. 线性二次型最优控制问题

1）线性定常连续系统二次型最优控制

此时，最优控制分为无限时间状态调节器问题和无限时间输出调节器问题，一般可以将前者看做是后者在输出矩阵 $C = I$ 时的情况。下面主要讨论无限时间定常输出调节器问题，所得到的结论同样适用于无限时间定常状态调节器问题。

考虑更一般的情况，设线性定常连续系统的状态空间模型为

$$\left. \begin{array}{l} E\dot{x}(t) = Ax(t) + Bu(t) \\ y(t) = Cx(t) \end{array} \right\} \tag{4.49}$$

初始条件为

$$x(0) = x_0 \tag{4.50}$$

其中，$x(t)$ 为 n 维状态向量，$u(t)$ 为 p 维输入矩阵，且不受约束，$y(t)$ 为 q 维输出向量，系统矩阵 A 为 $n \times n$ 维，输入矩阵 B 为 $n \times p$ 维，输出矩阵 C 为 $q \times n$ 维，E 为具有适当维数的加权矩阵。

无限时间定常输出调节器问题的性能指标为

$$J = \frac{1}{2} \int_{t_0}^{\infty} [y^T(t)Qy(t) + u^T(t)Ru(t) + 2x^T(t)Su(t)] \, dt \tag{4.51a}$$

无限时间定常状态调节器问题的性能指标为

$$J = \frac{1}{2} \int_{t_0}^{\infty} [x^T(t) \underbrace{C^T QC}_{Q} x(t) + u^T(t)Ru(t) + 2x^T(t)Su(t)] \, dt \tag{4.51b}$$

其中，R、Q 和 S 为具有适当维数的加权矩阵；R 为常值矩阵，$R > 0$，$R = R^T$；$Q \geqslant 0$，$Q = Q^T$。要求确定最优控制函数 $u^*(t)$，使性能指标 J 为最小。

对于这里讨论的无限时间定常输出调节器问题，若 $\{A, B\}$ 可控，$\{A, C\}$ 可观测，且对于满足 $DD^T = C^T QC$ 的任何 D，$\{A, D\}$ 完全可观测，则有最优反馈增益矩阵

$$G = R^{-1}(B^T PE + S^T) \tag{4.52}$$

及惟一的最优控制

$$u^*(t) = -Gx(t) = -R^{-1}(B^T PE + S^T)x(t) \tag{4.53}$$

最优性能指标为

$$J^* = \frac{1}{2} x_0^T P x_0 \tag{4.54}$$

式中，$\boldsymbol{P}$ 为正定对称常值矩阵，且是以下连续时间 Riccati 矩阵代数方程(Continuous-time Algebraic Riccati Equation，CARE)的惟一解：

$$\boldsymbol{E}^{\mathrm{T}}\boldsymbol{P}\boldsymbol{A} + \boldsymbol{A}^{\mathrm{T}}\boldsymbol{P}\boldsymbol{E} - (\boldsymbol{E}^{\mathrm{T}}\boldsymbol{P}\boldsymbol{B} + \boldsymbol{S})\boldsymbol{R}^{-1}(\boldsymbol{B}^{\mathrm{T}}\boldsymbol{P}\boldsymbol{E} + \boldsymbol{S}^{\mathrm{T}}) + \underbrace{\boldsymbol{C}^{\mathrm{T}}\boldsymbol{Q}\boldsymbol{C}}_{\tilde{\varrho}} = 0 \qquad (4.55)$$

说明：① 当 $\boldsymbol{S}=\boldsymbol{0}$，$\boldsymbol{E}=\boldsymbol{I}$ 时，式(4.55)所示 Riccati 矩阵代数方程成为如下形式

$$\boldsymbol{P}\boldsymbol{A} + \boldsymbol{A}^{\mathrm{T}}\boldsymbol{P} - \boldsymbol{P}\boldsymbol{B}\boldsymbol{R}^{-1}\boldsymbol{B}^{\mathrm{T}}\boldsymbol{P} + \underbrace{\boldsymbol{C}^{\mathrm{T}}\boldsymbol{Q}\boldsymbol{C}}_{\tilde{\varrho}} = 0 \qquad (4.56)$$

② 当 $\boldsymbol{S}=\boldsymbol{0}$，$\boldsymbol{E}=\boldsymbol{I}$，$\boldsymbol{C}=\boldsymbol{I}$ 时，式(4.55)所示 Riccati 矩阵代数方程可看做是无限时间定常状态调节器问题中的 Riccati 矩阵代数方程，即

$$\boldsymbol{P}\boldsymbol{A} + \boldsymbol{A}^{\mathrm{T}}\boldsymbol{P} - \boldsymbol{P}\boldsymbol{B}\boldsymbol{R}^{-1}\boldsymbol{B}^{\mathrm{T}}\boldsymbol{P} + \boldsymbol{Q} = 0 \qquad (4.57)$$

在最优控制 $\boldsymbol{u}^*(t)$ 作用下，最优闭环系统

$$\dot{\boldsymbol{x}}(t) = \boldsymbol{A}\boldsymbol{x}(t) + \boldsymbol{B}\boldsymbol{u}^*(t) = (\boldsymbol{A} - \boldsymbol{B}\boldsymbol{R}^{-1}(\boldsymbol{B}^{\mathrm{T}}\boldsymbol{P}\boldsymbol{E} + \boldsymbol{S}^{\mathrm{T}}))\boldsymbol{x}(t), \quad \boldsymbol{x}(0) = \boldsymbol{x}_0 \qquad (4.58)$$

是渐近稳定的，其解即为最优轨线 $\boldsymbol{x}^*(t)$。

2) 线性定常离散系统二次型最优控制

设线性定常离散系统状态空间模型的一般形式和初始条件分别为

$$\left. \begin{aligned} \boldsymbol{E}\boldsymbol{x}(k+1) &= \boldsymbol{A}\boldsymbol{x}(k) + \boldsymbol{B}\boldsymbol{u}(k) \\ \boldsymbol{y}(k) &= \boldsymbol{C}\boldsymbol{x}(k) \\ \boldsymbol{x}(0) &= \boldsymbol{x}_0 \\ (k &= 0, 1, \cdots, N-1) \end{aligned} \right\} \qquad (4.59)$$

式中，$\boldsymbol{x}(k)$ 为 n 维状态向量序列，$\boldsymbol{u}(k)$ 为 p 维输入向量序列，且不受约束，$\boldsymbol{y}(k)$ 为 q 维输出向量序列，且满足 $0<q\leqslant p\leqslant n$，系统矩阵 $\boldsymbol{A}$ 为 $n\times n$ 维，输入矩阵 $\boldsymbol{B}$ 为 $n\times p$ 维，输出矩阵 $\boldsymbol{C}$ 为 $q\times p$ 维，$\boldsymbol{E}$ 为具有适当维数的加权矩阵。

线性定常离散系最优输出调节器的性能指标为

$$J = \frac{1}{2}\sum_{k=0}^{N-1}\left[\boldsymbol{x}^{\mathrm{T}}(k)\underbrace{\boldsymbol{C}^{\mathrm{T}}\boldsymbol{Q}\boldsymbol{C}}_{\tilde{\varrho}}\boldsymbol{x}(k) + \boldsymbol{u}^{\mathrm{T}}(k)\boldsymbol{R}\,\boldsymbol{u}(k) + 2\boldsymbol{x}^{\mathrm{T}}(k)\boldsymbol{S}\boldsymbol{u}(k)\right] \qquad (4.60)$$

式中，$\boldsymbol{R}$、$\boldsymbol{Q}$ 和 $\boldsymbol{S}$ 为具有适当维数的加权矩阵；$\boldsymbol{R}$ 为常值矩阵，$\boldsymbol{R}>0$，$\boldsymbol{R}=\boldsymbol{R}^{\mathrm{T}}$；$\boldsymbol{Q}\geqslant 0$，$\boldsymbol{Q}=\boldsymbol{Q}^{\mathrm{T}}$。要求确定最优控制序列 $\boldsymbol{u}^*(k)$，$k=0, 1, \cdots, N-1$，使性能指标 J 为最小。

最优控制序列为

$$\boldsymbol{u}^*(k) = -\boldsymbol{G}(k)\boldsymbol{x}(k) \qquad (k = 0, 1, \cdots, N-1) \qquad (4.61)$$

其中最优反馈增益矩阵

$$\boldsymbol{G}(k) = (\boldsymbol{B}^{\mathrm{T}}\boldsymbol{P}\boldsymbol{B} + \boldsymbol{R})^{-1}(\boldsymbol{B}^{\mathrm{T}}\boldsymbol{P}\boldsymbol{A} + \boldsymbol{S}^{\mathrm{T}})$$

最优性能指标为

$$J^* = \frac{1}{2}\boldsymbol{x}_0^{\mathrm{T}}\boldsymbol{P}\boldsymbol{x}_0 \qquad (4.62)$$

式中，$\boldsymbol{P}$ 为正定对称常值矩阵，是以下离散时间 Riccati 矩阵代数方程(Discrete-time Algebraic Riccati Equations，DARE)的惟一解。

$$\boldsymbol{A}^{\mathrm{T}}\boldsymbol{P}\boldsymbol{A} - \boldsymbol{E}^{\mathrm{T}}\boldsymbol{P}\boldsymbol{E} - (\boldsymbol{A}^{\mathrm{T}}\boldsymbol{P}\boldsymbol{B} + \boldsymbol{S})(\boldsymbol{B}^{\mathrm{T}}\boldsymbol{P}\boldsymbol{B} + \boldsymbol{R})^{-1}(\boldsymbol{B}^{\mathrm{T}}\boldsymbol{P}\boldsymbol{A} + \boldsymbol{S}^{\mathrm{T}}) + \underbrace{\boldsymbol{C}^{\mathrm{T}}\boldsymbol{Q}\boldsymbol{C}}_{\tilde{\varrho}} = \boldsymbol{0} \qquad (4.63)$$

同样，当 $\boldsymbol{S}=\boldsymbol{0}$，$\boldsymbol{E}=\boldsymbol{I}$，$\boldsymbol{C}=\boldsymbol{I}$ 时，上式所示 Riccati 矩阵代数方程为

$$\boldsymbol{A}^{\mathrm{T}}\boldsymbol{P}\boldsymbol{A} - \boldsymbol{P} - \boldsymbol{A}^{\mathrm{T}}\boldsymbol{P}\boldsymbol{B}(\boldsymbol{B}^{\mathrm{T}}\boldsymbol{P}\boldsymbol{B} + \boldsymbol{R})^{-1}\boldsymbol{B}^{\mathrm{T}}\boldsymbol{P}\boldsymbol{A} + \boldsymbol{Q} = 0 \qquad (4.64)$$

得到的最优闭环系统

$$x(k+1) = Ax(k) + Bu(k)$$

$$= [A - B(B^T PB + R)^{-1}(B^T PA + S^T)]x(k), \quad x(0) = x_0 \quad (4.65)$$

是渐近稳定的，其解为最优序列 $x^*(k)$。

2. 线性二次型最优控制问题的求解

求解线性二次型最优控制问题，主要包括 Riccati 方程的求解和 LQR/LQG 问题。求解 Riccati 方程可使用函数 care() 和函数 dare() 完成。

1）函数 care()

功能：求解连续时间代数 Riccati 方程。

格式：

  [P, L, G]=care(A, B, Q)   求解式(4.57)所示连续时间代数 Riccati 方程，得到惟一解 P(R=1)

  [P, L, G]=care(A, B, Q, R, S, E) 求解一般意义的代数 Riccati 方程

说明：① 返回值包括代数 Riccati 方程的解 P，增益矩阵 $G = R^{-1}B^T P$ 以及由闭环特征值 L 组成的向量，且 $L = eig(A-BG, E)$；

② R，S 和 E 的缺省值分别为 R=I，S=0 和 E=I；

③ 缺省情况下，用函数 care(A, B, Q, R, S, E)求解 Riccati 矩阵代数方程的形式为

$$E^T PA + A^T PE - (E^T PB + S)R^{-1}(B^T PE + S^T) + Q = 0 \quad (4.66)$$

上式与式(4.55)的区别在于其左边的最后 1 项。即，求解输出调节器问题时，应将式(4.66)中函数 care()输入变量中的 Q 矩阵用 $C^T QC$ 替代（即用式(4.55)中的 $\widetilde{Q}$ 代替）（见例 4.48）。

【例 4.47】 已知线性定常连续系统的状态方程和初始条件分别为

$$\dot{x}(t) = \begin{bmatrix} 0 & 0 \\ 1 & 0 \end{bmatrix} x(t) + \begin{bmatrix} 1 \\ 0 \end{bmatrix} u(t), \quad x(0) = \begin{bmatrix} 0 \\ 1 \end{bmatrix}$$

性能指标为

$$J = \int_0^{+\infty} \left[x_2^2(t) + \frac{1}{4} u^2(t) \right] dt$$

求解最优控制 $u^*(t)$，使性能指标为最小。

【解】 这是无限时间定常状态调节器问题，性能指标可以等效为

$$J = \frac{1}{2} \int_0^{+\infty} \left[2x_2^2(t) + \frac{1}{2} u^2(t) \right] dt$$

$$= \frac{1}{2} \int_0^{+\infty} \left\{ \begin{bmatrix} x_1(t) & x_2(t) \end{bmatrix} \begin{bmatrix} 0 & 0 \\ 0 & 2 \end{bmatrix} \begin{bmatrix} x_1(t) \\ x_2(t) \end{bmatrix} + \frac{1}{2} u^2(t) \right\} dt$$

与式(4.49)和式(4.51a)的状态空间模型和性能指标相比可见，$E = I$，$C = I$，$S = 0$。这时 Riccati 矩阵代数方程为式(4.57)的形式。且

$$Q = \begin{bmatrix} 0 & 0 \\ 0 & 2 \end{bmatrix}, \quad R = \frac{1}{2}, \quad D^T = \begin{bmatrix} 0 & \sqrt{2} \end{bmatrix}$$

(1) 判定系统的可控性和可观测性。在 MATLAB 命令窗口中输入：

  >> A=[0, 0; 1, 0]; B=[1; 0];

```
>> DT=[0 sqrt(2)];
>> rank(ctrb(A, B))
```

运行结果为：

```
ans=
     2
>> rank(obsv(A, DT))
```

运行结果为：

```
ans=
     2
```

显见，该系统既可控又可观测，故存在最优控制，且最优闭环系统稳定。

（2）求解 Riccati 矩阵代数方程。继续在 MATLAB 命令窗口中输入：

```
>> Q=[0, 0; 0, 2]; R=1/2;
>> [P, L, G]=care(A, B, Q, R)
```

运行结果为：

```
P=
     1.0000    1.0000
     1.0000    2.0000
L=
     -1.0000+1.0000i
     -1.0000-1.0000i
G=
     2.0000    2.0000
```

即

$$P = \begin{bmatrix} 1 & 1 \\ 1 & 2 \end{bmatrix}$$

系统的闭环特征值 $\lambda_{1,2} = -1 \pm j$，因此最优闭环系统渐近稳定。

反馈增益矩阵 $G = [2 \quad 2]$，基于 G 构成的最优解为

$$u^*(t) = -R^{-1}B^{\mathrm{T}}Px(t) = -Gx(t) = -[2 \quad 2]\begin{bmatrix} x_1(t) \\ x_2(t) \end{bmatrix} = -2x_1(t) + 2x_2(t)$$

最优性能指标为

$$J^* = \frac{1}{2}x^{\mathrm{T}}(0)Px(0) = 1$$

【例 4.48】 已知线性定常连续系统的状态空间模型为

$$x(t) = \begin{bmatrix} 0 & 1 \\ 0 & 0 \end{bmatrix}x(t) + \begin{bmatrix} 0 \\ 1 \end{bmatrix}u(t)$$

$$y(t) = [1 \quad 0]x(t)$$

性能指标为

$$J = \frac{1}{2}\int_0^{+\infty} [y^2(t) + u^2(t)]\,\mathrm{d}t$$

求解最优控制 $u^*(t)$。

【解】 这是无限时间输出调节器问题。显然 $Q_1=1$，$R=1$，$S=0$。

这里，Q_1 为最优性能指标中的 Q，与式(4.49)和(4.51a)的状态空间模型和性能指标相比可见，$E=I$，$C=I$，$S=0$。这时的 Riccati 矩阵代数方程为式(4.57)所示的形式，考虑到输出调节器问题，应将函数 care() 调用格式中的 Q 矩阵(式(4.66)中)替代为 $Q=C^TQ_1C$。即

$$Q = C^T Q_1 C = \begin{bmatrix} 1 & 0 \end{bmatrix}^T \cdot 1 \cdot \begin{bmatrix} 1 & 0 \end{bmatrix} = \begin{bmatrix} 1 & 0 \\ 0 & 0 \end{bmatrix}, \quad R = 1$$

(1) 判定系统的可控性和可观测性。在 MATLAB 命令窗口中输入：

```
>> A=[0 1; 0 0]; B=[0; 1]; C=[1 0];
>> rank(ctrb(A, B))
```

运行结果为：

```
ans=
     2
>> rank(obsv(A, C))
```

运行结果为：

```
ans=
     2
```

可见，该系统既可控又可观测，故存在最优控制。

(2) 求解 Riccati 代数方程。继续在 MATLAB 命令窗口中输入：

```
>> Q1=1; Q=C'*Q1*C; R=1;
>> [P, L, G]=care(A, B, Q, R)
```

运行结果为：

```
P=
    1.4142    1.0000
    1.0000    1.4142
L=
   -0.7071+0.7071i
   -0.7071-0.7071i
G=
    1.0000    1.4142
```

即 Riccati 代数方程的解为

$$P = \begin{bmatrix} 1.4142 & 1 \\ 1 & 1.4142 \end{bmatrix}$$

系统的闭环特征值 $\lambda_{1,2}=-0.707\pm0.707j$，因此最优闭环系统渐近稳定。

反馈增益矩阵为 $G=\begin{bmatrix} 1 & 1.4142 \end{bmatrix}$，基于 G 构成的最优控制律为

$$u^*(t) = -Gx(t) = -x_1(t) - 1.4142x_2(t)$$

闭环方程为

$$\dot{x}(t) = \begin{bmatrix} 0 & 1 \\ -1 & -1.4142 \end{bmatrix} x(t)$$

2）函数 dare()

功能：求解离散时间代数 Riccati 方程。

格式：

[P，L，G]＝dare(A，B，Q)　　　　　　求解式（4.64）所示离散时间代数 Riccati 方程，得到惟一稳定解 P

[P，L，G]＝dare(A，B，Q，R，S，E)　求解更一般意义的代数 Riccati 方程

说明：① 返回值包括代数 Riccati 方程的解 P、增益矩阵 G＝$(B^TPB+R)^{-1}B^TPA$ 以及由闭环特征值 L 组成的向量，且 L＝eig(A－BG，E)。

② Q 阵的用法与连续时间代数 Riccati 方程的求解函数 care()类似，这里不再赘述。

4.7.3　最优观测器问题及求解

1. 最优观测器问题

实际控制系统不可避免地包含了过程噪声和量测噪声，为了能够实现最优控制，必须采用滤波技术，抑制或滤掉噪声对系统的干扰及影响，对系统的状态及输出作出比较精确的估计。常用的滤波器就是 Kalman 滤波器。本节主要介绍 MATLAB 提供的线性定常连续系统的 Kalman 滤波方法，得到的结果也适用于线性定常离散系统。

设包含噪声的随机线性定常连续系统的状态方程和观测方程分别为

$$\dot{x}(t) = Ax(t) + Bu(t) + Gw(t) \tag{4.67}$$

$$y(t) = Cx(t) + Du(t) + Hw(t) + v(t) \tag{4.68}$$

式中，$x(t)$ 为 n 维状态向量，$u(t)$ 为 p 维输入向量，且不受约束，$y(t)$ 为 q 维观测向量；A 为 $n×n$ 维系统矩阵，B 为 $n×p$ 维输入矩阵，C 为 $q×n$ 维输出矩阵，D 为 $q×p$ 维前馈矩阵，G 为 $n×p$ 维矩阵，H 为 $q×p$ 维矩阵；$w(t)$ 为随机过程噪声干扰，它是零均值的 p 维白噪声过程；$v(t)$ 为随机测量噪声，它是零均值的 q 维白噪声过程；$w(t)$ 与 $v(t)$ 为互不相关的平稳过程，且满足

$$\left.\begin{array}{l} E[w(t)] = E[v(t)] = 0 \\ E[w(t)w^T(t)] = Q \\ E[v(t)v^T(t)] = R \\ E[w(t)v^T(t)] = N \end{array}\right\} \tag{4.69}$$

式中，Q、R 分别为噪声 $w(t)$ 和 $v(t)$ 的噪声方差；N 为 $w(t)$ 和 $v(t)$ 的噪声协方差。

由式（4.67）可见，不考虑噪声对系统的影响时，式（4.67）所示系统与式（3.4）所示的线性定常连续系统的模型形式相同。

令 $\hat{x}(t)$ 为状态向量的估计值，$\tilde{x}(t)$ 为状态向量的估计误差值，若式（4.67）所示系统的 $\{A, C\}$ 完全可观，则可应用 Kalman 滤波求取状态向量的线性最小方差估计值 $\hat{x}(t)$。即，对于线性定常连续时间系统，使稳态误差协方差

$$P = \lim_{t \to \infty} E[\tilde{x}^T(t)\tilde{x}(t)] = \lim_{t \to \infty} E[(x(t) - \hat{x}(t))^T(x(t) - \hat{x}(t))] \tag{4.70}$$

取极小值。

线性定常连续时间系统的 Kalman 滤波公式为：

（1）滤波方程：

$$\dot{\hat{x}}(t) = A\hat{x}(t) + Bu(t) + L[y(t) - \hat{y}(t)]$$

$$= A\hat{x}(t) + Bu(t) + L[y(t) - C\hat{x}(t) - Du(t)] \tag{4.71}$$

(2) 增益方程：

$$L = PC^{T}R^{-1} \tag{4.72}$$

(3) Riccati 方程：

$$AP + PA^{T} - (PC^{T} + GN)R^{-1}(CP + N^{T}G^{T}) + GQG^{T} = 0 \tag{4.73}$$

2. 函数 Kalman()

使用 MATLAB 控制系统工具箱中的函数 Kalman() 求解 Kalman 滤波方程。

功能：设计连续/离散时间 Kalman 估计器。

格式：

$[\text{kest, L, P}] = \text{kalman}(\text{sys, Q, R, N})$ 由状态空间模型 sys 及噪声协方差数据 Q、R 和 N，求解 Kalman 滤波方程

$[\text{kest, L, P, M, Z}] = \text{kalman}(\text{sys, Q, R, N})$

由离散状态空间模型 sys 及噪声协方差数据 Q、R 和 N，求解 Kalman 滤波方程

说明：① 对于式(4.67)所示的线性定常系统，满足式(4.68)和式(4.69)条件时，Kalman 滤波方程为其最优解。

② 返回值 kest 的输入变量和输出变量(或其相应的离散时间形式)分别为

$$\begin{bmatrix} u \\ y_v \end{bmatrix} \quad 和 \quad \begin{bmatrix} \hat{y} \\ \hat{x} \end{bmatrix}$$

③ 最优解为由下述方程构成的 Kalman 滤波器：

$$\left. \begin{aligned} \dot{\hat{x}}(t) &= A\hat{x} + Bu + L(y_v - C\hat{x} - Du) \\ \begin{bmatrix} \hat{y} \\ \hat{x} \end{bmatrix} &= \begin{bmatrix} C \\ I \end{bmatrix}\hat{x} + \begin{bmatrix} D \\ 0 \end{bmatrix}u \end{aligned} \right\} \tag{4.74}$$

其中，滤波器增益 L 由求解前述的代数 Riccati 方程得到。该估计器利用已知的输入 u 和量测 y_v 得到输出和状态的估计 $\hat{y}$ 和 $\hat{x}$。注意 $\hat{y}$ 估计了真实对象 y，并且 $y = Cx + Du + Hw$。

④ Kalman 估计值的结构如图 4.47 所示。

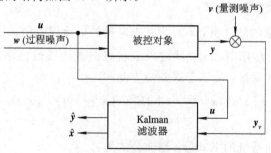

图 4.47　Kalman 滤波器

⑤ 当 $N=0$ 时可以将最后的输入变量省略。

⑥ 若 sys 是连续时间系统模型，则用函数 kalman() 会得到连续时间估计器，返回值还包括 Kalman 增益 L，稳态误差协方差矩阵 P（即（式 4.73）所示 Riccati 方程的解）。

⑦ 若 sys 是离散时间系统模型，则用函数 kalman() 同样会得到离散时间估计器，返回值除 Kalman 增益矩阵 L 外，还包括增益更新矩阵 M 以及稳态误差协方差。

【例 4.49】 已知线性定常系统的状态空间模型为

$$\dot{\boldsymbol{x}}(t) = \begin{bmatrix} -1 & 0 & 1 \\ 1 & 0 & 0 \\ -4 & 9 & -2 \end{bmatrix} \boldsymbol{x}(t) + \begin{bmatrix} 6 \\ 1 \\ 1 \end{bmatrix} \boldsymbol{u}(t) + \begin{bmatrix} 1 \\ 0 \\ 0 \end{bmatrix} \boldsymbol{w}(t)$$

$$\boldsymbol{y}(t) = \begin{bmatrix} 0 & 0 & 1 \end{bmatrix} \boldsymbol{x}(t) + \boldsymbol{v}(t)$$

且 $w(t) = 10^{-3}$，$v(t) = 0.1$。设计系统的 Kalman 滤波器。

【解】 在 MATLAB 命令窗口中输入：

```
>> A=[-1, 0, 1; 1, 0, 0; -4, 9, -2]; B=[6; 1; 1];
>> C=[0, 0, 1]; D=0;
>> Q=0.001; R=0.1;
>> sys=ss(A, B, C, D);
>> [kest, L, P]=kalman(sys, Q, R)
```

运行后得到的 Kalman 估计器状态空间模型的 a，b，c 和 d 阵及 Kalman 增益 L 和稳态误差协方差矩阵 P 分别为

a＝

	x1_e	x2_e	x3_e
x1_e	−1	0	−0.06407
x2_e	1	0	−1.157
x3_e	−4	9	−4.039

b＝

	y1
x1_e	1.064
x2_e	1.157
x3_e	2.039

c＝

	x1_e	x2_e	x3_e
y1_e	0	0	1
x1_e	1	0	0
x2_e	0	1	0
x3_e	0	0	0

d＝

	y1
y1_e	0
x1_e	0
x2_e	0
x3_e	0

Input groups:

  Name Channels

  Measurement 1

Output groups:

  Name Channels

 OutputEstimate 1

 StateEstimate 2，3，4

Continuous-time model.

L=

  1.0641

  1.1566

  2.0393

P=

  0.0678 0.0664 0.1064

  0.0664 0.0695 0.1157

  0.1064 0.1157 0.2039

4.7.4 LQR/LQG 设计

线性二次型最优控制系统设计是基于状态空间法设计一个优化的控制器，其系统模型为用状态空间表达式描述的线性系统，其目标函数是对象状态和控制输入的二次型函数。二次型问题就是在线性系统约束条件下选择控制输入，使二次型函数目标达到最小。

线性二次型最优控制包括两个方面的问题：线性二次型调节器问题(LQR)和线性二次型高斯最优控制(LQG)问题。

MATLAB 提供的用于求解连续和离散时间控制系统 LQR/LQG 问题的函数如表 4.6所示。

表 4.6　LQR/LQG 设计函数列表

函数名称	功　能　描　述
lqr/dlqr	连续/离散时间系统线性二次型状态反馈调节器(LQR)设计
lqr2	连续时间系统线性二次型状态反馈调节器(LQR)设计
lqry	具有输出加权的连续时间系统线性二次型状态反馈调节器(LQR)设计
lqrd	连续对象的离散二次型(LQ)状态调节器设计
lqgreg	给定 LQ 反馈增益及 Kalman 估计器，形成 LQG 调节器
kalman	求解连续系统的连续 Kalman 估计器
kalmd	求解连续对象的离散 Kalman 估计器

1. LQR 设计

LQR 问题的设计函数包括连续时间系统 LQR 和离散时间系统 LQR。涉及到的函数包括 lqr()、lqr2()、lqry()、lqrd()和 dlqr()等。下面分别讨论它们的使用方法。

1) 函数 lqr()

功能：设计连续时间系统的线性二次型状态反馈调节器。

格式：

    [K, S, e]=lqr(sys, Q, R)   计算最优增益矩阵 K

    [K, S, e]=lqr(sys, Q, R, N)

    [K, S, e]=lqr(A, B, Q, R, N)

说明：① 连续时间系统中，返回值 S 为下述 Riccati 方程的解：

$$A^{\mathrm{T}}S + SA - (SB + N)R^{-1}(B^{\mathrm{T}}S + N^{\mathrm{T}}) + Q = 0$$

K 为求得的最优反馈控制增益矩阵，且由函数 lqr() 根据下述公式计算得到：$K = R^{-1}(B^{\mathrm{T}}S + N^{\mathrm{T}})$；$e$ 为闭环特征值向量，满足 $e = \mathrm{eig}(A - BK)$；N 的缺省值取 0，这是最常见的情形。

    ② 上述问题有解需满足以下条件：(A, B) 稳定；$R > 0$ 且 $Q - NR^{-1}N^{\mathrm{T}} \geqslant 0$；$(Q - NR^{-1}N^{\mathrm{T}}, A - BR^{-1}N^{\mathrm{T}})$ 在虚轴上不存在不可观测的模态。否则二次型最优控制无解，运行结果会显示警告信息。

【例 4.50】 应用函数 lqr() 重做例 4.47。已知连续时间系统的状态方程为

$$\dot{\boldsymbol{x}}(t) = \begin{bmatrix} 0 & 0 \\ 1 & 0 \end{bmatrix} \boldsymbol{x}(t) + \begin{bmatrix} 1 \\ 0 \end{bmatrix} u(t)$$

性能指标为

$$J = \int_0^{+\infty} \left[x_2^2(t) + \frac{1}{4} u^2(t) \right] \mathrm{d}t$$

求解最优控制 $u^*(t)$。

【解】 例 4.47 已经求得 Q、R 的值，并且已经判定该系统既可控又可观测，存在最优控制，且最优闭环系统稳定。

在 MATLAB 命令窗口中输入：

    >> A=[0, 0; 1, 0]; B=[1; 0];

    >> Q=[0, 0; 0, 2]; R=1/2;

    >> [K, S, e]=lqr(A, B, Q, R)   %忽略 N 时，N=0

运行结果为：

    K=

        2.0000   2.0000

    S=

        1.0000   1.0000

        1.0000   2.0000

    e=

        −1.0000+1.0000i

        −1.0000−1.0000i

这里的 K、S 和 e 分别相当于例 4.47 中的 G、P 和 L。显见，应用函数 lqr() 所得到的运算结果与例 4.47 完全相同。

2) 函数 lqr2()

功能：设计连续时间系统线性二次型状态反馈调节器，但输出参量中不包含由闭环特征值组成的向量 e。

格式：

    [K, S]=lqr2(sys, Q, R)

$$[K, S] = lqr2(sys, Q, R, N)$$

$$[K, S] = lqr2(A, B, Q, R, N)$$

函数 lqr2() 的使用方法与 lqr() 相同，这里不再赘述。

3) 函数 lqry()

功能：设计具有输出加权的连续时间系统的线性二次型状态反馈调节器。

格式：

$$[K, S, e] = lqry(sys, Q, R)$$

$$[K, S, e] = lqry(sys, Q, R, N)$$

说明：① 连续系统及线性二次型性能指标分别如下：

$$\dot{\boldsymbol{x}}(t) = \boldsymbol{Ax}(t) + \boldsymbol{Bu}(t)$$

$$\boldsymbol{y}(t) = \boldsymbol{Cx}(t) + \boldsymbol{Du}(t)$$

$$J[\boldsymbol{u}(t)] = \int_0^{+\infty} [\boldsymbol{y}^{\mathrm{T}}(t)\boldsymbol{Qy}(t) + \boldsymbol{u}^{\mathrm{T}}(t)\boldsymbol{Ru}(t) + 2\boldsymbol{y}^{\mathrm{T}}(t)\boldsymbol{Nu}(t)] \, \mathrm{d}t$$

② 返回值中 K、S 和 e 的意义与 lqr() 相同。同样，N 的缺省值为 0。

【例 4.50】 应用函数 lqry() 重做例 4.48。已知连续时间系统的状态空间模型为

$$\dot{\boldsymbol{x}}(t) = \begin{bmatrix} 0 & 1 \\ 0 & 0 \end{bmatrix} \boldsymbol{x}(t) + \begin{bmatrix} 0 \\ 1 \end{bmatrix} u(t)$$

$$\boldsymbol{y}(t) = [1 \quad 0] \boldsymbol{x}(t)$$

性能指标为

$$J = \frac{1}{2} \int_0^{+\infty} [y^2(t) + u^2(t)] \, \mathrm{d}t$$

构造输出调节器，使性能指标最小。

【解】 例 4.48 已经求得 Q，R 的值，并且已经判定该系统既可控又可观测，存在最优控制，且最优闭环系统稳定。

在 MATLAB 命令窗口中输入：

```
>> A=[0, 1; 0, 0]; B=[0; 1];
>> C=[1 0]; D=[0];
>> R=1; Q=1;
>> sys=ss(A, B, C, D);
>> [K, S, e]=lqry(sys, Q, R)
```

运行结果为：

```
K=
    1.0000    1.4142
S=
    1.4142    1.0000
    1.0000    1.4142
e=
    -0.7071+0.7071i
    -0.7071-0.7071i
```

这里的 K、S 和 e 分别相当于例 4.48 中的 G、P 和 L。

可见，最后得到的 Riccati 方程的解为

$$S = \begin{bmatrix} 1.414 & 1 \\ 1 & 1.414 \end{bmatrix}$$

最优控制序列为

$$u^*(t) = Kx(t) = \begin{bmatrix} 1 & 1.414 \end{bmatrix} \begin{bmatrix} x_1(t) \\ x_2(t) \end{bmatrix} = x_1(t) + 1.414x_2(t)$$

闭环系统的特征值为

$$\lambda_{1,2} = -0.707 \pm i0.707$$

所以闭环系统是渐近稳定的。

4）函数 dlqr()

功能：设计离散时间对象的线性二次型状态反馈调节器。

格式：

$[K, S, e] = dlqr(A, B, Q, R)$

$[K, S, e] = dlqry(A, B, Q, R, N)$

说明：① 返回值中，S 为下述 Riccati 方程的解：

$$A^{\mathrm{T}}SA - S - (A^{\mathrm{T}}SB + N)(B^{\mathrm{T}}SB + R)^{-1}(B^{\mathrm{T}}SA + N^{\mathrm{T}}) + Q = 0$$

K 为最优控制增益，且 $K = (B^{\mathrm{T}}SB + R)^{-1}(B^{\mathrm{T}}SA + N^{\mathrm{T}})$；e 为闭环特征值向量，且满足 e＝eig(a－bK)；N 的缺省值为 0。

② 上述问题有解需满足与函数 lqr() 相同的条件，否则二次型最优控制也无解，运行结果会显示警告信息。

5）函数 lqrd()

功能：设计连续对象的离散线性二次型调节器。

格式：

$[Kd, S, e] = lqrd(A, B, Q, R, Ts)$

$[Kd, S, e] = lqrd(A, B, Q, R, N, Ts)$

说明：此函数用来设计一离散时间状态反馈调节器，其相应特性类似于应用函数 lqr() 设计的连续状态反馈调节器。在一个满意的连续状态反馈增益设计完成后，使用此函数求解数字式反馈增益矩阵 Kd。此函数中，连续时间对象的动态方程为 $\dot{x} = Ax + Bu$，Ts 为离散调节器的采样周期，Q、R、N、S 和 e 的定义与前述相同，Kd 的定义与 K 相同。

2. LQG 设计

系统的数学模型为线性的(Linear)，性能指标是二次型的(Quadratic)，状态向量的分布是高斯的(Gaussian)，这样的控制问题称为线性二次型高斯控制问题，简称 LQG 问题。

LQG 问题中，包含噪声的随机线性定常连续系统的状态方程、量测方程以及过程噪声和量测噪声的设定与 4.7.2 节相同，不同的是，此时的设计目的应使目标函数

$$J = \frac{1}{2}E\left\{\int_0^\infty x^{\mathrm{T}}(t)Qx(t) + u^{\mathrm{T}}(t)Ru(t) + 2x^{\mathrm{T}}(t)Su(t)\right\} \mathrm{d}t \tag{4.75}$$

为极小。

根据 LQG 问题的分离定理，得到的 LQG 最优控制 $\hat{u}(t)$ 是最优滤波 $\hat{x}(t)$ 的线性函数，即 $\hat{u}(t) = -K(t)\hat{x}(t)$，该运算分为两个部分：一是计算 $\hat{x}(t)$；二是计算增益矩阵 $K(t)$。前

者利用 Kalman 滤波理论，从状态向量 $\boldsymbol{x}(t)$ 中得到其最优估计 $\hat{x}(t)$，并使稳态误差协方差达到极小；后者将状态变量的估计值 $\hat{x}(t)$ 作为状态，求出最优状态反馈增益矩阵 $\boldsymbol{K}(t)$，从而构成包含 Kalman 滤波器的最优状态反馈控制系统。MATLAB 提供了用于 LQG 设计的函数 lqgreg()。

功能：给定状态反馈增益及 Kalman 估计器，设计 LQG 调节器。

格式：

     rlqg＝lqgreg(kest，K)

     rlqg＝lqgreg(kest，K，′current′)   （仅适用离散时间系统）

说明：① 此函数通过连接由函数 kalman() 设计的 Kalman 估计器和由函数 lqr()、dlqr() 或 lqry() 设计的最优状态反馈增益矩阵 K 来构成 LQG 调节器。

② 用于连续时间系统时，LQG 调节器的最优控制序列为 $u=-\boldsymbol{K}\hat{x}$，且 $\hat{x}$ 为 Kalman 状态估计值。调节器的状态空间模型为

$$\dot{\hat{x}} = [\boldsymbol{A} - \boldsymbol{LC} - (\boldsymbol{B} - \boldsymbol{LD})\boldsymbol{K}]\hat{x} + \boldsymbol{L}y_v$$

$$u = -\boldsymbol{K}\hat{x}$$

$\boldsymbol{y}_v$ 为被控对象输出测量值向量，见图 4.48。

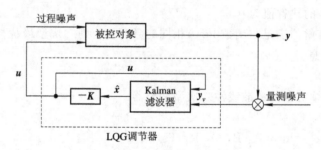

图 4.48　LQG 调节器示意图

第 5 章　基于 Simulink 的控制系统建模与仿真

Simulink 是 The MathWorks 公司为 MATLAB 设计提供的结构图编程与系统仿真的专用软件包，可以对动态系统进行建模、仿真与分析。

Simulink 提供了友好的图形用户界面，模型由模块组成的框图来表示，用户通过单击和拖动鼠标的动作就能完成系统建模，如同用笔和纸来画一样容易。Simulink 仿真环境下用户程序的外观就是控制系统的结构图，操作就是依据结构图进行系统仿真。利用 Simulink 提供的输入信号（信源模块）对结构图所描述的系统施加激励，利用 Simulink 提供的输出装置（信宿模块）获得系统的输出响应，即数据或时间响应曲线，成为图形化、模块化方式的控制系统仿真，这不能不说是控制系统计算机辅助分析与设计工具的一大突破性的进步。Simulink 支持线性和非线性系统、连续时间系统、离散时间系统及连续—离散混合系统。

本章基于 MATLAB 7.1 版本，介绍 Simulink 6.3 的控制系统建模与仿真方法。

5.1　Simulink 基本操作及模块库

5.1.1　运行 Simulink

首先必须运行 MATLAB，在此基础上运行 Simulink 的方式有两种：

(1) 在 MATLAB 命令窗口中直接输入"simulink"并回车。

(2) 用鼠标左键单击 MATLAB 桌面工具栏中的 Simulink 图标▓。

运行后会显示如图 5.1(a)所示的树形 Simulink 模块库浏览器界面，它显示了 Simulink 模块库（包括模块组）和所有已经安装了的 MATLAB 工具箱对应的模块库。图中，若用鼠标左键单击其左侧的"Simulink"项，会在其右侧显示 Simulink 模块库所有模块组的图标。同样，若用鼠标左键单击图左侧 Simulink 模块库中任一模块组的名称（如"Continuous"），就会在其右侧显示该模块组各模块的图标。

如果用鼠标右键单击树形 Simulink 模块库浏览器窗口中的"Simulink"项，再用鼠标左键单击弹出的"Open the Simulink Library"框，则会打开以图标形式显示的 Simulink 模块库窗口，见图 5.1(b)。用鼠标左键双击其中的图标，同样可以得到以图标形式显示的各个模块库。

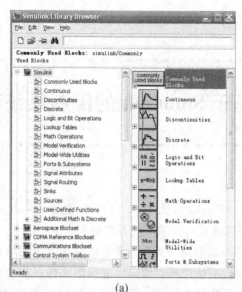

图 5.1　Simulink 模块库浏览器界面
(a) 树形；(b) 图标形

5.1.2　Simulink 模块库

由图 5.1 可以看到，Simulink 为用户提供了丰富的模块库，按照用途可将它们分成四类：

(1) 系统基本构成模块库，包括：常用模块组（Commonly Used Blocks）、连续（Continuous）模块组、非连续（Discontinuities）模块组和离散（Discrete）模块组。

(2) 连接、运算模块库，包括：逻辑和位运算（Logic and Bit Operations）模块组、查表（Lookup Tables）模块组、数学运算（Math Operations）模块组、端口与子系统（Port & Subsystems）模块组、信号属性（Signal Attributes）模块组、信号通路（Signal Routing）模块组、用户自定义函数（User-Defined Functions）模块组和附加数学与离散（Additional Math & Discrete）模块组。

(3) 专业模块库，包括：模型校核（Model Verification）模块组和模型扩充（Model-Wide Utilities）模块组。

（4）输入/输出模块库，包括：信源（Sources）模块组和信宿（Sinks）模块组。

这样，运行 Simulink 的时候，就会出现模块库浏览器、模块库、模型以及仿真结果图形输出等各自分开的窗口。这些窗口的性质相对独立，不属于 MATLAB 的图形窗口。

5.1.3　Simulink 模型窗口的组成

图 5.2 是一个仅由正弦波模块和示波器模块组成的 Simulink 模型窗口。整个模型窗口的组成自上而下是：菜单栏、工具栏、编辑框和状态栏。这里，仅简要介绍工具栏和状态栏。

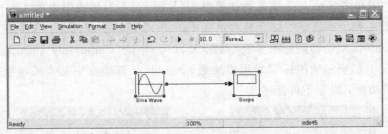

图 5.2　Simulink 模型窗口

1. 工具栏

工具栏位于 Simulink 模型窗口中菜单栏的下面，它由许多图标组成。图 5.2 工具栏中，从最左边开始的十二个图标具有标准 Windows 的相应操作功能，这里不再赘述。其余常用图标及功能见表 5.1。

表 5.1　Simulink 模型窗口常用图标及功能

图　标	功　　能
▶	仿真启动或继续
■	终止仿真
10.0	设置仿真结束时间（单位为秒），缺省值为 10
Normal ▾	设置仿真运行方式，缺省为 Normal
II	暂停仿真（仿真过程中出现）
⊞	打开模块库浏览器
▦	模型浏览器单/双窗口外形切换

说明：表 5.1 中，除最后两个图标外，其余图标所完成的功能，通过使用 Simulink 模型窗口的仿真参数配置也能实现，具体内容见 5.5.1 节。

2. 状态栏

状态栏位于 Simulink 模型窗口的最下面。图 5.2 状态栏自左至右的文字含义如下：

Ready：表示模型已准备就绪在等待仿真命令。

100%：表示编辑窗口模型的显示比例。

ode45：表示当前仿真所选择的仿真算法。

此外，仿真过程中，在状态栏的空白格中还会实时显示仿真经历的时刻。

5.2　Simulink 模块库模块功能介绍

本节将对 Simulink 6.3 模块库中部分常用的模块组模块的功能进行介绍，包括：常用模块组、连续模块组、非连续模块组、离散模块组、数学运算模块组、信源模块组以及信宿模块组等。

5.2.1　常用模块组

用鼠标左键单击 Simulink 浏览器树形界面（见图 5.1(a)）模块组中的"Commonly Used Blocks"，在其右侧的列表框中即会显示出如图 5.3(a)所示的树形常用模块组。或用鼠标左键双击 Simulink 浏览器图标形界面（见图 5.1(b)）中的"Commonly Used Blocks"模块，会得到如图 5.3(b)所示的图标形常用模块组。Simulink 模块库中其余模块组的打开方式与常用模块组类同，以下不再赘述。

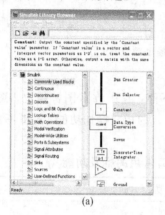
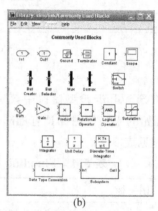

(a)　　　　　　　　　　　　　　(b)

图 5.3　常用模块组的两种显示形式
(a) 树形；(b) 图标形

常用模块组包含了 Simulink 建模与仿真所需的各类最基本模块，这些模块均来自其他模块组，主要是便于用户能够在其中获得最常用的模块。进行一般线性连续/离散时间控制系统及非线性控制系统研究时，可首选此模块组。

常用模块组主要模块的功能及说明见表 5.2。

表 5.2　常用模块组模块的功能说明

模块名称	模块形状	模块功能
常数模块 Constant	Constant	恒值输出；数值可设置
分路器模块 Demux	Demux	将一路信号分解成多路信号
增益模块 Gain	Gain	将模块的输入信号乘以设定的增益
接地模块 Ground	Ground	将未连接的输入端接地，输出为零；当系统中有模块的输入端悬空（未连接其他模块）时，可与此模块连接

模块名称	模块形状	模块功能
输入端口模块 In1	In1	标准输入端口；生成子系统或外部输入的输入端口
积分模块 Integrator	$\frac{1}{s}$ Integrator	输出输入信号的连续时间积分；可设置输入信号的初始值
混路器 Mux	Mux	将几路信号依照向量形式混合成一路信号
输出端口模块 Out1	Out1	标准输出端口；生成子系统或模型的输出端口
叉乘模块 Pruduct	× Product	输入进行乘法或除法运算
示波器模块 Scope	Scope	显示实时信号
求和模块 Sum	Sum	实现代数求和；与 Add 模块功能相同
饱和模块 Saturation	Saturation	实现饱和特性；可设置线性段宽度
子系统模块 Subsystem	In1　　Out1 Subsystem	子系统模块
单位延迟模块 Unit Delay	$\frac{1}{z}$ Unit Delay	将信号延迟一个单位时间；可设置初始条件

5.2.2　连续模块组

连续模块组的树形和图标形显示形式分别如图 5.4(a)和(b)所示。

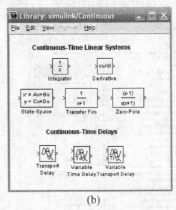

(a)　　　　　　　　　　　　(b)

图 5.4　连续模块组的两种显示形式

(a) 树形；(b) 图标形

连续模块组包含了进行线性定常连续时间系统建模与仿真所需的各类模块，其功能及说明见表 5.3。

表 5.3　连续模块组模块功能说明

模块名称	模块形状	模块功能
微分模块 Derivative	du/dt Derivative	计算微分
积分模块 Integrator	$\frac{1}{s}$ Integrator	计算积分；可设置输入信号的初始值
状态空间模块 State-Space	x' = Ax+Bu y = Cx+Du State-Space	实现状态空间模型；可设置状态向量的初始值
传递函数模块 Transfer Fcn	$\frac{1}{s+1}$ Transfer Fcn	实现传递函数模型；一般形式为 $$G(s) = \frac{b_0 s^m + b_1 s^{m-1} + \cdots + b_{m-1}s + b_m}{a_0 s^n + a_1 s^{n-1} + \cdots + a_{n-1}s + a_n}$$
时间延迟模块 Transport Delay	Transport Delay	实现延迟环节模型；输出/输入信号在给定时间的延迟
可变时间延迟模块 Variable Time Delay	Variable Time Delay	输出/输入信号的可变时间延迟；有一个数据输入，一个时间延迟输入和一个数据输出
变量延迟模块 Variable Transport Delay	Variable Transport Delay	与 Variable Time Delay 模块功能类似
零极点增益模块 Zero-Pole	$\frac{(s-1)}{s(s+1)}$ Zero-Pole	实现零极点增益模型；一般形式为 $$G(s) = K\frac{(s-z_1)(s-z_2)\cdots(s-z_m)}{(s-p_1)(s-p_2)\cdots(s-p_n)}$$

5.2.3　非连续模块组

非连续模块组的树形和图标形显示形式分别如图 5.5(a)和(b)所示。

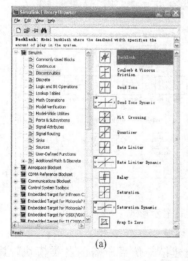

(a)

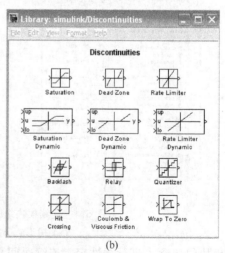

(b)

图 5.5　非连续模块组的两种显示形式

(a) 树形；(b) 图标形

非连续模块组包含了进行非线性时间系统建模与仿真所需的各类非线性环节模型，其功能及说明见表5.4。

表 5.4 非连续模块组模块功能说明

模块名称	模块形状	模块功能
磁滞回环模块 Backlash	 Backlash	实现磁滞回环
库仑与粘性摩擦模块 Coulomb & Viscous Friction	 Coulomb & Viscous Friction	实现库仑摩擦加粘性摩擦
死区模块 Dead Zone	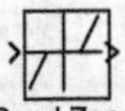 Dead Zone	实现死区非线性特性；可设置死区范围
动态死区模块 Dead Zone Dynamic	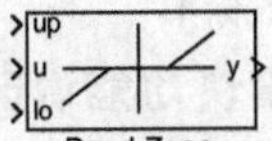 up u lo y Dead Zone Dynamic	实现动态死区；可设置死区范围及初始值
量化模块 Quantizer	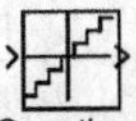 Quantizer	对输入信号进行数字化处理；可设置采样周期
滞环继电模块 Relay	 Relay	实现有滞环的继电特性；可设置切换点及对应的输出值
饱和模块 Saturation	 Saturation	实现饱和特性；可设置线性段宽度

5.2.4 离散模块组

离散模块组的树形和图标形显示形式分别如图5.6(a)和(b)所示。

离散模块组包含了进行线性定常离散时间系统建模与仿真所需的各类模块，其功能及说明见表5.5。

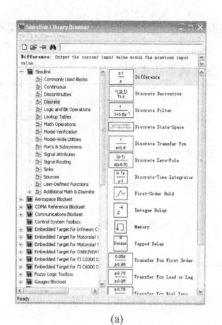

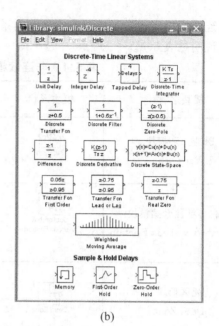

(a) (b)

图 5.6 离散模块组的两种显示形式

（a）树形；（b）图标形

表 5.5 离散模块组模块功能说明

模块名称	模块形状	模块功能
离散滤波器模块 Discrete Filter	$\frac{1}{1+0.5z^{-1}}$ Discrete Filter	实现数字滤波器的数学模型；一般形式为 $$G(z) = \frac{b_0 + b_1 z^{-1} + \cdots + b_{m-1} z^{-(m-1)} + b_m z^{-m}}{a_0 + a_1 z^{-1} + \cdots + a_{n-1} z^{-(n-1)} + a_n z^{-n}}$$
离散状态空间模块 Discrete State-Space	$\begin{array}{l} y(n)=Cx(n)+Du(n) \\ x(n+1)=Ax(n)+Bu(n) \end{array}$ Discrete State-Space	实现离散状态空间模型；可设置状态变量的初始值
离散传递函数模块 Discrete Transfer Fcn	$\frac{1}{z+0.5}$ Discrete Transfer Fcn	实现脉冲传递函数模型；一般形式为 $$G(z) = \frac{b_0 z^m + b_1 z^{m-1} + \cdots + b_{m-1} z + b_m}{a_0 z^n + a_1 z^{n-1} + \cdots + a_{n-1} z + a_n}$$
离散零极点增益模块 Discrete Zero-Pole	$\frac{(z-1)}{z(z-0.5)}$ Discrete Zero-Pole	实现零极点增益形式脉冲传递函数模型；一般形式为 $$G(z) = K \frac{(z-z_1)(z-z_2)\cdots(z-z_m)}{(z-p_1)(z-p_2)\cdots(z-p_n)}$$
离散时间积分模块 Discrete-Time Integrator	$\frac{K Ts}{z-1}$ Discrete-Time Integrator	实现离散时间变量积分；可设置增益、初始值等
单位延迟模块 Unit Delay	$\frac{1}{z}$ Unit Delay	实现 z 域单位延迟；可设置初始条件

模块名称	模块形状	模块功能
一阶保持器模块 First-Order Hold	First-Order Hold	实现一阶保持器(FOH)；可设置采样周期
零阶保持器模块 Zero-Order Hold	Zero-Order Hold	实现零阶保持器(ZOH)；可设置采样周期

5.2.5 数学运算模块组

数学运算模块组的树形和图标形显示形式分别如图 5.7(a)和(b)所示。

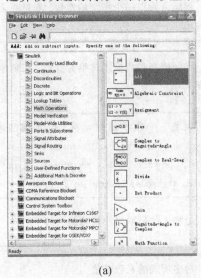
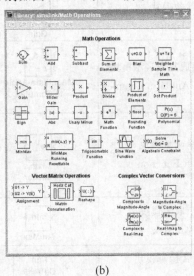

(a)   (b)

图 5.7 数学运算模块组的两种显示形式

(a) 树形；(b) 图标形

数学模块组包含了进行控制系统建模与仿真所需的各类数学运算模块，其功能及说明见表 5.6。

表 5.6 数学运算模块组模块功能说明

模块名称	模块形状	模块功能
绝对值运算模块 Abs	Abs	绝对值运算；输出/输入信号的绝对值或模
代数运算模块 Add	Add	代数运算；将输入量相加或相减
复数转换成幅相表示模块 Complex to Magnitude-Angle	Complex to Magnitude-Angle	输出复数的幅值和相角

模 块 名 称	模块形状	模 块 功 能
输出复数的实部和虚部模块 Complex to Real-Imag	Re(u) Im(u) Complex to Real-Imag	输出复数的实部和虚部
叉除模块 Divide	× ÷ Divide	乘法与除法
点乘模块 Dot Product	· Dot Product	对两个输入矢量进行点积运算
增益模块 Gain	1 Gain	将输入乘以一个指定的常数、变量或表达式后输出
幅相转换成复数表示模块 Magnitude-Angle to Complex	|u| ∠ Magnitude-Angle to Complex	将幅值和相角输入转换为复数；相角单位为弧度
数学函数模块 Math Function	e^u Math Function	实现一个数学函数运算；可实现的函数有：exp, log, 10^u, log10, magnitude^2, square, sqrt, power, cong, reciprocal, hypot, rem, mod, transpose, hermitian
取小取大模块 MinMax	min MinMax	对输入信号取最小值或最大值
多项式运算模块 Polynomial	P(u) O(P) = 5 Polynomial	对多项式的系数赋值
叉乘模块 Product	× Product	实现乘法运算；将输入进行乘法或除法运算
实部和虚部转换成复数模块 Real-Imag to Complex	Re Im Real-Imag to Complex	将实部和虚部输入转换为复数
舍入取整模块 Rounding Function	floor Rounding Function	实现常用的数学取整函数；对输入数据进行舍入操作
符号函数模块 Sign	Sign	实现符号函数运算；显示输入信号的符号
相减模块 Subtract	+ − Subtract	对输入信号进行减运算

模块名称	模块形状	模块功能
求和模块 Sum	Sum	实现代数求和；与 Add 模块功能相同
滑键增益模块 Slider Gain	1 Slider Gain	将模块的输入信号乘以一个数值可调的增益
正弦波模块 Sine Wave Function	Sine Wave Function	正弦波输出；可设置幅值、相角及频率
三角函数模块 Trigonometric Function	sin Trigonometric Function	实现三角函数运算；可供选择的三角函数有：sin、cos、tan、asin、acos、atan、atan2、sinh、cosh、tanh、asinh、acosh、atanh

5.2.6　信源模块组

在任何一个 Simulink 模型中，信源模块和信宿模块是必不可少的，信源模块为系统提供输入信号，而信宿模块则为系统提供输出(显示)装置。因此，信源模块和信宿模块是 Simulink 模型的基本组成部分，没有它们的 Simulink 模型就不是一个完整的 Simulink 模型。

信源模块组的树形和图标形显示分别如图 5.8(a)和(b)所示。

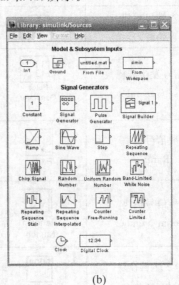

(a)　　　　　　　　　　　(b)

图 5.8　信源模块组的两种显示形式

(a)树形；(b)图标形

信源模块组包含多种常用的信号和数据发生器，其主要模块的功能及说明见表 5.7。

表 5.7　信源模块组模块功能说明

模块名称	模块形状	模块功能
带宽限制白噪声模块 Band-Limited White Noise	Band-Limited White Noise	白噪声输出；产生正态分布的随机数
变频信号模块 Chirp Signal	Chirp Signal	产生频率随时间线性增加的正弦信号（调频信号）
时钟模块 Clock	Clock	连续仿真时钟；在每一仿真步输出当前仿真时间
常数模块 Constant	Constant	恒值输出；数值可设置
数字时钟模块 Digital Clock	Digital Clock	离散仿真时钟；在指定的采样间隔内输出仿真时间
从文件中输入数据模块 From File	From File	从 MAT 文件获取数据
从工作空间输入数据模块 From Workspace	From Workspace	从 MATLAB 工作空间获取数据
接地模块 Ground	Ground	将未连接的输入端接地，输出为零；当系统中有模块的输入端悬空（未连接其他模块）时，可与此模块连接
输入端口模块 In1	In1	标准输入端口；生成子系统或外部输入的输入端口
脉冲信号发生器模块 Pulse Generator	Pulse Generator	脉冲信号输出；产生固定频率脉冲序列，用于连续系统
斜坡信号模块 Ramp	Ramp	斜坡信号输出；产生指定初始时间、初始幅度和变化率的斜坡信号
随机信号模块 Random Number	Random Number	随机数输出；产生正态分布的随机数
信号发生器模块 Signal Generator	Signal Generator	周期信号输出；可产生正弦波、方波和锯齿波；可设置幅值和频率（单位是 Hz 或 rad/s）
正弦波信号模块 Sine Wave	Sine Wave	正弦波输出；可设置幅值、相位、频率

模块名称	模块形状	模块功能
阶跃信号模块 Step	Step	阶跃信号输出；可设置阶跃信号发生时刻和阶跃发生前后的幅值
均匀分布随机信号模块 Uniform Random Number	Uniform Random Number	产生在整个指定时间周期内均匀分布的随机信号；信号的种子数可由用户指定

5.2.7 信宿模块组

信宿模块组的树形和图标形显示形式分别如图 5.9(a)和(b)所示。

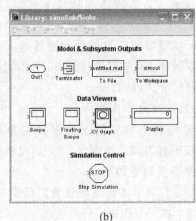

(a)   (b)

图 5.9 信宿模块组的两种显示形式

（a）树形；（b）图标形

1. 信宿模块组一览表

信宿模块组包含多种输出观测和显示装置，其主要模块功能及说明见表 5.8。

表 5.8 信宿模块组模块功能说明

模块名称	模块形状	模块功能
显示数据模块 Display	Display	数值显示
输出端口模块 Out1	Out1	标准输出端口；生成子系统或模型的输出端口
示波器模块 Scope	Scope	示波器；显示实时信号
终止仿真模块 Stop Simulation	STOP Stop Simulation	终止仿真
输出数据到文件模块 To File	untitled.mat To File	将数据保存为 MAT 文件

模块名称	模块形状	模 块 功 能
输出数据到工作空间模块 To Workspace	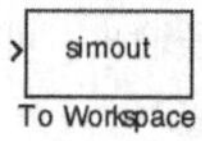 simout To Workspace	将数据保存到 MATLAB 工作空间
X-Y 示波器模块 XY Graph	 XY Graph	显示 x-y 图形；横、纵坐标范围都可设置

2. 示波器模块

示波器是信宿模块组中最重要的模块。示波器模块窗口如图 5.10 所示。

1) 示波器的用途

在仿真过程中，示波器实时显示（标量或向量）信号波形。无论示波器窗口是否打开，只要仿真一启动，示波器缓冲区就接受示波器输入端传送的信号。该缓冲区可以接受多达 30 个不同的信号，它们以列的方式排列。

2) 示波器窗口的工具栏

示波器窗口的工具栏位于该窗口菜单栏下面，它由许多图标组成，见图 5.10。示波器窗口工具栏常用图标及功能如下：

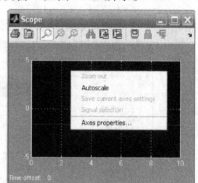

图 5.10 示波器窗口

- 图标：打开示波器参数设置对话窗口；

- $\varnothing$，$\varnothing$，$\varnothing$ 三个图标：分别管理 x-y 双向变焦（Zoom）、x 轴向变焦（Zoom X-axis）和 y 轴向变焦（Zoom Y-axis）；

- 图标：管理纵坐标的自动刻度（Autoscale），自动选取当前示波器窗口中信号的最小值和最大值为纵坐标的下限和上限；

- 图标：保存当前轴的设置；

- 图标：恢复已保存轴的设置。

3) 示波器纵坐标范围的手工设置

用鼠标右键单击示波器"坐标框"内任一处，弹出一个现场菜单，见图 5.10。选择菜单"Axes properties..."，得到如图 5.11 所示的示波器纵坐标范围手工设置对话框。分别在 Y-min 栏和 Y-max 栏中填写所希望的纵坐标下限值和上限值（缺省值为 -5 和 5），即完成了示波器纵坐标范围的手工设置。

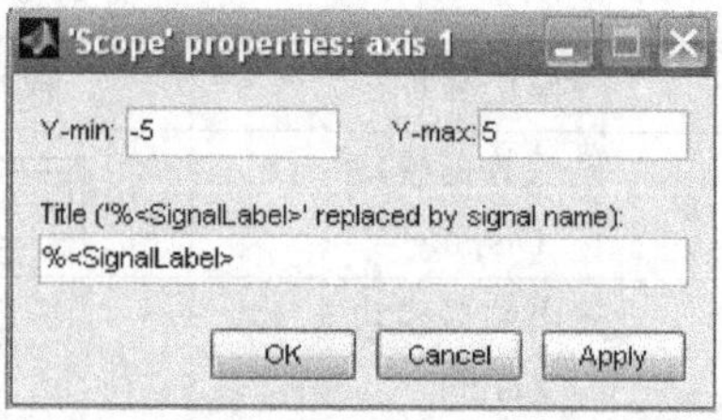

图 5.11 示波器纵坐标范围手工设置对话框

4) 示波器横坐标的设置

用鼠标左键单击示波器工具栏图标，便打开如图 5.12 所示的示波器参数设置对话窗口。图 5.12(a) 为 General（一般）选项，可进行横坐标显示参数的设置。图 5.12(b) 为 Data history（数据历史）选项，可进行示波器数据处理的设置。

(a)   (b)

图 5.12 　示波器参数设置对话窗口
(a) 一般选项；(b) 数据历史选项

影响横坐标显示的参数设置(见图 5.12 (a))如下：

Time range：在此栏填写所希望的横坐标上限值，即可改变示波器的横坐标。此栏若为 auto，则示波器横坐标上限值即为所设仿真时间(见 5.5.1 节)；缺省值为 10，则意味着显示在[0，10]区间的信号；如果信号实际持续时间超过设定时间，则不显示区间外的内容。

Sampling：包含两个下拉菜单项，即抽选(Decimation)和采样周期(Sample time)。

Decimation 设置显示频度，若取 n，则每隔 $n-1$ 个数据点给予显示，缺省值为 1。

Sample time 设置显示点的(采样)时间步长，缺省值为 0，表示显示连续信号；倘若取 -1，则表示显示方式取决于输入信号；若取任何大于 0 的数，则表示显示离散信号的时间间隔。

5) 示波器数据存储

图 5.12(b)中两个复选框的含义如下：

Limit data points to last：设定缓冲区接收数据的长度。缺省为选中状态，其值为 5000。如果输入数据长度超过设定值，则最早的"历史"数据被清除。

Save data to workspace：若选中该栏，可以把示波器缓冲区中保存的数据以矩阵或结构体形式送入 MATLAB 工作空间。缺省时不被选中。变量名可以设定，缺省名是 Scope-Data。

6) 多信号显示区设置

在图 5.12(a)的 Number of axes 栏进行多信号显示区设置。该栏的缺省值为 1，表示 Scope 模块只有一个输入端，示波器窗只有一个信号显示区。如果此栏设置为 2，则 Scope 模块将有两个输入端，示波器窗口也相应地有两个信号显示区。该栏的其他设置值可依此类推。

7) 设置为游离示波器

选中图 5.12(a)的 floating scope 栏，示波器将以游离状态出现。即，示波器没有输入端，导致它与其他模块分离。

5.3　Simulink 基本建模方法

5.3.1　Simulink 模型概念

Simulink 模型有几层含义：视觉上，表现为直观的方框图；文件上，则是扩展名为 .mdl 的 ASCII 代码；数学上，体现了一组微分方程或差分方程；行为上，则模拟了由物理器件构成的实际系统的动态特性。

从宏观角度看，Simulink 模型通常包含三类组件：信源、系统及信宿。图 5.13 显示了 Simulink 模型的一般结构。图中，系统是指被研究系统的 Simulink 方框图；信源可以是常数、正弦波、阶跃信号、斜坡信号等；信宿可以是示波器、图形记录仪等。系统、信源及信宿，或从 Simulink 模块库中直接获得，或根据用户意愿应用 Simulink 模块库中的模块搭建而成。

图 5.13　Simulink 模型的一般性结构

5.3.2　Simulink 模型窗口的操作

1. 新建 Simulink 模型窗口

打开一个缺省名为 untitled 的空白窗口，即新建立了一个 Simulink 模型窗口。打开"untitled"模型窗口通常可采用以下几种方法：

(1) 用鼠标左键单击 Simulink 模块库浏览器或某个 Simulink 模型窗口的图标 □ 。

(2) 选择 MATLAB 桌面菜单"File | New | Model"。

(3) 选择 Simulink 模块库浏览器窗口或某个 Simulink 模型窗口中的菜单"File | New | Model"。

2. 打开已有 Simulink 模型

要打开已有 Simulink 模型有以下几种方法：

(1) 用鼠标左键单击 Simulink 模块库浏览器或某个 Simulink 模型窗口图标 🖼 ，弹出一个打开 Simulink 文件对话框。该对话框与一般 Windows 应用软件的打开文件对话框类似。在该对话框中，用鼠标左键单击欲打开的文件，再单击"打开"键（或用鼠标左键双击欲打开的文件），即可打开所选择的 Simulink 模型。

(2) 选择 Simulink 模块库浏览器窗口中某个 Simulink 模型窗口菜单"File | Open"。其余的与方法(1)类似。

(3) 在 MATLAB 命令窗口下直接输入 Simulink 模型文件名字（不带扩展名 .mdl）。如果文件不在当前目录或 MATLAB 搜索路径上，则还需要注明文件路径。

3. Simulink 模型的保存

由于 Simulink 是以 ASCII 码形式存储的 .mdl 文件（称为 MDL 模型文件），因此这种文件的保存是标准的 Windows 操作。即，利用图标 🖫 、菜单"File | Save"或"File | As Save..."等，都可以实现 Simulink 模型的保存。

4. Simulink 模型的打印

打印 Simulink 模型最快捷的方法是将模型直接输出到打印机上，通常采用菜单打印方法具体如下：

用鼠标左键单击 Simulink 模型窗口图标🖨，或选择该窗口菜单"File|Print"，则弹出一个打印对话框。该对话框与 Windows 标准文档打印对话框的区别在于：多了一个如图 5.14 所示的选项框。该选项框中各选项的功用和配合见表 5.9。

说明：当模型被直接输出到打印机时，Simulink 将根据用户所选纸张的大小，自动调整模型的大小。

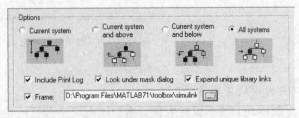

图 5.14　打印对话框中的选项框

表 5.9　图 5.14 选项框中各选项的功用及配合

	切　换　选　择	与之相配合的检录选择		检　录　选　择
1	当前系统 Current system	A，D	A	打印系统、模块一览表 Include Print Log
2	当前系统及其上层 Current system and above	A，D	B	打印封装模块具体内容 Look under mask dialog
3	当前系统及其下层 Current system and below	A，B，C，D	C	打印来自系统库的模块内容 Expand unique library links
4	包含当前系统的整个大系统 All system	A，B，C，D	D	打印每幅图面的标题 Frame

5. Simulink 模型的文档嵌入

Simulink 模型可以位图形式或以 Windows 图元文件形式嵌入到 Word 文档中。方法是：选择 Simulink 模型窗口菜单"Edit|Copy Model To Clipboard"，将整个模型复制到剪切板中，然后再将其粘贴到 Word 文档中。

5.3.3　模块操作

本节主要介绍 Simulink 模块的一些基本操作，包括模块的选定、移动、参数设置、调整大小以及旋转和复制操作等。

1. 模块的选定

模块选定操作是许多其他操作（如复制、移动、删除）的前导操作。被选定模块的四个角会出现小黑块，如图 5.15 所示。

选定单个模块的操作方法：将鼠标指向待选模块，单击鼠标左键即可。

选定多个模块的操作方法有两种：

方法一：按住"Shift"键，依次点击所需选定的模块。

方法二：按住鼠标右键，拉出矩形虚线框，将所有待选模块包括在其中，然后松开按键，于是矩形里所有模块（包括连接模块的信号线）均被选中，如图 5.16 所示。

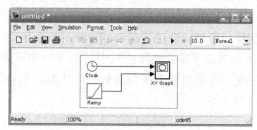

图 5.15　选定的模块　　　　　　　　　　图 5.16　用矩形框同时选中多个模块

2．模块的复制

1）同一模型窗口内的模块复制方法

方法一：选中待复制模块，按下鼠标右键，拖动该模块至合适的位置，释放鼠标右键。

方法二：选中待复制模块，按住"Ctrl"键，再按下鼠标左键，拖动该模块至合适的位置，释放鼠标左键。

2）不同模型窗口（包括模型库窗口）之间的模块复制方法

方法一：在一窗口选中模块，按下鼠标左键，将其直接拖至另一模型窗口，释放鼠标左键。

方法二：在一窗口选中模块，用鼠标左键单击图标🗐，然后用鼠标左键点击目标模型窗口中需复制模块的位置，再用鼠标左键单击图标🗐即可。此法也适用于同一窗口内模块的复制。

3．模块的移动

1）同一模型窗口内模块的移动方法

方法一：选中待移动模块，按下鼠标左键，拖动该模块至合适的位置，释放鼠标左键。但应注意，模块移动时，与之相连的连线也随之移动。

方法二：选中待移动模块，按下"→"键，可使模块向右移动，直至移动到合适的位置。同理，按下"←"键，可使模块向左移动；按下"↑"或"↓"键，可使模块向上或向下移动。

2）不同模型窗口内模块的移动方法

选中待移动模块，按住"Shift"键，按下鼠标左键，拖动模块至合适的位置，释放鼠标左键。但此时与模块相连的连线不随之移动。

4．模块的删除

方法一：选中待删除模块，按下"Delete"键。

方法二：选中待删除模块，用鼠标左键单击工栏图标 ✂ ，将选定内容剪切并存放于剪贴板上。

5．改变模块大小

首先选中该模块，待模块四个角出现小黑块后，将鼠标指向适当的小黑块，按下鼠标左键并拖动边框至合适大小，然后释放鼠标左键。整个过程如图 5.17 所示。

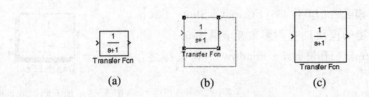

图 5.17　改变模块大小
(a) 原尺寸；(b) 拖动边框；(c) 新尺寸

6. 模块的旋转

缺省状态下的模块总是输入端在左，输出端在右，见图 5.18(a)。选择 Simulink 模型窗口菜单"Format|Flip Block"，可以将选定模块旋转 180°，如图 5.18(b)所示；选择菜单"Format|Rotate Block"，可以将选定模块顺时针旋转 90°，如图 5.18(c)所示。

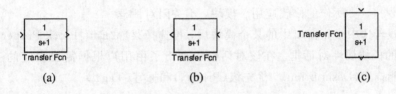

图 5.18　模块的旋转
(a) 缺省状态；(b) 旋转 180°；(c) 旋转 90°

7. 模块名称的操作

1）修改模块名称

用鼠标左键单击待修改模块的名称，会在原名称的四周出现一个编辑框，然后就可对模块名称进行修改。修改完毕后，将指针移出该编辑框，再用鼠标左键单击一次，即可结束修改。

2）模块名称字体设置

首先选中该模块，然后选择模型窗口菜单"Format|Font"，将弹出标准的 Windows"字体"对话框。在该对话框中，根据需要选择模块名称字体及文字大小。

3）改变模块名称的位置

缺省时，模块名称位置位于模块的下边，通过设置可以将模块名称放置在模块的左边、右边或上边。具体方法有如下两种：

方法一：首先选中模块，再选择模型窗口菜单"Format|Flip Name"，可将模块名称从原先位置搬移到"对侧"。

方法二：用鼠标左键单击待修改模块名称，出现编辑框后，按下鼠标左键，拖动其至模块对侧，释放鼠标左键。

如果模块的输入、输出端位于其左右两侧，则模块名称在缺省情况下位于模块下方；否则位于模块的左外侧，参见图 5.18(c)。

4）隐藏模块名称

先选中模块，再选择 Simulink 模型窗口菜单"Format|Hide Name"，即可隐藏模块名称。与此同时，菜单也变为"Format|Show Name"。

8. 模块的阴影效果

选择 Simulink 模型窗口菜单"Format | Show Drop
Shadow",可以给选定的模块加上阴影效果,见图5.19。此
时,该菜单变为"Format | Hide Drop Shadow",再选择之,
又可去除阴影效果。

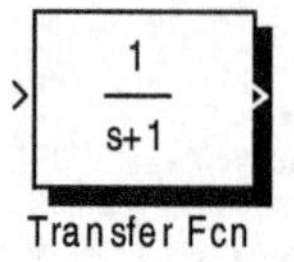

图 5.19 加上阴影效果的模块

9. 模块的参数设置

几乎所有的模块都有一个相应的参数对话框,用鼠标左键双击一个模块,打开其对话
框,然后通过改变对话框中适当栏目中的值即可对模块参数进行设置。每个对话框的下端
都有四个按钮,其含义分别为:

"OK"　　　　参数设置完成,关闭对话框

"Cancel"　　　取消所作的修改,恢复原先的参数值,关闭对话框

"Help"　　　打开该模块的超文本帮助文档

"Apply"　　　将所作的修改应用于模块,不关闭对话框

此外,假若选中模型窗口中的某个模块后,再选择菜单"Edit | Block Propertied",即可
打开该模块的模块属性对话框。在该对话框中列出了由用户根据需要设定的三个基本属
性:模块功能描述(Description)、优先级(Priorty)和标签(Tag)。

5.3.4　信号线的操作

Simulink 模型中的信号总是由模块之间的连线携带并传送的,因此模块间的连线被称
为信号线(signal lines)。在连接模块时,要注意模块的输入、输出端和各模块间的信号流
向。在 Simulink 中,模块总是由输入端口接收信号,由输出端口发送信号的。

1. 信号线的生成

先将鼠标指向连线的起点(即某模块的输出端),待指针变为"+"字后,按下鼠标左键
并拖动直至终点(即某模块输入端),再释放鼠标左键,Simulink 会根据模块起点和终点的
位置,自动配置连线,或者采用直线,或者采用折线(由水平和垂直线段组成)连接。

当然,在上述信号线的生成方法中,也可以先将鼠标指针指向连线的终点,待指针变
为"+"字后,按下鼠标左键并拖动至起点,再释放鼠标左键。

2. 信号线的移动和删除

移动线段操作:用鼠标左键单击待移动线段,按下鼠标左键并拖动至希望处后,释放
鼠标左键。

删除线段操作:选中待删除线段,按下"Delete"键。

3. 信号线分支的生成

在实际模型中,一个信号往往需要分送到不同模块的多个输入端,此时就需要绘制分
支线(branch line)。例如,反馈控制系统中反馈线的绘制就必须应用信号线分支操作。

分支线的绘制步骤如下:

(1) 将鼠标指针指向分支线的起点(即已存在信号线上的某点)。

(2) 按下鼠标右键,看到指针变为"+"字(或者先按住"Ctrl"键,再按下鼠标左键)。

(3) 拖动鼠标至分支线的终点处,释放鼠标右键。

4. 信号线的折曲与折点的移动

在构建控制系统结构图模型时，有时需要使两模块间的连线"打折"，以留出空白绘制其他模块，这就需要产生"折曲"。

产生"折曲"的方法：选中已存在的信号线，将鼠标指针指到待折处，先按住"Shift"键，再按下鼠标左键，拖动至合适处，释放鼠标左键。

移动"折曲"上折点的方法：选中折线，将鼠标指针指到待移动的折点处，当鼠标指针变为一个小圆圈时，按下鼠标左键并拖动折点至希望处，释放鼠标左键。

5. 信号线宽度的显示

信号线所携带的信号既可以是标量也可以是向量，并且不同信号线所携带向量信号的维数可能互不相同。为了使信息传递一目了然，Simulink 不但可以用粗线显示向量型信号线，而且还可以将向量维数用数字标出。操作方法是：选择 Simulink 模型窗口菜单"Format｜Port/Signal Displays｜Wide Nonscale Lines"，将用粗线显示向量型信号线；选择菜单"Format｜Port/Signal Displays｜Signal Dimensions"，将在向量型信号线上用数字标注向量的维数。

6. 用彩色显示信号线

Simulink 所建离散系统模型允许有多个采样频率。为了清晰地显示不同采样频率的模块及信号线，可选择 Simulink 模型窗口菜单"Format｜Port/Signal Displays｜Sample Time Colors"。经此操作后，Simulink 将用不同颜色显示具有不同采样频率的模块和信号线。系统默认红色表示最高采样频率，黑色表示连续信号流经的模块及信号线。

7. 插入模块

如果模块只有一个输入端和一个输出端，那么该模块可以直接被插入到一条信号线中。方法是：选中待插入模块，按下鼠标左键，拖动待插入模块至希望插入的信号线上，再释放鼠标左键，见图 5.20。

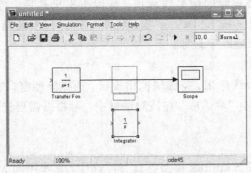

图 5.20　插入模块过程

8. 信号线与模块的分离

如图 5.21 所示，选中待分离模块，首先按住"Shift"键，再按下鼠标左键，将模块拖至别处，即可将模块与信号线分离。

9. 信号线标识

信号线标识即信号线标签。有关信号线标识的操作主要有以下几种。

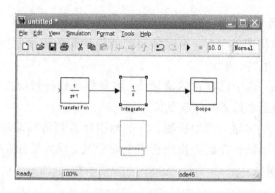

图 5.21 模块与信号线分离过程

1）添加标识

用鼠标左键双击需要添加标识的信号线，将弹出一个空白的文字填写框。在其中输入文本，作为该信号线的标识。输入结束后，只需将鼠标指针移出该编辑框，再在模型窗口的任意位置上单击鼠标左键即可。

2）修改标识

用鼠标左键单击需要修改的信号线标识，在原标识四周将出现一个编辑框，此时即可修改标识。

3）移动标识

用鼠标左键单击需要移动的信号线标识，待编辑框出现后，将鼠标指针指向编辑框，按下鼠标左键，拖动其至新位置处即可。

4）复制标识

用鼠标左键单击需要复制的信号线标识，待编辑框出现后，首先按住"Ctrl"键，将鼠标指针指向编辑框，再按下鼠标左键，拖动其至新位置处即可。

5）删除标识

用鼠标左键单击需要删除的信号线标识，待编辑框出现后，再用鼠标左键双击标识，使得整个标识被全部选中；按下"Delete"键；将鼠标指针移出编辑框，在模型窗口的任意位置处单击鼠标左键，即删除了该标识。

6）设置标识字体

用鼠标左键单击信号线标识，待编辑框出现后，选择模型窗口菜单"Format|Font"，将弹出标准的 Windows"字体"对话框。在该对话框中，可根据需要选择文字字体及大小。

5.3.5　模型的注释

使用模型注释可以使 Simulink 模型更具有可读性，其作用同 MATLAB 程序中的注释行一样。对于经常使用 Simulink 的用户来说，养成添加注释的习惯是非常重要的。

1. 模型注释的创建

在 Simulink 模型窗口中，用鼠标左键双击任何想要添加注释的部位，将会出现一个编辑框。在编辑框中输入注释内容后，将鼠标指针移出编辑框，再在模型窗口的任意位置上单击鼠标左键，即完成了模型注释的创建。

2. 注释位置的移动

在注释文字处单击鼠标左键，待出现编辑框后，按下鼠标左键，就可把该编辑框拖至任何希望的位置。还可以按照与模块操作同样的方法来对注释进行复制、删除等操作。

3. 注释字体的设置

用鼠标左键单击注释文字,待编辑框出现后,选择模型窗口菜单"Format|Font",将弹出标准的 Windows"字体"对话框。在该对话框中,可根据需要选择注释文字字体及大小。完成选择后,将鼠标指针移出注释编辑框,再在模型窗口的任意位置单击鼠标左键,操作完成。

5.4 Simulink 模型的仿真运行

Simulink 模型建立完成后,就可以对其进行仿真运行。通常,先进行仿真参数的配置,然后运行 Simulink 模型,这些工作要通过选择 Simulink 模型窗口菜单"Simulation|Configuration"和"Simulation|Start"完成。下面予以详细介绍。

5.4.1 仿真运行

Simulink 模型建立完成后,就可以根据 Simulink 所提供的仿真参数缺省设置,直接启动 Simulink 仿真环境,运行 Simulink 模型。对于简单模型或仿真初步运行来说尤其如此。

1. Simulink 仿真运行

可采用如下两种方法运行 Simulink 模型:

(1) 用鼠标左键单击 Simulink 模型窗口工具栏"仿真启动或继续"图标 ▶。当仿真开始后,图标 ▶ 就变成"暂停仿真"图标 ‖。仿真过程结束后,图标 ‖ 又变成了 ▶。

(2) 选择 Simulink 模型窗口菜单"Simulation|Start"。当仿真开始后,"Start"就变成了"Stop"。仿真过程结束后,"Stop"又变成了"Start"。

2. 仿真运行的终止或中断

终止仿真运行的方法:选择 Simulink 模型窗口菜单"Simulation|Stop",或用鼠标左键单击工具栏"终止仿真"图标 ■。

中断仿真运行的方法:选择 Simulink 模型窗口菜单"Simulation|Pause",或用鼠标左键单击 Simulink 模型窗口的工具栏图标 ‖。欲使仿真继续运行,用鼠标左键单击图标 ▶ 即可。

3. 仿真结果的输出与显示

可使用 Simulink 模块库信宿模块组中的模块作为仿真结果输出与显示装置。具体方法将在第 5.5 节与 5.6 节)详细介绍。

5.4.2 仿真参数的配置

运行 Simulink 模型之前,如果不采用 Simulink 所提供的仿真参数缺省设置,就必须对各种仿真参数进行配置(configuration)。而且,经过仿真初步运行、分析后,也需要对一些仿真参数进行配置。尤其是对于复杂控制系统仿真,仿真参数的合理配置尤为重要。仿真参数配置包括:仿真起始和终止时刻的设定;仿真步长的选择;仿真算法的选定;是否从外界获得数据；是否向外界输出数据等。

在 Simulink 模型窗口下，选择菜单“Simulation|Configuration Parameters...”，就可得到如图 5.22 所示的仿真参数配置对话框。图中，Select 项包括：解算器（Solver）、仿真数据输入/输出（Data Import/Export）、仿真优化（Optimization）、诊断（Diagnostics）、硬件实现（Hardware Implemen...）及模型参考（Model Referencing）等。这些选项中，最基本、最重要的就是解算器和仿真数据输入/输出两个选项。下面详细介绍这两个选项的参数选择及设置。

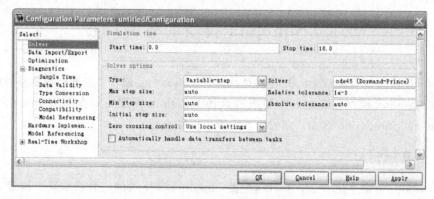

图 5.22　仿真参数配置对话框

1. 解算器 Solver

在仿真参数配置对话框左侧的“Select”项（见图 5.22）内，用鼠标左键单击“Solver”，即可出现图 5.22 右侧所示的解算器界面。根据需要设置合适的仿真参数，可以使 Simulink 仿真发挥出最好的效果。

1）仿真时间（Simulation time）设置

Simulation time 选项组用于设置仿真时间。其中：

Start time：设置仿真开始时间，缺省设置为 0；

Stop time：设置仿真结束时间，缺省设置为 10，单位为秒（s）。

注意，仿真时间和仿真所用时间是两个不同的概念。例如，要进行一个 10 s 的仿真，计算机的运行时间并不为 10 s。

2）解算器选项（Solver options）

Solver options 选项组用于设置所用解算器类型和相应的仿真选项。其中：

Type 选项：设置解算器仿真步长（也称为积分步长）的类型。共有两类：变步长（Variable-step）和定步长（Fixed-step）。缺省设置是变步长的 ode45 解算器仿真算法。

Solver 选项：选择支撑仿真模型运行的解算器仿真算法，其列表选项内容和解算器类型与仿真模型类型（连续或离散）有关。

3）变步长连续解算器

若选择仿真参数配置对话框（见图 5.22）中的解算器类型为 Variable-step，则出现如图 5.23 所示的变步长连续解算器选项组界面（缺省情况）。

图中：

Max step size：设置最大仿真步长；

Min step size：设置最小仿真步长；

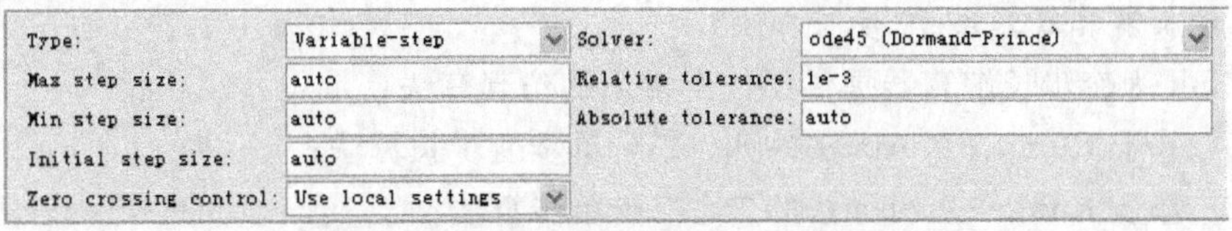

图 5.23　变步长连续解算器选项组界面

Initial step size：设置初始仿真步长；

Zero crossing control：进行系统状态变量不连续点的零穿越(Zero crossing)检查；

Relative tolerance：设置相对误差容许限；

Absolute tolerance：设置绝对误差容许限。

为简单起见，上述参数均可以采用图 5.23 所示的缺省值。

在仿真过程中，变步长类型解算器会根据所给误差容许限，自动调节仿真步长的大小，以满足容许误差的设置与状态变量零穿越的要求。

4）变步长离散解算器

若选择解算器类型为 Variable-step，解算器仿真算法为 discrete(no continuous states)，则出现如图 5.24 所示的变步长离散解算器选项组界面(缺省情况)。图中各选项的设置与变步长连续解算器的相同，且均可采用缺省值。

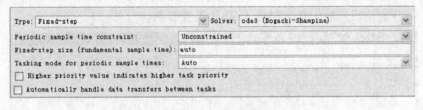

图 5.24　变步长离散解算器选项组界面

5）定步长解算器

若选择解算器类型为 Fixed-step，则出现如图 5.25 所示的定步长解算器选项组界面(缺省情况)。

图 5.25　定步长解算器选项组界面

图中：

Periodic sample time constraint：规定由仿真模型定义的采样时间约束；

Fixed-step size(fundamental sample time)：设置定仿真步长的数值；

Tasking mode for Periodic sample time：设置任务模式。其中，单任务(SingleTasking)模式用于模型具有相同的采样速率的情况；多任务(MultiTasking)模式用于模型具有不同的采样速率的情况；Auto 模式表示系统可根据模型中的采样速率相同与否，自动选择 MultiTasking 模式或 SingleTasking 模式。

图 5.25 中各选项均可采用缺省值。

2. 解算器算法及选择

按照解算器类型，可将解算器算法分为变步长算法和定步长算法两大类。

1）变步长解算器算法（变步长算法）

Simulink 为变步长解算器提供了如下常用的仿真算法：

ode45：基于 Runge－Kutta 法的四、五阶单步变步长算法；

ode23：基于 Runge－Kutta 法的二、三阶单步算法；

ode113：可变阶次的 Adams－Bashforth－Moulton PECE 多步算法，比 ode45 更适合于误差容许范围要求比较严格的情况；

ode15s：可变阶次的数值微分公式多步算法，可以解算刚性问题；

ode23s：基于修正的 Rosenbrock 公式单步算法，适用于误差容许范围较宽的情况；

ode23t：基于梯形规则的一种自由插补实现算法，可以解算适度刚性问题；

ode23tb：二阶隐式龙格－库塔公式；

discrete（变步长离散解算器）：不含积分运算的变步长算法，适用于纯离散系统。此时，系统会自动选择这种算法。

2）定步长解算器算法（固定步长算法）

Simulink 为定步长解算器提供了如下常用的仿真算法：

ode5：定步长 ode45 算法；

ode4：四阶 Runge－Kutta 算法；

ode3：定步长 ode23 算法；

ode2：Henu 方法，即改进欧拉法；

ode1：即欧拉法；

discrete（fixed-step）：不含积分运算的定步长算法，适用于纯离散系统。此时，系统会自动选择这种算法。

3. 仿真数据输入/输出（Data Import/Export）

在仿真参数配置对话框左侧的"Select"项内，用鼠标单击"Data Import/Export"，即可出现如图 5.26 右侧所示的仿真数据输入/输出设置界面。

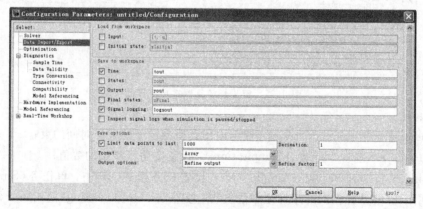

图 5.26 仿真数据输入/输出设置界面

1）Load from workspace 选项组

功能：从 MATLAB 工作空间导入数据。

Input：用于将 MATLAB 工作空间已存在的数据导入 Simulink 模型的"输入模块（In）"中。数据类型包括：数组、时间表达式、结构体和时间串等。如果 Simulink 模型中使用了"输入模块"，就必须选中该选项并填写所导入数据的变量名。缺省变量名为$[t, u]$，t为时间，u为该时间对应的数值。如果模型中有n个"输入模块"，则u的第$1, 2, \cdots, n$列分别送至输入模块 In1，In2，$\cdots$，Inn 中。

Initial state：用于设置由 Input 选项导入 Simulink 模型输入模块（In）变量的初始值，与 Input 选项配合使用。选中此选项，无论建立该模型的积分模块（Integator）设置过什么样的初始值，都可将 MATLAB 工作空间已存在的变量强制作为 Simulink 模型"输入模块"变量的初始值（缺省名为 xInitial）。

【例 5.1】 从 MATLAB 工作空间导入数据应用实例。

【解】 给定含有两个输入模块 In1 和 In2 的 Simulink 模型如图 5.27 所示。

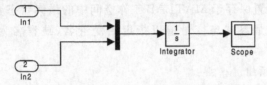

图 5.27 例 5.1 的 Simulink 模型

首先在 MATLAB 命令窗口中输入：

>> t1＝[0:0.01:10]′;

>> u1＝[sin(t), cos(t)];

>> x0＝[2, 2];

运行后，在 MATLAB 工作空间就定义了三个变量t_1、u_1、x_0。

然后，在仿真数据输入/输出设置界面（见图 5.26）右侧的 Load from workspace 选项组中分别选中"Input"和"Initial state"选项，并在相应的输入框中填入变量名，见图 5.28。

图 5.28 例 5.1 的 Load from workspace 选项设置

最后，运行图 5.27 的 Simulink 模型，得到图 5.29 的仿真结果。

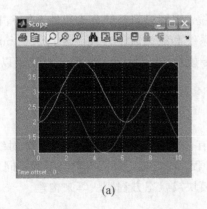 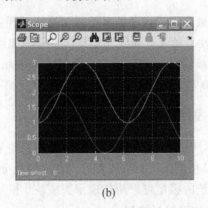

(a)   (b)

图 5.29 例 5.1 的仿真结果

(a) 选中 Initial state 选项；(b) 未选中 Initial state 选项

2）Save to workspace 选项组

功能：将仿真结果数据保存至 MATLAB 工作空间中。

Time：用于设置保存于 MATLAB 工作空间中的仿真运行时间变量名。选中此选项，可将仿真运行时间变量以指定的变量名（缺省名为 tout）保存于 MATLAB 工作空间。

States：用于设置保存于 MATLAB 工作空间中的状态变量名。选中此选项，可将仿真过程中 Simulink 模型中的状态变量值以指定的变量名（缺省名为 xout）保存于工作空间。

Output：用于设置保存于 MATLAB 工作空间中的输出数据变量名。如果 Simulink 模型中使用了"输出模块（Out）"，就必须选中该选项并填写保存于 MATLAB 工作空间中的输出数据变量名（缺省名为 yout）。数据的保存方式与数据导入情况类似。

Final state：用于设置保存于 MATLAB 工作空间中的最终状态变量名。选中此选项，可将 Simulink 模型中的最终状态变量值以指定的变量名（缺省名为 xFinal）保存于工作空间。

3）Save options 选项组

功能：数据保存选项，需要与 Save to workspace 选项组配合使用。

Limit data points to last：用于限定可存取的数据。选中此选项后，可设定保存变量接收数据的长度，缺省值为 1000。如果输入数据长度超过设定值，那么最早的"历史"数据被清除。

Decimation：用于设置"解点"保存频度。若取 n，则每隔 $n-1$ 点保存一个"解点"，缺省值为 1。

Format：用于设置数据保存格式。对 Simulink 而言，保存数据有三种格式选择（见其右侧的列表框）：数组（Array）、结构体（Structure）和时间结构体（Structure with time）。

Output options：用于设置产生附加输出信号数据，只适用于变步长解算器。其左侧的列表框包括三个选项：Refine output（平滑输出）、Produce additional output（修改时间步长平滑输出）和 Produce specified output only（在给定时间内产生输出）。

5.5　连续时间系统建模与仿真

可用微分方程描述的系统称为连续时间系统。连续时间系统分为线性系统和非线性系统，而线性系统又分为线性定常（时不变）连续系统和线性时变连续系统。Simulink 模块库中用于连续时间系统建模的主要是 Continuous 模块组、Discontinuities 模块组以及 Math Operations 模块组。

5.5.1　线性连续时间系统

通常，线性连续时间系统的数学模型主要有：包含传递函数的结构图（针对线性定常连续系统）和包含状态空间表达式在内的微分方程。相应地，根据数学模型的不同，线性连续时间系统的模型可采用传递函数模块、积分模块或状态方程模块等来构建。

1. 结构图数学模型

【例 5.2】　三阶控制系统结构图如图 5.30 所示，建立系统的 Simulink 模型，并运行模型。

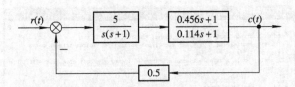

图 5.30 控制系统结构图

【解】 本例的数学模型是控制系统的结构图。这是应用 Simulink 建模时，最简单、最方便、最直观的一种数学模型。

（1）构建 Simulink 模型。

由图 5.30 构建的 Simulink 模型如图 5.31 所示，模型名为 exm5_2.mdl。图中所需模块可分别在 Simulink 模块库中的信源模块组（见表 5.7）、连续模块组（见表 5.3）、数学运算模块组（见表 5.6）以及信宿模块组（见表 5.8）中获得。构建该模型的具体方法详见 5.3 节。

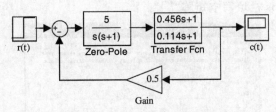

图 5.31 例 5.2 的 Simulink 模型

（2）模块参数的配置。

图 5.31 中各模块参数的配置如下：

① r(t)模块（即 Step 模块）：首先将模块名称由原来的 Step 改为 r(t)。再用鼠标左键双击该模块，即可打开如图 5.32 所示的模块参数设置对话框。图中，将 Step time（阶跃信号发生时刻）栏中缺省的 1 改为 0，其余参数采用缺省值。

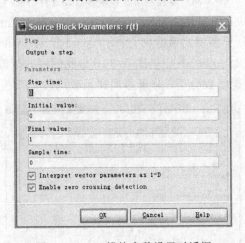

图 5.32 r(t)模块参数设置对话框

② Sum 模块：用鼠标左键双击该模块，打开其参数设置对话框，将 List of Signs 栏中缺省的"＋＋"改为"＋－"（系统为负反馈连接），见图 5.33。

③ Zero-Pole 模块：用鼠标左键双击该模块，打开其参数设置对话框，分别在 Zeros、

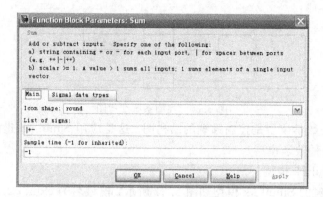

图 5.33　Sum 模块参数设置对话框

Poles 和 Gain 栏中填写传递函数的零点向量[]、极点向量[0,−1]和增益 5,见图 5.34。与此同时,该模块的图标也将显示新的传递函数。注意,由于此模块实现的零极点增益模型没有零点,因而在 Zeros 栏填写空矩阵"[]"。

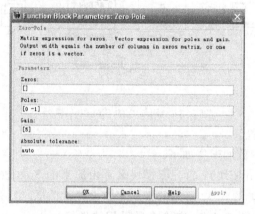

图 5.34　零极点增益模块参数设置对话框

④ Transfer Fcn 模块:用鼠标左键双击该模块,打开其参数设置对话框,在 Numerator coefficient 栏中填写分子多项式系数向量[0.456　1],在 Denominator coefficient 栏中填写分母多项式系数向量[0.114　1],见图 5.35。与此同时,该模块的图标也将显示新的传递函数。如前所述,传递函数分子、分母多项式系数均按 s 降幂排列。

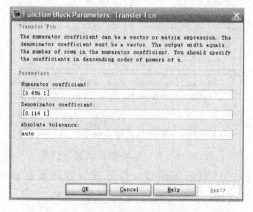

图 5.35　传递函数模块参数设置对话框

⑤ Gain 模块：首先选择模型窗口菜单"Format | Rotate Block"，旋转 Gain 模块的方向；然后，用鼠标左键双击 Gain 模块，打开其参数设置对话框，在 Gain 栏中填写 0.5，如图 5.36 所示。

图 5.36　Gain 模块参数设置对话框

⑥ c(t)模块（即 Scope 模块）：首先将模块名称由原来的 Scope 改为 c(t)；然后，用鼠标左键双击该模块，出现示波器窗口；再用鼠标左键单击示波器窗口工具栏图标，打开如图 5.37 所示的示波器参数设置对话框；在 Data history 页中，选中 Save data to workspace，这将使送入示波器的数据同时被保存在 MATLAB 工作空间缺省名为 ScopeData 的时间结构体数组中。

⑦ 模型窗口 exm5-2.mdl：仿真参数配置窗口中的各选项均采用缺省值。

实际上，在输入参数之前，Simulink 中相应的模块都给出了较实用的提示，用户可以通过自己摸索的方式来学习每一个模块的使用方法。

（3）仿真运行。

首先用鼠标左键双击 c(t)模块，打开示波器窗口；再用鼠标左键单击模型窗口"仿真启动"图标，就可在示波器窗口中看到 c(t)的变化曲线；还可再用鼠标左键单击显示屏上的"自动刻度"图标，使得波形充满整个坐标框，仿真结果见图 5.38。

图 5.37　c(t)模块参数设置对话框

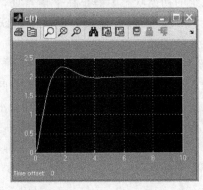

图 5.38　例 5.2 的仿真结果

（4）保存在 MATLAB 工作空间中的仿真数据的应用。

本例通过示波器模块向工作空间存放了时间结构体数组 ScopeData。这组数据可独立地供用户作进一步分析时使用。下面的 MATLAB 程序（程序名为 e5-2.m）就说明了如何利用保存在 MATLAB 工作空间中的仿真数据（即示波器数据）ScopeData 绘制出所需的图形。

```
% 例 5.2 程序名为 e5_2.m
clf
tt=ScopeData.time;                      %将时间结构体域的时间数据赋给 tt
xx=ScopeData.signals.values;            %将时间结构体域的数值数据赋给 xx
plot(tt, xx, 'r', 'LineWidth', 2)       %绘制曲线
xlabel('t'), ylabel('c(t)')             %为坐标轴添加说明
```

程序运行结果如图 5.39 所示。

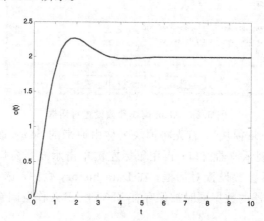

图 5.39　利用保存在工作空间中的仿真数据所绘制的曲线

2. 微分方程数学模型

用微分方程描述的数学模型,可利用积分模块直接构建 Simulink 模型。

【例 5.3】　考虑如图 5.40 所示的强制阻尼二阶系统。图中,小车所受外力为 $\boldsymbol{F}$,小车位移为 $\boldsymbol{x}$。设小车质量 $m=5$,弹簧弹性系数 $k=2$,阻尼系数 $f=1$。并设系统的初始状态为静止在平衡点处,即,$\dot{x}(0)=x(0)=0$,外力函数为幅值等于 1 的阶跃量。仿真此小车系统的运动。

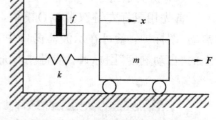

图 5.40　强制阻尼二阶系统

【解】　(1) 建立系统数学模型。

图 5.40 中,通过受力分析可知,有两个力影响着小车的运动:弹簧的弹性力和阻尼器的阻尼力。弹性力为 kx,阻尼力为 $f\dot{x}$,小车的加速度力为 $m\ddot{x}$。若忽略重力,这三个力的合力应为 $\boldsymbol{F}$。根据牛顿第二定律,得到小车的运动方程为

$$m\ddot{x} + f\dot{x} + kx = \boldsymbol{F} \tag{5.1}$$

将 m,k,f 的值代入式(5.1),整理后得

$$\ddot{x} + 0.2\dot{x} + 0.4x = 0.2\boldsymbol{F} \tag{5.2}$$

将上述微分方程改写为

$$\ddot{x} = u(t) - 0.2\dot{x} - 0.4x \tag{5.3}$$

式中,$\boldsymbol{u}(t)=0.2\boldsymbol{F}$。

(2) 利用积分模块构建 Simulink 模型。

基于微分方程数学模型的仿真,实质上就是建立微分方程求解模型。因此,可利用积

分模块采用逐次降阶积分法完成。即，$\ddot{x}$ 经积分模块作用输出 $\dot{x}$，$\dot{x}$ 再经积分模块作用就得到 x。而 $\dot{x}$ 与 x 经代数运算又产生 $\ddot{x}$。

依据上述思想，由式（5.3）所构建的 Simulink 模型如图 5.41 所示，模型名为 exm5_3.mdl。图中，x″对应 $\ddot{x}$，x′对应 $\dot{x}$。

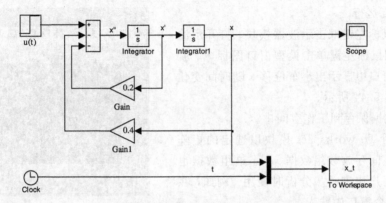

图 5.41　求解微分方程的 Simulink 模型

（3）模块参数的配置。

图 5.41 中的模块参数配置如下：

① u(t)模块：将模块名称由原来的 Step 改为 u(t)，将 Step time 栏填写为 0，将 Final value 栏填写为 0.2。

② Gain 模块：在 Gain 栏填写 0.2。

③ Gain1 模块：在 Gain 栏填写 0.4。

④ Sum 模块：Icon shape（图标形状）项选择 rectangular，使模块呈矩形；在 List of Signs 栏填写＋－－。

⑤ Clock 模块：产生当前仿真时间数据 t，仅供 To workspace 模块使用。

⑥ Mux 模块：Number of inputs 栏填写 2（缺省值），见图 5.42。该模块可将模型中的位移数据 x 与时间数据 t 组合成向量。

⑦ To Workspace 模块：在 Variable name（变量名）栏中将缺省的变量名 simout 改为 x_t，如图 5.43 所示。

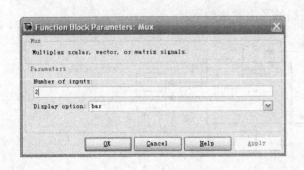

图 5.42　Mux 模块参数设置对话框

图 5.43　To Workspace 参数设置对话框

⑧ 模型窗口 exm5_3.mdl：将鼠标指针放置在模型窗口工具栏图标 |10.0 | 内，将框内数值改为 50（即仿真结束时间）。或选择模型窗口菜单"Simulation|Configuration Parameters..."，打开仿真参数配置对话框，在 Solver 选项组的 Simulation Time 选项中，将 Stop time 设置为 50。

（4）仿真运行。

首先用鼠标左键双击示波器模块，打开示波器窗口；再用鼠标左键单击模型窗口图标 ▶ ，就可在示波器窗口中显示出小车位移 x 随时间变化的轨迹，如图 5.44 所示。

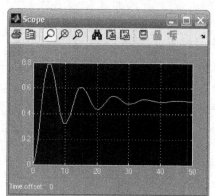

图 5.44 例 5.3 的仿真结果

（5）将数据保存到工作空间中。

本例采用 To workspace 模块以选定的矩阵方式向工作空间存放数组数据 x_t。这组数据也可独立地供用户作进一步分析时使用。例如，在 MATLAB 命令窗口中输入：

$$>> x=x\_t(:,1);$$
$$>> t=x\_t(:,2);$$
$$>> plot(t, x)$$

运行后即可绘制出 x_t 曲线。

3. 积分模块的复位功能

积分模块的主要功能是构建诸如例 5.3 一类微分方程的 Simulink 模型。除此而外，利用积分器的复位功能还可以构建分段积分方程的 Simulink 模型。

【例 5.4】 构建如下积分方程的 Simulink 模型并求解。

$$f(t) = \begin{cases} \int_0^t 0.5t \, dt & (0 \leqslant t < 5) \\ \int_5^t 0.5t \, dt & (t \geqslant 5) \end{cases} \tag{5.4}$$

式中，$u(t)$ 是单位阶跃函数，初始条件为 $\dot{x}(0) = x(0) = 0$。

【解】 本例说明如何产生带复位端口的积分模块及产生有两个显示窗口的示波器。

（1）构建积分方程求解模型。

由式（5.4）构建的 Simulink 模型如图 5.45 所示，模型名为 exm5_4.mdl。图中，积分模块与示波器模块均有两个输入端口，它们的产生方法如下：

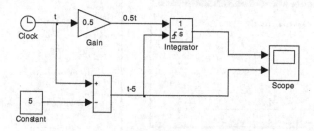

图 5.45 求解分段积分方程的 Simulink 模型

① 产生带复位端口的积分模块。用鼠标左键双击 Interator 模块，打开其参数设置对话框；在 External reset（外复位）下拉栏中选择 rising 项；用鼠标左键单击"OK"按钮，积分模块就呈现如图 5.45 所示的两个端口，下端口为复位端口，该端口旁的符号表示此端口信号由负变正的瞬间，该积分器被强迫置为零。

② 产生有两个显示窗口的示波器。用鼠标左键双击 Scope 模块，打开示波器窗口，见图 5.46；再用鼠标左键单击该窗口工具栏图标 📋，打开示波器属性对话框；在 Number of axes 栏中填写 2，用鼠标左键单击"OK"按钮，就获得两端口示波器，同时出现图 5.47 所示的两个显示窗口。

（2）仿真模型参数配置。

① Clock 模块：生成时间变量 t。

② Constant 模块：Constant value 栏填写 5。

③ Sum 模块：List of Sings 栏填写＋－。

④ 增益模块：Gain 栏填写 0.5。

⑤ 示波器模块：自上而下，在示波器第一个显示窗口坐标框内单击鼠标右键，弹出一个现场菜单，用鼠标左键单击"Axes properties..."，打开纵坐标设置对话框；在 Y-min 和 Y-max 栏中分别填写 0 和 10（纵坐标下、上限），在 Title 栏中填写 f(t)。示波器第二个显示窗的纵坐标下、上限采用缺省值，Title 栏中填写 t-5。

⑥ 模型窗口 exm5_3.mdl：仿真参数配置窗口各选项均采用缺省值。

（3）仿真运行。

用鼠标左键双击 Scope 模块，打开示波器窗口；再用鼠标左键单击模型窗口图标 ▶，在示波器窗口中显示出 f(t) 和 t-5 曲线，如图 5.47 所示。

图 5.46　Scope 模块参数设置对话框

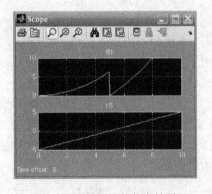

图 5.47　例 5.4 的仿真结果

4. 单位脉冲函数的生成

像其他物理体系中不存在理想单位脉冲一样，Simulink 模块库中也没有现成的单位脉冲标准模块，但可以采用某种近似方法产生。

【例 5.5】 已知控制系统的状态方程为

$$\dot{x}(t) = \begin{bmatrix} 0 & 1 \\ -0.4 & -0.2 \end{bmatrix} x(t) + \begin{bmatrix} 0 \\ 0.2 \end{bmatrix} u(t)$$

$$y(t) = \begin{bmatrix} 1 & 0 \end{bmatrix} x(t)$$

试求系统的单位脉冲响应。

【解】 本例主要说明单位脉冲函数的生成方法及状态方程模块的使用。

（1）单位脉冲函数的数学含义及近似实现。

单位脉冲函数在数学上定义为

$$\delta(t) = \begin{cases} 0 & (t = 0) \\ \infty & (t \neq 0) \end{cases} \tag{5.5a}$$

且满足

$$\int_{-\infty}^{\infty} \delta(t) = 1 \tag{5.5b}$$

近似构造单位脉冲函数的思路是：用一个面积为 1 的"窄高"脉冲近似，其数学表达式为

$$\delta(t) = M \cdot 1(t) - M \cdot 1(t - d) \tag{5.6}$$

式中，$1(t)$ 为单位阶跃函数，M 为近似脉冲幅度，d 为近似脉冲宽度，且 $M \cdot d = 1$。

说明：d 的选择要考虑下述两方面的因素：

① 脉冲宽度应远小于被研究系统的最快动态模式（系统特征根或特征值的实部绝对值的最大值）。

② 脉冲宽度不能太小，以免引起严重的圆整或截断误差。

本例系统的特征值可采用下述 MATLAB 命令求出：

>> eig([0 1; -0.4 -0.2])

运行结果为：

ans＝

    -0.1000 + 0.6245i

    -0.1000 - 0.6245i

即，系统特征值为 $\lambda_{1,2} = -0.1 \pm i0.6245$。

由于系统特征值实部的绝对值为 0.1，因此取近似脉冲宽度 $d = 0.01$，幅度 $M = 100$，代入式(5.6)，得

$$\delta(t) = 100 \cdot 1(t) - 100 \cdot 1(t - 0.01) \tag{5.7}$$

（2）构建 Simulink 模型及参数配置。

由式(5.7)构建的 Simulink 模型如图 5.48 所示，模型名为 exm5_5.mdl。图中，各模块参数配置如下。

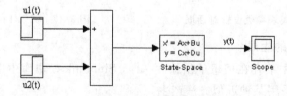

图 5.48　具有近似单位脉冲的 Simulink 模型

① u1(t)模块：Step time 栏填写 0，Final time 栏填写 100。

② u2(t)模块：Step time 栏填写 0.01，Final time 栏填写 100。

③ Sum 模块：List of Signs 栏填写 ＋－。

④ State-Space 模块：在矩阵 A，B，C，D 栏中依次填写 $[0，1；-0.4，-0.2]$，$[0；0.2]$，$[1，0]$，0。

⑤ 模型窗口 exm5_5.mdl：将模型窗口工具栏图标 |10.0| 框内数值改为 20，即将仿真终止时间设置为 20。其余仿真参数采用缺省值。

（3）仿真运行。

用鼠标左键双击示波器模块，打开示波器窗口。再用鼠标左键单击模型窗口图标 ▶，在示波器窗口显示出 $y(t)$ 曲线，如图 5.49 所示。

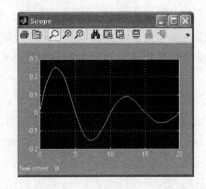

图 5.49　例 5.5 的仿真结果

5.5.2　非线性连续时间系统

在工程实际中，严格意义上的线性系统很少存在，大量的系统或器件都是非线性的。非线性系统的 Simulink 建模方法很灵活。本节将以算例形式介绍非线性连续时间系统仿真模型的构建和使用。

1. 典型非线性模块的应用

为了提高仿真能力，Simulink 模块库中包含了许多典型非线性模块，如 Dead Zone 模块、Saturation 模块、Relay 模块及 Backlash 模块等。

应用 Simulink 构建非线性连续时间系统的仿真模型时，根据非线性元件参数的取值，既可使用典型非线性模块直接实现，也可通过对典型非线性模块进行适当组合实现（见例 5.6）。当然，还可以采用 Fun 函数模块或其他 Simulink 模块库中的模块实现（见例 5.7 和例 5.8）。

【例 5.6】 设具有饱和非线性特性的控制系统如图 5.50 所示。通过仿真研究 $K=15$ 和 $K=5$ 时系统的运动。

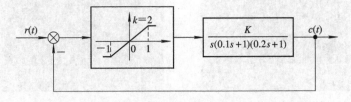

图 5.50　具有饱和非线性特性的控制系统结构图

【解】

（1）构建 Simulink 模型。

由图 5.50 所构建的 Simulink 模型如图 5.51 所示，模型名为 exm5_6.mdl。

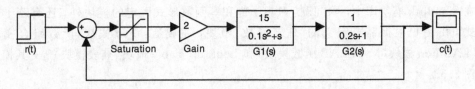

图 5.51　例 5.6 的 Simulink 模型

由于系统中的饱和非线性特性的线性段斜率 $k=2$，而 Simulink 模块库中的饱和非线性模块线性段斜率取值只能为 1，故图 5.51 中，在饱和非线性模块之后又串接了一个增益模块(增益值为 2)，以实现线性段斜率为 2 的饱和非线性特性。

（2）仿真模型参数配置。

图 5.51 中各模块参数配置如下：

① r(t)模块：Step time 栏填写 0，Final time 栏填写 1。

② Sum 模块：List of Signs 栏填写＋－。

③ Saturation 模块：Upper limit(饱和上限)栏填写 1，Lower limit(饱和下限)栏填写－1。

④ Gain 模块：Gain 栏填写 2。

⑤ G1(s)模块：Numerator 栏填写[15]，Denominator 栏填写[0.1，1，0]。

⑥ G2(s)模块：Numerator 栏填写[1]，Denominator 栏填写[0.2，1]。

⑦ 模型窗口 exm5_6.mdl：仿真参数配置窗口各选项均采用缺省值。

（3）仿真运行。

用鼠标左键双击示波器模块，打开示波器窗口；再用鼠标左键单击模型窗口图标 ▶，则得到 $K=15$ 时系统的响应曲线，如图 5.52(a)所示。显见，此时非线性系统的运动出现自激振荡。

进一步，将传递函数 G1(s)模块的 Numerator 设置由[15]改为[5]，其余参数不变。同样可以得到 $K=5$ 时非线性系统的响应曲线，如图 5.52(b)所示，此时非线性系统的运动已经没有自激振荡了。

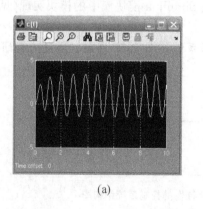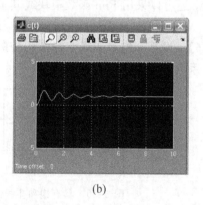

(a)　　　　　　　　　　　　　(b)

图 5.52　非线性系统的响应曲线

(a) $K=15$；(b) $K=5$

2. 任意函数模块及其应用

在 Simulink 模块库中，除间歇、死区、饱和等函数形式固定的模块外，还有若干个函数形式可由用户根据需要定义的"任意函数"模块，主要有：Fcn 模块(函数组合模块)、MATLAB Fcn 模块(MATLAB 函数模块)和 Look-up Table 模块(查表模块)等，其模块图标见图 5.53。

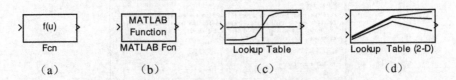

图 5.53　Simulink 模块库中的"任意函数"模块图标

(a) Fcn 模块；(b) MATLAB Fcn 模块；

(c) 1 维 Look-up Table 模块；(d) 2 维 Look-up Table 模块

1) Fcn 模块

Fcn 模块位于用户自定义(User Define Function)模块组中，模块图标见图 5.53(a)，其参数设置对话框如图 5.54 所示。图中，Expression(表达式)栏必须填写函数表达式(即函数的解析式)，且必须遵循下述规则：

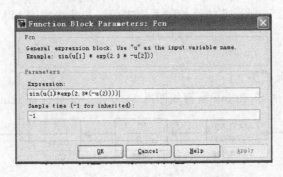

图 5.54　Fcn 模块参数设置对话框

(1) 模块的输入可以是标量或向量，但输出一定是标量。模块输入是标量时，必须用 u 作为变量名；输入为向量时，必须用 u(1)，u(2)等向量作为元素名。图 5.54 中 Expression 栏的内容为缺省表达式。

(2) 表达式符合 C 语言格式，执行的是标量运算，计算结果就是模块的输出。

(3) 表达式中引用的其他标量形式的参量必须存在于 MATLAB 工作空间中。

2) MATLAB Fcn 模块

MATLAB Fcn 模块也位于用户自定义模块组中，模块图标如图 5.53(b)所示，其参数设置对话框如图 5.55 所示。图中，MATLAB function 栏填写表达式或函数文件名，且应遵循下述规则：

(1) 模块的输入、输出都可以是标量或向量。

(2) 表达式的书写规则与 Fcn 模块相同；函数编写符合 2.6.1 节论述的 M 函数文件基本结构及规则。

(3) 表达式或函数的输出必须与该模块的输出维数匹配，否则就会出现错误。

该模块可以进行的运算比 Fcn 模块复杂，但速度较慢。

3) Lookup Table 模块

Lookup Table 模块位于查表(Lookup Tables)模块组中，有 1 维、2 维及 n 维之分。图 5.53(c) 是 1 维 Lookup Table 模块图标，而图 5.53(d)则是 2 维 Lookup Table 模块图标。此类模块可根据所给表格对输入进行"插补"或"外推"运算。

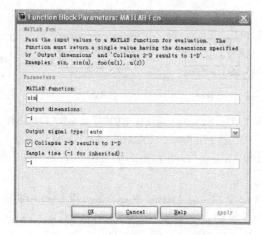

图 5.55　MATLAB Fcn 函数模块参数设置对话框

【例 5.7】　将图 5.50 所示非线性控制系统中的饱和非线性用 MATLAB Fcn 函数模块实现。

【解】

（1）构建 Simulink 模型。

由图 5.50 所构建的 Simulink 模型如图 5.56 所示，模型名为 exm5_7.mdl。

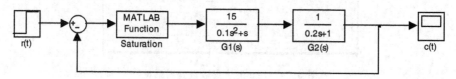

图 5.56　具有 MATLAB Fcn 模块的非线性系统仿真模型

图中，Saturation 模块（即 MATLAB Fcn 模块）实现饱和非线性特性，函数名为 bh.m。因此，在该模块参数设置对话框（见图 5.55）的 MATLAB function 栏中填写函数名 bh（省略扩展名），其 M 函数文件如下：

```
function y＝bh(u)
    if abs(u)＜＝1
        y＝2 * u;
    elseif u＞1
        y＝2;
    else y＝－2;
    end
end
```

（2）仿真运行。

将 M 函数文件 bh.m 与模型 exm5_7.mdl 置于同一路径下，并将该路径设置为当前路径；用鼠标左键单击模型窗口"仿真启动"图标 ▸，即可得到与图 5.52 完全相同的响应曲线。

【例 5.8】　蹦极跳是一种挑战身体极限的运动，蹦极者系着一根弹力绳从高处的桥梁（或山崖等）向下跳。在下落的过程中，蹦极者几乎处于失重状态。试应用 Simulink 对蹦极跳系统进行仿真研究。

【解】

(1) 蹦极跳系统数学模型。

按照牛顿运动规律，自由下落物体的位置由下式确定：

$$m\ddot{x} = mg - a_1\dot{x} - a_2 \mid \dot{x} \mid \dot{x} \tag{5.8}$$

式中，m 为物体的质量，g 为重力加速度，x 为物体的位置，第二项与第三项表示空气的阻力，a_1、a_2 为空气阻力系数。

若选择桥梁作为蹦极者开始跳下的起点，即 $x=0$，表明位置 x 的基准为蹦极者开始跳下的位置，并设低于桥梁的位置为正值，高于桥梁的位置为负值。

如果蹦极者系在一个弹性常数为 k 的弹力绳索上，定义绳索下端的初始位置为 0，则其对落体位置的影响为

$$bx = \begin{cases} -kx & (x > 0) \\ 0 & (x \leqslant 0) \end{cases} \tag{5.9}$$

这样，整个蹦极跳系统的数学描述为

$$m\ddot{x} = mg + bx - a_1\dot{x} - a_2 \mid \dot{x} \mid \dot{x} \tag{5.10}$$

显见，蹦极跳系统是一个典型的非线性连续时间系统。

(2) 蹦极跳系统仿真问题描述。

假设：桥梁距离地面为 50 m；蹦极者的起始位置为绳索的长度 -30 m，即 $x(0) = -30$ m；蹦极者起始速度为零，即 $\dot{x}(0) = 0$；其余参数分别为：$k = 20$，$a_2 = a_1 = 1$，$m = 70$ kg，$g = 10$ m/s²。

要求：通过仿真，分析此蹦极跳系统对体重为 70 kg 的蹦极者而言是否安全。

(3) 蹦极跳系统 Simulink 模型及参数配置。

由式(5.9)和式(5.10)可构建蹦极跳系统的 Simulink 模型，如图 5.57 所示，模型名为 exm5_8.mdl。

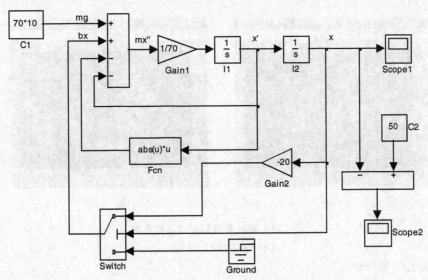

图 5.57　蹦极跳系统的 Simulink 模型

图中主要模块的参数配置如下：

① C1 模块（即 Constant 模块）：Constant value 栏填写 70 * 10。

② C2 模块：Constant value 栏填写 50。

③ I1 模块：Initial condition 栏为缺省值 0。

④ I2 模块：Initial condition 栏填写-30。

⑤ Gain1 模块：Gain 栏填写 1/70。

⑥ Gain2 模块：Gain 栏填写-20（即绳索弹性常数 k 的负值）。

⑦ Fcn 模块：Expression 栏填写 abs(u) * u。

⑧ Switch 模块：位于 Signal Routing 模块组中。该模块为两个输入选择模块，其功能是根据第二个输入决定输出其他两个输入中的哪一个：若第二个输入大于或等于参数 Threshold 的值，则输出第一个输入；否则，输出第三个输入。其功能示意如图 5.58 所示。

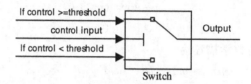

图 5.58 Switch 模块功能示意图

⑨ Scope1 模块：显示蹦极者的相对位置，即蹦极者相对于桥梁的位置。

⑩ Scope2 模块：显示蹦极者的绝对位置，即蹦极者相对于地面的距离。

⑪ 模型窗口 exm5_8.mdl：将仿真结束时间设置为 100，其余仿真参数均采用缺省设置。

（4）仿真运行。

用鼠标左键双击 Scope2 模块，打开示波器窗口。再用鼠标左键单击模型窗口图标▶，则得到 $k=20$ 时系统的响应曲线，如图 5.59(a)所示，图中显示的是蹦极者相对于地面的距离。

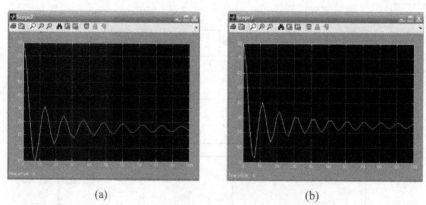

(a)   (b)

图 5.59 蹦极者相对于地面的距离

(a) $k=20$；(b) $k=28$

（5）仿真结果分析。

由图 5.59(a)的仿真结果知，对于体重为 70 kg 的蹦极者来说，此系统是不安全的。因为蹦极者与地面之间的距离出现了负值。即，蹦极者在下落的过程中会触地，而安全的蹦极跳系统要求二者之间的距离应该大于 0。

若将弹力绳索的弹性常数 k 增大，上述情况就会改变。图 5.49(b)为 $k=28$ 时的仿真结果。显见，蹦极者与地面之间的距离为正值。

因此，必须使用弹性常数较大的弹性绳索，才能保证蹦极者的安全。当然，在蹦极者触地的情况下，系统的动态方程会发生改变，系统输出结果也将发生变化。上述蹦极跳系统的仿真结果并没有考虑这一点，即假设蹦极者距离地面足够远，不会触地。

【例 5.9】 汽车速度控制系统的设计与仿真。

【解】

(1) 问题提出。

汽车行驶在如图 5.60 所示的斜坡上（可看做汽车沿直线山坡路向前行驶）。要求设计一个简单的比例控制器，使汽车能以设定的速度运动。

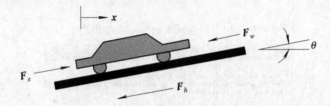

图 5.60　斜坡上行驶汽车的受力示意图

(2) 建立汽车运动的数学模型。

根据牛顿第二定律，汽车的运动方程为

$$m\ddot{x} = F_e - F_w - F_h \tag{5.11}$$

式中，各参量的物理意义参见图 5.60，图中：

① m 为汽车质量，本例中取为 100 个质量单位。

② F_e 是引擎动力。最大驱动力为 1000，最大制动力为 -2000，即

$$-2000 \leqslant F_e \leqslant 1000 \tag{5.12}$$

③ F_w 是空气阻力，它与轿车的速度平方成正比，其表达式为

$$F_w = 0.001(\dot{x} + 20\sin(0.01t))^2 \tag{5.13}$$

式中第二项是为近似考虑"阵风"而引入的，$\dot{x}$ 为行驶汽车的水平速度。

④ F_h 是重力分量，其表达式为

$$F_h = 30\sin(0.0001\dot{x}x) \tag{5.14}$$

式中的正弦项是为考虑坡路与水平夹角 θ 的变化而引入的。

(3) 行驶汽车的 Simulink 模型及参数配置。

由式(5.11)～式(5.14)可建立行驶汽车的 Simulink 模型如图 5.61 所示，模型名为 exm5_9_1.mdl。图中主要模块的参数配置如下：

① FcIn 模块：为"指令"驱动力 Fe 提供输入端口。

② SaOut 模块：为输出汽车实际速度 Sa 提供输出端口。

③ Max Thrust 模块：设置驱动力上限，Constant value 栏填写 1000。

④ UpLim 模块（即 MinMax 模块）：其参数设置对话框如图 5.62 所示，Function 栏填写 min（缺省设置），Number of input ports 栏填写 2（缺省设置），则模块输出取两个输入中的小者。与此同时，该模块的图标以 min 表示。

⑤ Max Brake 模块：设置制动力下限，Constant value 栏填写 -2000。

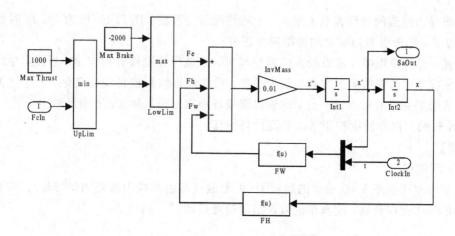

图 5.61　行驶汽车的 Simulink 模型

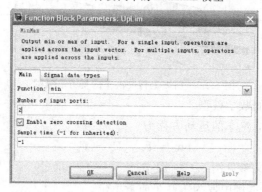

图 5.62　UpLim 取小模块(MinMax)参数设置对话框

⑥ LowLim 模块：在图 5.62 中，Function 栏填写 max，则模块输出取两个输入中的大者。与此同时，该模块的图标也以 max 表示。

⑦ ClockIn 模块：为接受仿真时间数据 t 提供输入端口。

⑧ FW 模块(即 Fcn 模块)：实现空气阻力 $\boldsymbol{F}_w$(见式(5.13))。由图 5.61 可看出，该模块的输入是 $[\dot{x}, t]$ 构成的向量，所以，根据 Fcn 模块表达式必须遵循的第一个规则，在 Expression 栏中填写 $0.001 * (u(1) + 20 * \sin(0.01 * u(2)))\hat{\ }2$。

⑨ FH 模块：实现重力分量 $\boldsymbol{F}_h$(式(5.14))。由图 5.61 知，该模块的输入为位移标量 x，输出是重力分量 $\boldsymbol{F}_h$，则在 Expression 栏中填写 $30 * \sin(0.0001 * u)$。

(4) 比例控制器及其 Simulink 模型。

根据题目要求，利用简单的比例控制规律控制汽车的速度。

比例控制器的工作原理是：根据期望速度和实际速度之差产生"指令"驱动力 $\boldsymbol{F}_c$，其数学模型为

$$\boldsymbol{F}_c = K_e(\dot{x}_c - \dot{x}) \qquad (5.15)$$

式中，K_e 为比例系数，本例可取 $K_e = 50$；$\dot{x}_c$ 为汽车期望速度；$\dot{x}$ 为汽车实际速度。

"指令"驱动力 $\boldsymbol{F}_c$ 与实际驱动力 $\boldsymbol{F}_e$ 的差别在于：前者是理论上需要的计算力，后者是受物理限制后实际能提供的力。

由式(5.15)构建的比例控制器 Simulink 模型如图 5.63 所示，模型名为 exm5_9_

2. mdl。图中，SaIn－和 SaIn＋分别是比例控制器模型的期望速度 $\dot{x}_c$ 与实际速度 $\dot{x}$ 的输入端口模块，FcOut 是"指令"驱动力 $\boldsymbol{F}_c$ 的输出端口模块。

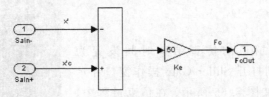

图 5.63 比例控制器 Simulink 模型

（5）构建完整的 Simulink 模型。

将图 5.61 的行驶汽车模型与图 5.63 的比例控制器模型放在同一个新建模型窗口中，并进行适当的连接，即可得到如图 5.64 所示受控汽车的完整模型，模型名为 exm5_9_3.mdl。

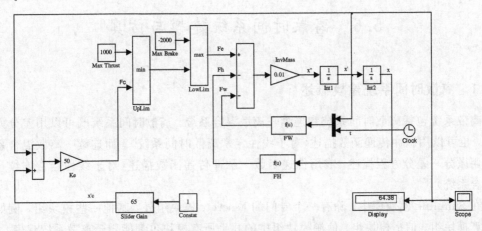

图 5.64 受控汽车完整的 Simulink 模型

图 5.64 中，Slider Gain 模块的功能是实现可变的汽车期望速度。用鼠标左键双击 Slider Gain 模块，打开如图 5.65 所示的操作窗口，将 Low（下限）设置为 0，High（上限）设置为 100，滑键所在位置为增益值（图中为 65，即汽车期望速度）。同时，该模块还需要"恒值"输入信号 Constant 的激励。

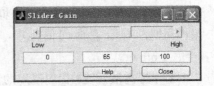

图 5.65 滑键增益模块操作窗口

此外，在连接两个模型时还应特别注意以下几点：

① 删去行驶汽车模型（见图 5.61）的 FcIn 输入端口与控制器模型（见图 5.63）的 FcOut 输出端口，然后将两个断点相连接。

② 删去行驶汽车模型的 SaOut 输出端口与控制器模型的 SaIn－输入端口，然后将两个断点相连接。

③ 删去控制器模型的 SaIn＋输入端口，将该断点与 Slider Gain 模块的输出相连接，接受指定的汽车速度信号。

④ 删去行驶汽车模型的 ClockIn 输入端口，使 Clock 信号源模块的输出与此断点相连接。

⑤ 为了观察比较，速度量还被送到 Display（数值显示器）和 Scope。在仿真过程中可以从数值显示器上看到汽车的实际车速。

（6）仿真运行。

将图 5.64 模型窗口的仿真结束时间设置为10 000。仿真前先分别打开 Slider Gain 操作窗口和示波器窗口，仿真结果如图 5.66 所示。在仿真过程中，若在 Slider Gain 操作窗口移动滑键，可从模型窗口的Slider Gain 模块图标上看到变化的期望车速。与此同时还可以看到，Display 模块所显示的实际车速在控制作用下不断翻动地向期望车速逼近。

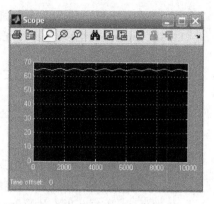

图 5.66　例 5.9 的仿真结果

5.6　离散时间系统建模与仿真

5.6.1　离散时间系统建模概述

离散系统包括离散时间系统和连续—离散混合系统。离散时间系统既可以用差分方程描述，也可以用脉冲传递函数描述（对于线性定常离散时间系统）。而连续—离散混合系统则可用微分—差分方程描述，或用传递函数—脉冲传递函数描述（对于线性定常连续—离散混合系统）。

在 Simulink 模块库中，除有一个专门的 Discrete 模块组外，其他一些模块组，例如数学运算模块组、信宿模块组、信源模块组中的几乎所有模块也都能用于离散系统建模。

采样周期是所有离散模块最重要的参数。在所有离散模块的参数设置对话框里，在 Sample time（采样周期）栏中可以填写标量 T_s 或二元向量 $[T_s, \text{offset}]$。这里，T_s 是指定的采样周期；offset 是时间偏移量，它可正可负，但绝对值总小于 T_s。实际的采样时刻 $t = T_s + \text{offset}$。

对于纯离散系统，优先使用的 Solver 解算器算法是 discrete，但该算法完全不能处理连续时间系统。其他解算器算法都同时适用于离散时间系统和连续时间系统。

通常，离散系统仿真建模最常使用的是 discrete 模块组中的模块，表 5.5 对此已作介绍。下面，对其中一些基本模块再作进一步的介绍。

1. Unit delay 模块

实现对给定采样周期的延迟，等同于离散时间算子 z^{-1}。该模块接收一个输入，并产生一个输出，两者可以是标量或向量。如果输入是向量，则其所有元素都在一个采样周期内被延迟。

2. Zero-Order Hold 模块

实现以给定采样周期对输入信号的采样与保持。该模块接收一个输入，并产生一个输出，两者可以是标量或向量。如果输入是向量，则其所有元素都在一个采样周期内被保持。

3. 脉冲传递函数型模块

该类型的模块有 3 个：

① Discrete Transfer Fcn 模块：以 z 降幂形式排列的两个多项式之比。

② Discrete Filter 模块：以 z^{-1} 升幂形式排列的两个多项式之比。

③ Discrete Zero-Pole 模块：设置时需要脉冲传递函数的零点向量、极点向量和增益标量。

5.6.2 线性定常离散时间系统建模与仿真

【例 5.10】 线性定常离散控制系统结构如图 5.67 所示，已知 $r(t)=1(t)$，试建立 Simulink 仿真模型，并求采样周期 $T=0.1$ s 和 $T=1$ s 时系统的单位阶跃响应。

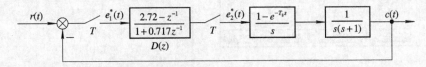

图 5.67 线性定常离散控制系统结构图

【解】 （1）仿真模型及参数配置。

本例是一个单速率（同步采样周期）线性定常连续—离散混合系统。由图 5.67 构建的 Simulink 模型如图 5.68 所示，模型名为 exm5_10.mdl。图中的模块参数配置如下：

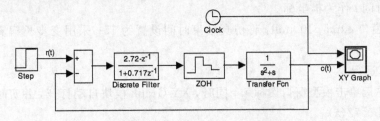

图 5.68 例 5.10 的 Simulink 模型

① Discrete Filter 模块：实现数字控制器 $D(z)$，其参数设置对话框如图 5.69 所示。图中，Numerator coefficient 栏填写 $[2.72，-1]$，Denominator coefficient 栏填写 $[1，0.717]$，Sample time 栏填写 0.1。

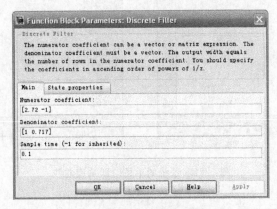

图 5.69 Discrete Filter 模块参数设置对话框

② ZOH 模块：在其参数设置对话框的 Sample time 栏中填写 0.1，见图 5.70。

③ Clock 模块：产生时间 t，与 XY Graph 模块配合使用。

④ XY Graph 模块：用鼠标左键双击该模块，打开如图 5.71 所示的参数设置对话框；x-min 栏（x 坐标下限）填写 0，x-max 栏（x 坐标上限）填写 15；y-min（y 坐标下限）栏填写 0，y-max（y 坐标上限）栏填写 1.5。

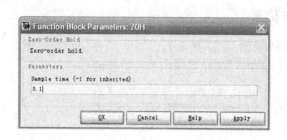

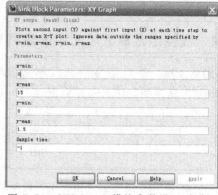

图 5.70　ZOH 模块参数设置对话框　　图 5.71　XY Graph 模块参数设置对话框

注意：XY Graph 模块与 Scope 模块都可以将仿真运行数据生成二维曲线。但前者可以任意两组数据作为二维曲线的横坐标（或纵坐标），因而具有很大的灵活性；而后者只能以仿真运行时间 t 作为横坐标。

⑤ 模型窗口 exm5_10.mdl：将仿真结束时间设置为 15，采用变步长解算器，仿真算法选择 ode45。

（2）仿真运行。

用鼠标左键单击模型窗口图标 ▶，同时，XY Graph 模块自动打开，并实时显示输出响应曲线，见图 5.72(a)。

进一步，将 Discrete Filter 模块和 ZOH 模块参数设置对话框中的 Sample time 参数设置为 1，并运行仿真，仿真结果见图 5.72(b)。

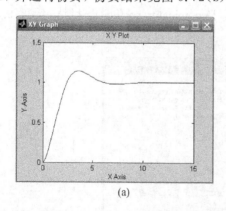

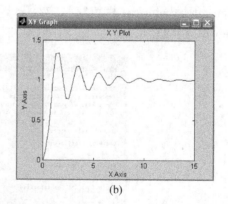

(a)　　　　　　　　　　　　(b)

图 5.72　系统的单位阶跃响应曲线

(a) $T = 0.1$ s；(b) $T = 1$ s

显见，采样周期 $T = 0.1$ s 时系统的动态性能优于采样周期 $T = 1$ s，说明采样周期的大小对系统性能有很大影响。

5.6.3 非线性离散时间系统建模与仿真

【例 5.11】 离散控制系统比例控制器设计举例。已知，被控对象的离散状态空间表达式为

$$\begin{cases} x_1(k+1) = x_1(k) + 0.1x_2(k) \\ x_2(k+1) = -0.05\sin x_1(k) + 0.094x_2(k) + u(k) \\ y(k) = x(k) \end{cases} \tag{5.16}$$

式中，$x_1(k)$ 和 $x_2(k)$ 为状态变量，$u(k)$ 为被控对象的输入，$y(k)$ 为受控对象的输出，该受控过程的采样周期为 0.1 s。要求，应用采样周期为 0.25 s 的比例控制器，输出显示的采样周期为 0.5 s。

【解】 本例是一个多速率非线性离散时间系统。

(1) 比例控制器数学模型。

比例控制器工作原理：根据期望输出 $y_c(k)$ 和实际输出 $y(k)$ 之差产生控制输入 $u(k)$，其数学模型为

$$u(k) = K_p[y_c(k) - y(k)] \tag{5.17}$$

式中，K_p 为比例系数，本例可取 $K_p = 1$。

(2) 仿真模型及参数配置。

由式(5.16)和式(5.17)可构建系统的 Simulink 模型，如图 5.73 所示，模型名为 exm5_11.mdl。图中的主要模块参数配置如下：

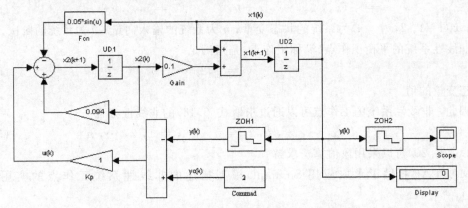

图 5.73　多速率非线性离散时间系统 Simulink 模型

① UD1、UD2 模块：分别在其参数设置对话框中将 Sample time 设置为 0.1，Initial conditions 设置为零（缺省值），见图 5.74。

② ZOH1 模块：Sample time 栏填写 0.25。

③ ZOH2 模块：Sample time 栏填写 0.5。

④ Command 模块：设置比例控制器的比例系数。Contant value 栏填写 2。

⑤ Scope 模块：显示输出 y 的历史记录。

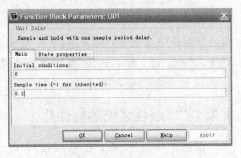

图 5.74　UD1 模块参数设置对话框

⑥ 模型窗口 exm5_11.mdl：仿真参数全部采用缺省配置。同时，选择菜单"Format|Port/Signal Displays|Sample time colors"，则模型中不同采样周期的模块和连线以不同颜色表示。本例中，采样速度最快的受控过程部分会显示为红色；速度次之的控制器部分则显示为绿色；而蓝色显示的则是 y 的历史记录部分。

（3）仿真运行。

将仿真结束时间设置为 10 秒。Display 模块在仿真过程中实时地显示 $y(k)$ 的数值。图 5.73 中 Display 模块上的数值是仿真结束时的 $y(k)$ 值。

5.7 非线性系统的线性化

比起非线性系统来说，线性系统更易于分析与设计，然而在实际应用中经常遇到的是非线性系统。严格来说，所有的系统都含有不同程度的非线性成分，因此，需要对非线性系统进行线性近似，从而简化系统的分析与设计。

MATLAB 中实现非线性系统的线性化有两种方法：一种是采用雅可比函数的方法，另一种是 Simulink 方法。本书只介绍 Simulink 方法。

5.7.1 非线性系统的工作点

设非线性系统状态方程的一般形式为

$$\dot{x}_i = f_i(x_1, x_2, \cdots, x_n, u, t) \qquad (i = 1, 2, \cdots, n) \qquad (5.18)$$

式中，$x_i (i=1, 2, \cdots, n)$ 为系统的状态变量；u 为系统的输入向量；n 为系统的阶次。

非线性系统的平衡工作点（简称工作点）是指满足

$$\dot{x}_i = 0 \qquad (i = 1, 2, \cdots, n) \qquad (5.19)$$

时状态变量的值。

因此，非线性系统的工作点可以通过求取式(5.18)的非线性方程

$$f_i(x_1, x_2, \cdots, x_n, u, t) = 0 \qquad (i = 1, 2, \cdots, n) \qquad (5.20)$$

求出。式(5.20)可以采用数值算法求解。

MATLAB 提供了求取应用 Simulink 模型描述的非线性系统工作点的实用函数 trim()。

格式：

[x, u, y, dx]＝trim(model_name, x0, u0)

说明：model_name 为 Simulink 模型的文件名；x0, u0 为数值算法所要求的起始搜索点，是用户应该指定的状态向量初值和工作点的输入信号，对不含有非线性环节的系统，则无需设定 x0, u0；x, u 及 y 分别为系统实际工作点处的状态向量，输入向量及输出向量；dx 为状态向量在工作点处的一阶导数值，通常为零。

5.7.2 非线性系统的线性化

求出工作点 x_0 后，在输入信号 u_0 作用下，非线性系统在此工作点附近可以近似表示成

$$\Delta \dot{x}_i = \sum_{j=1}^{n} \frac{\partial f_i(\boldsymbol{x}, \boldsymbol{u})}{\partial x_j}\bigg|_{x_0, u_0} \Delta x_j + \sum_{j=1}^{p} \frac{\partial f_i(\boldsymbol{x}, \boldsymbol{u})}{\partial u_j}\bigg|_{x_0, u_0} \Delta u_j \qquad (5.21)$$

式中，p 为输入向量 $\boldsymbol{u}$ 的维数。

令 $z_i = \Delta x_i (i=1, 2, \cdots, n)$ 为新的状态变量，$v_j = \Delta u_j (j=1, 2, \cdots, p)$ 为新的输入向量，则式(5.21)可写成

$$\Delta \dot{\boldsymbol{z}}(t) = \boldsymbol{A}_l \boldsymbol{z}(t) + \boldsymbol{B}_l \boldsymbol{v}(t) \qquad (5.22)$$

式中：

$$\boldsymbol{A}_l = \begin{bmatrix} \dfrac{\partial f_1}{\partial x_1} & \cdots & \dfrac{\partial f_1}{\partial x_n} \\ \vdots & \ddots & \vdots \\ \dfrac{\partial f_n}{\partial x_1} & \cdots & \dfrac{\partial f_n}{\partial x_n} \end{bmatrix}, \quad \boldsymbol{B}_l = \begin{bmatrix} \dfrac{\partial f_1}{\partial u_1} & \cdots & \dfrac{\partial f_1}{\partial u_p} \\ \vdots & \ddots & \vdots \\ \dfrac{\partial f_n}{\partial u_1} & \cdots & \dfrac{\partial f_n}{\partial u_p} \end{bmatrix} \qquad (5.23)$$

式(5.22)即为式(5.18)描述的非线性状态方程的线性化模型。

MATLAB 提供了非线性系统线性化的实用函数 linmod2()、linmod()及 dlinmod()，用于在工作点附近提取系统的线性化模型。

格式：

[A, B, C, D]= linmod2(model_name, x0, u0)　　连续时间系统线性化

[A, B, C, D]= linmod (model_name, x0, u0)　　连续时间系统线性化

[A, B, C, D]=dlinmod (model_name, x0, u0)　　含有离散环节系统线性化

说明：① x0, u0 为非线性系统工作点的状态与输入值，可由 trim() 函数求出，对仅由线性模块构成的 Simulink 模型，可以省略这两个参数；A, B, C, D 为线性化的状态空间模型。

② 函数 linmod2() 与 linmod() 的作用完全相同，区别仅在于所采用的数值求解算法不同。

【例 5.12】 已知非线性系统的状态方程为

$$\begin{cases} \dot{x}_1 = x_2 \\ \dot{x}_2 = -2x_1^3 - 1.5x_1 x_2 + u \end{cases} \qquad (5.24)$$

试求出系统的线性化模型。

【解】 (1) 构建非线性系统的 Simulink 模型。

由式(5.24)可构建两种形式的 Simulink 模型，如图 5.75(a)与(b)所示，模型名为 exm5_12a. mdl 与 exm5_12b. mdl。注意，在对模型进行线性化时，Simulink 模型中的输入端必须有 In1 模块，而输出端必须有 Out1 模块，见图 5.75。

图 5.75(b)中，采用 Mux 模块将两路信号组成一个向量化信号(一路信号)，再经过 Integrator 模块后，得到的输出仍然为向量化信号，其各路输出为原来各路输入信号的积分。同时，还采用了 Fcn 模块。这样，与图 5.75(a)相比，图 5.75(b)的模型非常简洁，且建模不易出错，也便于维护。若选择图 5.75(b)模型窗口菜单"Format | Port/Signal Displays | Wide nonscall lines"，还会得到向量型信号线加粗的 Simulink 模型，如图 5.75(c)所示。

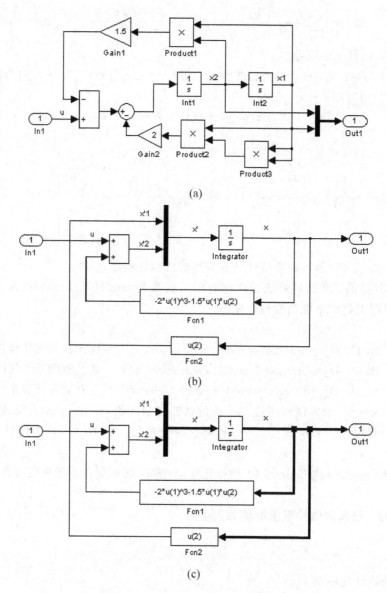

图 5.75 非线性系统的 Simulink 模型

(a) 一般形式；(b) 简洁形式；(c) 向量型信号线加粗

（2）确定系统的工作点。

在 MATLAB 命令窗口中输入：

$\gg$ [x0, u0, y0, dx]=trim('exm5_12a', [0.5; 0.5], 0.5)

或

$\gg$ [x0, u0, y0, dx]=trim('exm5_12b', [0.5; 0.5], 0.5)

运行结果为：

x0 =

　　0.5000

　　−0.0000

u0=0.2500

y0=0.5000

dx=1.0e−016 ＊

    −0.0000

    −0.2776

（3）建立系统的线性化模型。

在 MATLAB 命令窗口中输入：

    ＞＞［A，B，C，D］＝linmod（′exm5‑12a′，x0，u0)

运行结果为：

A＝

      0   1.0000

    −1.5000   −0.7500

B＝

    0

    1

C＝

    1   0

D＝

    0

    0

完整的 MATLAB 程序(模型名为 e5‑12.m)如下：

```
%例 5.12 模型名为 e5‑12.m
% 非线性系统的线性化
open‑system('exm5‑12a')
[x0，u0，y0，dx]＝trim('exm5‑12a'，[0.5；0.5]，0.5)
[A，B，C，D]＝linmod('exm5‑12a'，x0，u0)
```

5.7.3　应用线性化方法求系统的数学模型

应用函数 linmod( )，除了能对非线性系统线性化外，还可以求出复杂系统的数学模型。

【例 5.13】　应用线性化方法求例 3.32 所示系统(见图 3.8)的闭环传递函数，并求出系统的单位阶跃响应。

（1）根据图 3.8 所示控制系统的结构图，可构建系统的 Simulink 模型如图 5.76 所示，模型名为 exm5‑13.mdl。

（2）求系统的闭环传递函数。

MATLAB 程序如下：

```
%例 5.13 模型名为 e5‑13.m
%应用线性化方法求系统的传递函数
open‑system('exm5‑13')
[a，b，c，d]＝linmod('exm5‑13')；
Gb＝ss(a，b，c，d)；
```

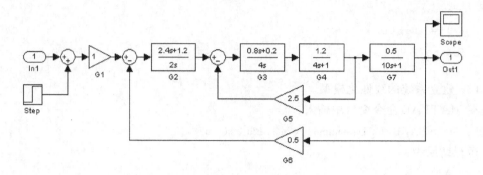

图 5.76　图 3.8 的 Simulink 模型

G＝tf(Gb)

运行结果为：

Transfer function：

$$\frac{0.0036\ s^2 + 0.0027\ s + 0.00045}{s^4 + 0.5\ s^3 + 0.0793\ s^2 + 0.0051\ s + 0.000225}$$

即，系统的闭环传递函数为

$$\frac{Y(s)}{R(s)} = \frac{0.0036s^2 + 0.0027s + 0.00045}{s^4 + 0.5s^3 + 0.0793s^2 + 0.0051s + 0.000225}$$

（3）求系统的单位阶跃响应。

在 MATLAB 命令窗口中输入：

　　＞＞ step(G)

运行结果见图 5.77(a)。

也可以通过运行图 5.76 的 Simulink 模型，获得其单位阶跃响应曲线，见图 5.77(b)。

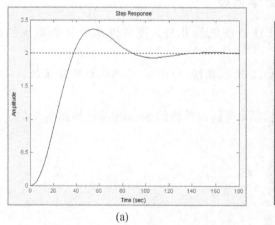

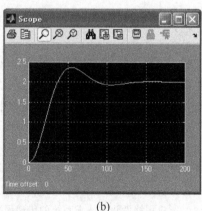

(a)　　　　　　　　　　　　　　　(b)

图 5.77　控制系统的单位阶跃响应

（a）由 MATLAB 函数获得；（b）运行 Simulink 模型获得

5.8 子系统创建及封装技术

到目前为止，本章已系统地论述了创建 Simulink 模型的基本方法，应用这些方法，几乎可以创建任何数学模型已知的物理系统的 Simulink 模型。然而，如果系统很复杂，采用这些基本方法创建的模型将变得很庞大，以至于会给仿真运行与分析带来困难。为此，在建立 Simulink 模型时，常常需要将系统分解成若干个具有独立功能的子系统（Subsystem）。同时，还可以应用 Simulink 提供的封装（Mask）技术，根据需要将一些常用的子系统封装成为模块，这些模块的用法类似于标准的 Simulink 模块。更进一步地，还可以将用户自己开发的一系列模块创建成模块库或模块集。

本节将介绍子系统的构造及应用、子系统封装技术和模块库创建方法，并通过实例来演示子系统的构造和整个系统的建模。

5.8.1 Simulink 子系统及创建

绝大多数程序设计语言都有使用子程序的功能，例如 C 语言中的函数以及 MATLAB 中的 M 函数文件等。Simulink 也提供了类似的功能，即 Simulink 子系统。

随着系统结构的复杂化，难以用一个单一的模型框图对系统进行描述。在这种情况下，通过子系统把一个大的模型分割成若干个小的模型，就会使整个模型变得简洁，可读性也会很强。通常，创建 Simulink 子系统采用下述两种方法。

1. 通过 Subsystems 模块创建子系统

Simulink 的常用模块组和接口与子系统（Port & Subsystems）模块组都提供了 Subsystem 模块（即子系统模块），可以通过该模块创建子系统。

【例 5.14】 已知 PID 控制器的传递函数为

$$G(s) = K_p + \frac{T_i}{s} + T_d s \tag{5.25}$$

式中，K_p 为比例系数，T_i 为积分时间常数，T_d 为微分时间常数。要求，创建 PID 控制器的 Simulink 模型子系统。

【解】

（1）新建模型窗口，模型名为 exm5_14.mdl，将 Subsystem 模块拖到该模型窗口中，如图 5.78 所示。

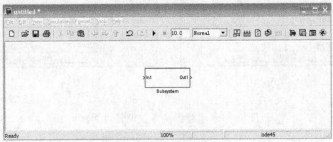

图 5.78　新建模型窗口

（2）用鼠标左键双击 Subsystem 模块，打开如图 5.79 所示的子系统创建窗口。

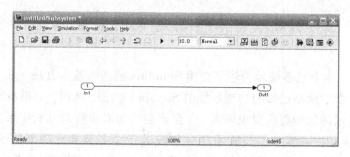

图 5.79　子系统创建窗口

（3）根据式（5.25），在图 5.79 In1 模块（输入端）和 Out1 模块（输出端）之间添加 PID 控制器所需要的模块和信号线，如图 5.80 所示。图中，主要模块参数配置如下：

① Gain1 和 Gain2 模块：用于设置 PID 控制器的比例系数 K_p 和微分时间常数 T_d。分别在其参数设置对话框中将 Gain 栏设置为 Kp 和 Td，见图 5.81(a) 和 (b)；并选择模型窗口菜单"Format|Hide Name"，隐藏模块名。

② Transfer Fcn 模块：在其参数设置对话框中将 Numerator coefficients 栏设置为 Ti，将 Denominator coefficients 栏设置为[1　0]，并隐藏模块名。

③ Derivative 模块：隐藏模块名，参数采用缺省值。

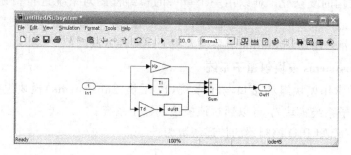

图 5.80　子系统连接框图

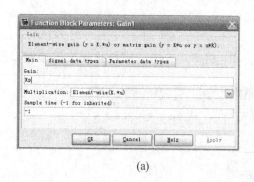
(a)

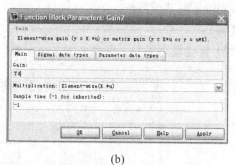
(b)

图 5.81　增益模块参数设置对话框
（a）Gain1 模块；（b）Gain2 模块

（4）可以根据需要设置和修改模块参数，关闭子系统窗口，将模型以 PID. mdl 为名保存。

2. 通过压缩已有的模块建立子系统

此种方法是将现有 Simulink 模型中的模块通过重新组合（或包装），从而得到所需子系统，因此方法简单，易于操作，特别适用于复杂系统的建模。具体方法是：将整个 Simulink 模型看成"上层"模型，按实现功能或对应物理器件将模型划分成块，并采用若干子系统体现其实现功能，使模型简洁；而每个子系统又可由"下层"的一个个具体的基本模块构成，使模型的细节展示无遗，从而建立复杂系统的分层仿真模型。

【例 5.15】 题目背景和参数与例 5.9 完全相同。试创建利用比例控制器，使行驶汽车的运动速度稳定在期望车速的分层仿真模型。

【解】

（1）将待"包装"模型另存为一个新模型。打开模型 exm5_9_3. mdl，选择模型窗口菜单"File|Save as..."，命名新的复制模型为 exm5_15_1. mdl。

（2）生成汽车子系统。

① 框选行驶汽车仿真模型：在 exm5_15_1 模型窗口中将鼠标指针放置在窗口内的合适位置，按下鼠标左键，拖动鼠标直至行驶汽车仿真模型被全部选中，然后释放鼠标左键。具体框选范围如图 5.82 中的虚线框所示。

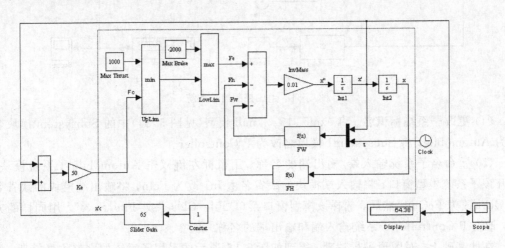

图 5.82　框选的行驶汽车仿真模型

② 包装行驶汽车仿真模型：选择 exm5_15_1. mdl 模型窗口菜单"Edit|Create Subsystem"，可将图 5.82 虚线框部分包装在一个名为 Subsystem 的模块中，并将模型另存为 exm5_15_2. mdl，参见图 5.83。此图已经通过鼠标操作进行了整理。否则，包装后生成的子系统模块和相应的信号线可能会显得比较杂乱。

（3）生成控制器子系统。采用与前一步相似的操作，在 exm5_15_2. mdl 模型中框选由 Sum 模块和 Ke 增益模块组成的比例控制器（见图 5.83 虚线框部分），并选择模型窗口菜单"Edit|Create Subsystem"，生成 Subsystem1 模块，然后对图形再次进行整理，将模型另存为 exm5_15_3. mdl，参见图 5.84。

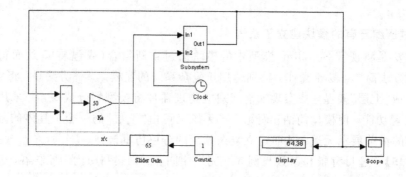

图 5.83　生成汽车子系统

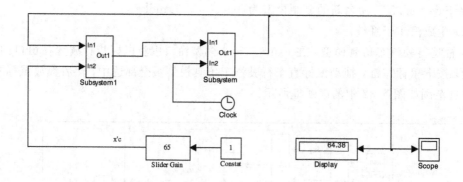

图 5.84　生成控制器子系统

（4）更改子系统标识名。将 exm5_15_3.mdl 模型（见图 5.84）中的 Subsystem 模块名改为 Automobile，将 Subsystem1 模块名改为 P Controller。

（5）重命名子系统输入端/输出端的名称。用鼠标左键双击 Automobile 子系统模块，打开该子系统模型窗口；将输入端模块的缺省名由 In1 改为 FcIn，将输出端模块的缺省名由 Out1 改为 FcOut；然后，选择该模型窗口菜单"File|Close"或"File|Save"。用同样的方法，改变 P Controller 子系统输入端和输出端的名称。

在此基础上，对图形进行整理，得到如图 5.85 所示的采用子系统的完整仿真模型。将模型另存为 exm5_15.mdl。

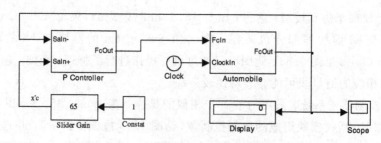

图 5.85　采用子系统的完整仿真模型

5.8.2 封装子系统

采用封装技术，可以将 Simulink 子系统封装成一个模块，并且可以像使用 Simulink 内部模块一样使用它。这样可以将子系统内部结构隐藏起来，访问时只出现一个参数设置对话框，所需要的参数用这个对话框来输入。实际上，在 Simulink 模块库中大量使用了封装技术，如 SimPower Systems 模块库(如果安装的话)中的 DC Machine(直流电动机)模块。

1. 封装子系统的过程

创建一个封装子系统的主要步骤有下述三步：

第一步：创建一个子系统，见 5.8.1 节。

第二步：打开封装编辑器(Mask editor)对话框。方法是，先选中模型窗口中的子系统模块，再选择模型窗口菜单"Edit|Mask Subsystem..."或选择菜单"Edit|Edit Mask..."，即可打开如图 5.86 所示的封装编辑器对话框。

第三步：根据需要，在封装编辑器对话框中编辑封装子系统，包括设置封装文本、对话框和图标等。

图 5.86 封装编辑器对话框

2. 封装编辑器

由图 5.86 知，子系统封装编辑器对话框包括 Icon、Parameters、Initialization 及 Documentation 等四个选项，在这些选项中，有若干项重要内容必须由用户自己填写。下面详细介绍这四个选项的功能及使用方法。

1) Icon(图标)页

封装编辑器对话框的 Icon 页见图 5.86，它用于创建包括描述文本、数学模型、图像及图形在内的封装子系统模块图标。

(1) Drawing commands(绘制命令)编辑框。

该编辑框用于输入创建封装子系统图标的绘制命令。Simulink 提供了能显示文本、一条或多条曲线或图像的一组绘制命令，使用这些命令可以创建不同形式的封装子系统模块图标。Drawing commands 编辑框能接受的绘制命令及其功能见表 5.10。

表 5.10　Drawing commands 编辑框能接受的绘制命令及其功能

类　型	命　令	功　能
曲线型标注	plot()	绘制曲线型图标
	color()	改变曲线颜色
	patch()	绘制曲线并填充颜色
文字型标注	disp()	将文字标注在模块的中心位置
	text()	将文字标注在指定位置
	fprintf()	打印格式的文字型标注
	port_label()	为模块输入/输出端口标注名称
曲线加文字型标注	plot(); disp()	在曲线上叠印出文字
图像型标注	image()	将指定的图像显示在图标上
传递函数型标注	droots()	零极点形式的连续或离散传递函数标注
	dpoly()	多项式形式的 s 域或 z 域传递函数标注

（2）Examples of drawing commands（绘制命令举例）。

此区域给出了 Drawing commands 的用法及语法举例。其中，Commands（命令）选项列出了创建封装子系统图标的各种绘制命令；Syntax（语法）选项给出了所选择绘制命令的语法举例，与此同时，在其右边显示了这些命令产生的图标。

读者可以将表 5.10 与 Command 和 Syntax 两个选项的内容结合起来，以更好地理解和掌握封装子系统图标绘制命令的使用方法。

【例 5.16】　创建封装子系统图标的绘制命令应用实例。

【解】

① 曲线型标注。在 Drawing commands 编辑框中填写绘制命令：

　　　plot(cos(0:0.1:2 * pi), sin(0:0.1:2 * pi))

然后，用鼠标左键单击"OK"按钮，即可得到如图 5.87(a)所示的圆圈图标。

② 文字型标注。在 Drawing commands 编辑框中填写绘制命令：

　　　disp('PID\n 控制器')

再用鼠标左键单击"OK"按钮，即可得到如图 5.87(b)所示的图标显示。绘制命令中的"\n"表示换行。

③ 曲线加文字型标注。在 plot()语句后再添加 disp() 语句，即在 Drawing commands 编辑框中填写绘制命令：

　　　plot(cos(0:0.1:2 * pi), sin(0:0.1:2 * pi))

　　　disp('PID\n 控制器')

再用鼠标左键单击"OK"按钮，即可得到如图 5.87(c)所示的图标显示。

④ 图像型标注。在 Drawing commands 编辑框中填写绘制命令：

　　　image(imread('dayanta.jpg'))

再用鼠标左键单击"OK"按钮，即可将一个存放于 MATLAB 当前路径的图像文件在图标上显示出来，如图 5.87(d)所示。

⑤ 传递函数型标注。在 Drawing commands 编辑框中填写绘制命令：

droots([-1],[-2 -3],4,'z')

再用鼠标左键单击"OK"按钮，即可将零极点增益形式的脉冲传递函数标注在图标上显示出来，如图 5.87(e)所示。

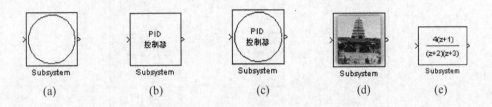

图 5.87 封装子系统模块标注形式

(a)曲线型；(b)文字型；(c)曲线加文字；(d)图像型；(e)传递函数型

(3) Icon option(图标选项)。

Icon option 有四个控制选项，用于指定所创建封装子系统图标的属性。

① Frame(边框)：用于显示或隐藏封装子系统模块的边框，有 Visible(可见，缺省)和 Invisible(不可见)两种选则。如果选择 Visible，则显示模块的边框；若选择 Invisible，则隐藏模块的边框。大多数 Simulink 模块均带有可见的边框。

② Transparency(透明)：有 Opaque(不透明的，缺省)和 Transparent(透明的)两种选择。如果选择 Opaque，则模块端口的信息将被图标上的图形完全覆盖；如果欲显示封装子系统模块端口名称，则应该选择 Transparent 选项。

③ Rotation(旋转)：有 Fixed(固定的，缺省)和 Rotates(旋转)两个选项。若选择 Fixed，则当旋转封装子系统模块时，所创建的图标不旋转；如果选择了 Rotates，在旋转该模块时，也将旋转其图标。

④ Units(绘图单位)：控制绘制命令坐标系统的单位，仅用于曲线型标注与文字型标注绘制命令。它有三种选择：Autoscale(自动定标，缺省)、Normalized(归一化)和 Pixels(像素)。Autoscale 选项使图标恰好充满整个模块；Normalized 选项会把绘图比例设在 0 和 1 之间；Pixels 选项则把绘图坐标系设为绝对坐标系，其效果为当模块图调整大小时，图标大小不改变。

图 5.87 显示的封装子系统模块图标的属性均为缺省状态。

2) Parameters(参数)页

用鼠标左键单击封装编辑器的"Parameters"(见图 5.86)，即可出现如图 5.88 所示的封装编辑器 Parameters 页。Parameters 页用于创立和修改决定封装子系统行为的参数，以便为封装子系统模块参数设置对话框设计提示和设置变量。

(1) Dialog parameters(对话框参数)：用于选择和改变封装子系统模块参数的性质。其中，Prompt(提示)栏中填写子系统模块中已设置变量的提示信息；Variable(变量)栏中填写已设置的变量名(注意，变量名必须和子系统模块中已设置的变量名完全一致)；Type(类型)栏选择变量设置类型，有 Edit(编辑框，缺省)、Checkbox(复选框)和 Popup(弹出列表)三种形式，通常选择 Edit。

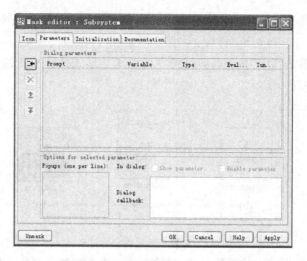

图 5.88　封装编辑器的 Parameters 页

（2）Options for selected parameter（已选择参数）：用于已选择参数的附加选项。

用鼠标左键单击 ⊕ 按钮或 ⊠ 按钮，可以设置或删除变量名。用鼠标左键连续单击 ⊕ 按钮，可以为所需设置的变量准备位置。用鼠标左键单击 ⬆ 按钮或 ⬇ 按钮，可以调整每个变量的位置（即修改变量的次序）。

3）Initialization（初始化）页

用鼠标左键单击封装编辑器的"Initialization"（见图 5.86），即可出现如图 5.89 所示的封装编辑器的 Initialization 页，它允许用户输入 MATLAB 命令来初始化封装子系统，分为如下两个区域：

（1）Dialog variables（对话框变量）：用于显示在 Parameters 页中设置好的子系统封装参数。

（2）Initialization commands（初始化命令）：用于输入任一合法的 MATLAB 表达式，例如 MATLAB 函数、运算符和在封装模块空间中的变量。但初始化命令不能是 MATLAB 工作空间中的变量。

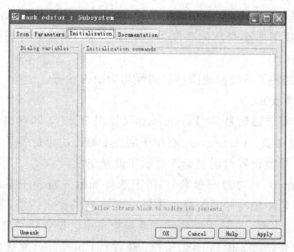

图 5.89　封装编辑器的 Initialization 页

4) Documentation(文档)页

用鼠标左键单击封装编辑器的"Documentation"(见图5.86),即可出现如图5.90所示的封装编辑器的Documentation页。利用Documentation页,可以为封装子系统模块编写模块性质描述和在线帮助说明。

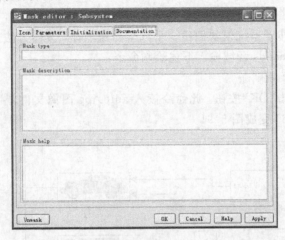

图5.90　封装编辑器的Documentation页

(1) Mask type(封装类型):此区域的内容将作为模块类型显示在封装子系统模块对话框中。

(2) Mask description(封装描述):此区域的内容包括用于描述模块功能的简短语句和其他关于使用此模块的注意事项等,这些内容将显示在封装子系统模块对话框的上部。

(3) Mask help(封装帮助):此区域的内容包括使用此模块的详细说明等。当选择封装子系统模块对话框中的"Help"按钮时,MATLAB的帮助系统将显示此区域中的内容。

【例5.17】　将例5.15的汽车速度控制仿真模型中的Automobile子系统(见图5.85)进行封装。

【解】

(1) 产生待加工的模型窗口。

打开模型exm5_15.mdl,选择模型窗口菜单"File|Save as...",命名新的复制模型为exm5_17.mdl。

为了使待建新模块具有一定的通用性,可以把Automobile子系统中某些模块的参数用变量名而不是用固定的数值表示。具体操作分为以下几步:

① 用鼠标左键双击exm5_17.mdl模型窗口中的Automobile子系统模块,打开其模型窗口(见图5.61)。

② 用鼠标左键双击Max Thrust模块,打开其参数设置对话框,在Constant value栏填写Fmax(驱动力上限)。

③ 用鼠标左键双击Max Brake模块,打开其参数设置对话框,在Constant栏填写Fmin(制动力下限)。

④ 用鼠标左键双击FW模块,打开其参数设置对话框,在Expression栏填写:

$$0.001 * (u(1) + kw * sin(0.01 * u(2)))^2$$

这里,kw是阵风强度系数。

⑤ 用鼠标左键双击 FH 模块，打开其参数设置对话框，在 Expression 栏填写：

$$kh * \sin(0.0001 * u)$$

此处，kh 是路面起伏系数。

⑥ 修改结束后，选择该子系统模型窗口菜单"File|Close"项，关闭窗口。

（2）为子系统创建图标。

可以为本例的汽车子系统模块创建一个汽车图像图标，具体方法是：在子系统封装编辑器的 Drawing commands 区域输入下述绘制命令：

$$image(imread('auto.jpg'))$$

再用鼠标左键单击"OK"按钮。此命令读入 auto.jpg 图像文件，并将其作为子系统模块的图标，使得图 5.85 变成图 5.91。

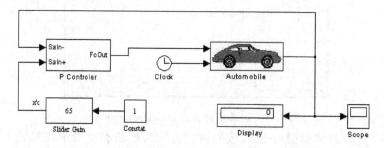

图 5.91 具有汽车图标的汽车速度控制仿真模型

（3）为子系统设计提示和设置变量。

用鼠标左键单击 Parameters 页中的按钮 ⊞ ，即可在 Dialog parameters 区域依次设计提示和设置变量，具体方法如下：

在 Prompt 栏中填写 Largest driving force（即变量提示信息）；在 Variable 栏中填写相关联的变量名称 Fmax；Type 栏取缺省的 edit 类型，使得 Fmax 变量值通过编辑框输入；选中 Evaluate 栏和 Tunable 栏。

参照上述方法，即可再设计新的一行，直至设计出如图 5.92 所示的显示。

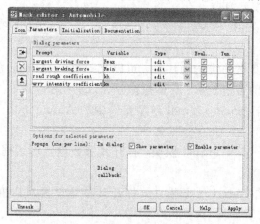

图 5.92 汽车子系统封装模块参数设置

注意，在 Parameters 页中所采用的变量名必须与本例第（1）步所设置的变量名一致。

（4）编写模块性质描述和在线帮助说明。

在封装编辑器的 Documentation 页编写汽车子系统封装模块的模块性质描述和在线帮助说明，参见图 5.93。

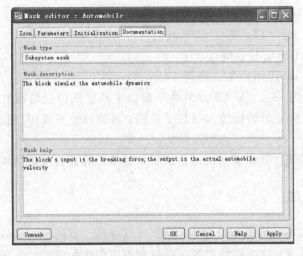

图 5.93　汽车子系统封装模块性质描述和在线帮助说明

至此，已完成了汽车子系统模型的封装工作。

3. 查看封装和解封装

对一个已经封装了的子系统，要查看其封装前的具体内容，可以先选中该模块，然后选择其模型窗口菜单"Edit|Look Under Mask"。

对已经封装的子系统进行解封装操作的步骤是：首先选中该模块，然后选择其模型窗口菜单"Edit|Edit Mask..."，打开封装编辑器，用鼠标左键单击"Unmask"按钮。

4. 封装子系统的使用特点

【例 5.18】　汽车封装子系统的使用特点演示。

【解】

(1) 汽车封装子系统参数设置对话框的来源。

用鼠标左键双击图 5.91 中的 Automobile 子系统模块，或先选中 Automobile 子系统模块，再选择模型窗口菜单"Edit| Mask Parameters..."，弹出其参数设置对话框，如图 5.94 所示。该对话窗的名称、模块性质描述及参数设置栏目都是由封装编辑器决定的。

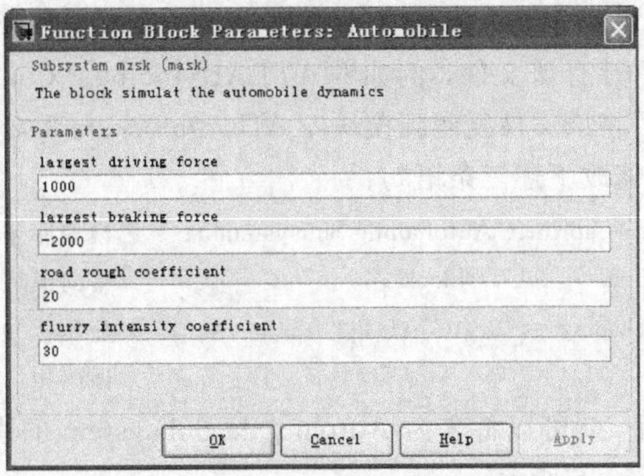

图 5.94　汽车封装子系统的参数设置对话框

（2）为汽车封装子系统参数 Fmax、Fmin、kw 及 kh 赋值。在图 5.94 的 Parameters 区域内完成参数赋值操作，具体如下（见图 5.94）：

largest driving force 栏：填写 1000；

largest braking force 栏：填写-2000；

road rough coefficient 栏：填写 20；

flurry intensity coefficient 栏：填写 30。

（3）参数值的传递路径。MATLAB 命令窗口中的已赋值变量或直接给定的数值通过图 5.94 所示的参数设置对话框传入封装子系统，再通过子系统中各模块的对话窗口传递给各模块。

注意，封装子系统参数设置对话框是该子系统从外界获得参数的惟一途径。

5.8.3　创建模块库

在进行系统建模与仿真分析过程中，除了可以应用已有的 Simulink 模块库外，用户还可以创建自己的模块库，这个模块库既可以包含用户创建的模块，也可以包含 Simulink 系统模块。而且，还可以将所创建的模块库嵌入到 Simulink 模块库浏览器窗口之下。

【例 5.19】　将例 5.17 的汽车封装子系统创建为汽车模块库。

【解】　本例按照以下步骤进行操作：

（1）选择 Simulink 模块库浏览器窗口菜单"File|New|Library"，打开一个空白的模块库窗口，将该窗口以文件 AUTOblock.mdl 保存。

（2）将图 5.91 中的 Automobile 子系统模块（见例 5.17）复制到该模块库中，见图 5.95，这样就创建了属于用户的汽车子系统模块库。

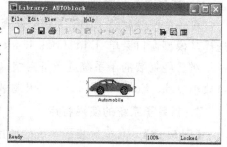

图 5.95　复制 Automobile 子系统模块

（3）设置模块库的属性。选择新建模块库窗口菜单"Edit|Unlock Library"，将模块解锁；然后，再选择菜单"File|Model properties"，即可修改模块库的参数。

（4）将汽车子系统模块库嵌入到 Simulink 模块库浏览器窗口之下。为此，要创建一个 slblocks.m 文件，具体方法如下：

首先，在 MATLAB\toolbox\... 路径下寻找 slblocks.m 文件（Simulink 模块库浏览器中许多工具箱的目录下都有该文件，例如 MATLAB\toolbox\Control\Control 路径下的 slblocks.m 文件）；然后将该文件复制到模块库 AUTOblock.mdl 文件所在的路径中，并修改该文件的内容，主要修改下述三条语句：

blkStruct.Name = sprintf('Automobile Subsystem');　　%模块库名称

blkStruct.OpenFcn = 'AUTOblock';　　　　　　　　　　%指向模块库的文件名

blkStruct.MaskDisplay = 'disp(''AUTO'')';　　　　　　%显示模块库名称，本例可以不采用
　　　　　　　　　　　　　　　　　　　　　　　　　　　该语句

经过这样的处理后，就可以将名为 Automobile Subsystem 的模块库嵌入到 Simulink 模块库浏览器下，如图 5.96 所示。

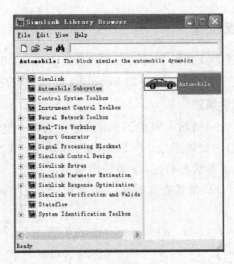

图 5.96　嵌入了 Automobile 模块库的 Simulink 模块库浏览器

5.9　S 函数及其应用

5.9.1　S 函数的概念

S 函数即系统函数(System Function)，是 Simulink 模块的一种计算机语言描述。它是 The MathWorks 公司为了扩展 Simulink 的仿真能力而为用户提供的一种功能强大的编程机制，是用户借以创建 Simulink 模块所必需的、具有特殊调用格式的函数文件。它采用一种特殊的调用规则来实现用户与 Simulink 解算器的交互，从而允许用户将自己的模块嵌入到系统中，大大增强了 Simulink 的仿真功能。若能成功使用 S 函数，则可以在 Simulink 环境下对任意复杂的控制系统进行建模与仿真分析。

S 函数有固定的程序格式，它不仅可以用 MATLAB 编写(即用 M 文件表述的)，还可以采用标准 C、C++、Fortran 以及 Ada 等计算机高级语言编写。但要注意的是，用 MATLAB 编写的 S 函数可以直接调用，而用标准 C 语言或其他计算机高级语言编写的 S 函数在调用前，首先需要采用 MATLAB 提供的编译工具编译成 MEX 文件(MEX-files)，该文件是供 Simulink 使用的动态加载的可执行文件。本节主要介绍用 MATLAB 语言编写 S 函数。

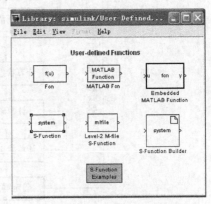

图 5.97　用户自定义模块组

S 函数模块位于 Simulink 模块库浏览器中的用户自定义模块组中，如图 5.97 所示。S Function 模块提供了一种调用 Simulink 模型中 S 函数的途径。

5.9.2 Simulink 的仿真机理

要创建一个 S 函数，就必须理解 S 函数，也就必须了解 Simulink 的运行机理。本节首先论述 Simulink 模块的数学描述，然后介绍 Simulink 的仿真机理。

1. Simulink 模块的数学描述

一个 Simulink 模块包含一组输入向量、一组状态向量和一组输出向量，且输出向量是采样时间、输入向量和状态向量的函数。在 Simulink 模块中，规定这三组向量分别用 u、x 和 y 表示，u 为输入向量，x 为状态向量，y 为输出向量，如图 5.98 所示。其中，状态向量 x 还可以分为连续状态向量、离散状态向量或二者的组合。三组向量之间的数学关系可用下述方程描述

$$y = f_0(t, x, u) \qquad \text{（输出方程）} \tag{5.26}$$
$$\dot{x}_c = f_d(t, x, u) \qquad \text{（连续状态方程）} \tag{5.27}$$
$$x_{d_{k+1}} = f_u(t, x, u) \qquad \text{（离散状态方程）} \tag{5.28}$$

式中，x_c 为连续状态向量部分，x_d 为离散状态向量部分，且 $x = x_c + x_d$ 为状态向量。

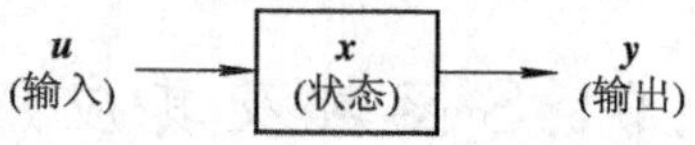

$$\underset{\text{（输入）}}{u} \longrightarrow \boxed{\underset{\text{（状态）}}{x}} \longrightarrow \underset{\text{（输出）}}{y}$$

图 5.98　Simulink 模块的基本模型

2. Simulink 的仿真机理

Simulink 模型的运行过程分为模型初始化和仿真执行两大阶段，见图 5.99。

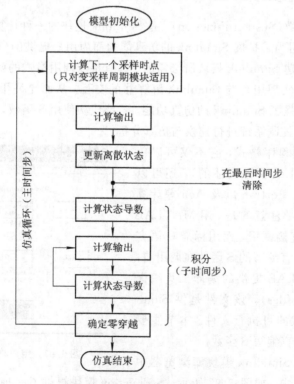

图 5.99　Simulink 模型的运行过程

1）模型初始化

模型初始化阶段完成的任务包括：

（1）确定模型中各模块的执行次序。

（2）为未直接指定相关参数的模块确定信号属性，包括数据类型、采样周期等。

（3）估计模块参数。

（4）分配存储空间。

2）仿真执行

模型初始化结束后，就进入仿真循环（simulation loop），即仿真执行阶段。在一个主时间步（major time step）内，依据初始化阶段确定的模块执行次序，依次执行模型中的每个模块。仿真执行阶段要完成的主要任务如下：

（1）计算下一个采样时间点（sample hit），即下一个仿真步长，只适用于变采样周期模块。

（2）计算主时间步上的全部输出。

（3）更新主时间步上的离散状态。

（4）在子时间步（minor time step）上进行积分运算，包括求解连续状态方程、计算输出等。

（5）确定连续状态零穿越。

可见，Sinmulink 仿真实质上是一种基于时间流的仿真。具体讲，在每一次的仿真循环中，Simulink 对模型中的每一个模块调用底层 S 函数，计算各个模块在当前仿真时刻的输出值和状态值。换言之，仿真时间每向前一步，各个模块的输出和状态也都前进了一步，所有模块在该时间步上同时完成了仿真计算。

5.9.3　S 函数的基本结构

S 函数有其固定格式，而用 MATLAB 语言和 C 语言编写的 S 函数的格式是不同的。本节介绍用 MATLAB 语言编写的 S 函数的基本结构。

1. S 函数的引导语句

S 函数的引导语句为

    function [sys, x0, str, ts] = fun(t, x, u, flag, p1, p2, …)

其中，fun 为 S 函数的函数名，用户可以对其重新命名；t、x、u 分别为时间、状态和输入信号；flag 为标志位，表示 Simulink 当前的运行过程，其意义和有关信息见表 5.11；p1，p2 等为 S 函数允许使用的任意数量的附加参数。

表 5.11　flag 参数表

flag 值	功　　能	调用函数名	返回参数 sys
0	启动 S 函数所描述模块的初始化过程	mdlInitializeSizes	初始化参数
1	计算连续状态导数	mdlDerivatives	连续状态导数
2	更新离散状态	mdlUpdate	离散状态
3	计算输出	mdlOutputs	模块输出
4	计算下一个采样时点	mdlGetTimeOfNextVarHit	下一个采样时点
9	终止仿真过程	mdlTerminate	无

说明：仿真开始后，Simulink 首先会自动将 flag 设置成 0，进行初始化过程，然后将 flag 的值设置为 3，计算该模块的输出。一个仿真周期后，Simulink 先将 flag 的值分别设置为 1 和 2，计算连续状态和更新离散状态，再将 flag 的值设置为 3，计算模块的输出。以此一个周期一个周期地计算，直至仿真结束条件满足，Simulink 将 flag 的值设置为 9，终止仿真过程。

2. 参数初始设置

如上所述，根据 S 函数引导语句中标志位 flag 的取值，Simulink 将调用不同的子函数（见表 5.11），以完成模块仿真运行的相应功能（见图 5.99）。其中，最重要的就是子函数 mdlInitializeSizes() 的调用。这是因为，欲使 Simulink 识别出 S 函数，就必须在 S 函数里提供说明信息，即对一些参数进行初始设置，这些工作就由子函数 mdlInitializeSizes() 完成。

参数初始设置包括：连续状态变量和离散状态变量的个数、模块输入和输出端口数、模块的采样周期个数和采样周期的值以及模块状态变量的初始值等。子函数 mdlInitializeSizes() 通过 sizes = simsizes 语句获得默认的系统参数变量 sizes，该变量实际上是一个结构体变量，其结构体成员变量及意义如下：

- NumContStates：S 函数描述的模块中连续状态变量的个数；
- NumDiscStates：模块离散状态变量的个数；
- NumOutputs：模块输出变量的个数（即输出向量的维数）；
- NumInputs：模块输入变量的个数（即输入向量的维数）；
- DirFeedthrough：模块是否直通（即输入信号是否直接在输出端出现）的标识；
- NumSampleTimes：模块采样周期的个数。

3. S 函数模板

Simulink 中提供了一个 S 函数模板 sfuntmpl. m，该文件位于 MATLAB 的"toolbox\simulink\blocks"目录下，在 MATLAB 命令窗口中输入"type sfuntmpl"并按下"回车"键，即可查看该模板的源代码。

为节省篇幅和理解方便，下面给出简略的 sfuntmpl. m 文件，且注释部分有所删节，并在适当位置添加了中文注释。

```
%-------------------------------- sfuntmpl()函数 --------------------------------
function [sys, x0, str, ts] = sfuntmpl(t, x, u, flag)
switch flag,
  case 0,
[sys, x0, str, ts]=mdlInitializeSizes;          %初始化
  case 1,
sys=mdlDerivatives(t, x, u);                     %计算连续状态导数
  case 2,
    sys=mdlUpdate(t, x, u);                      %更新离散状态
  case 3,
    sys=mdlOutputs(t, x, u);                     %计算输出
  case 4,
    sys=mdlGetTimeOfNextVarHit(t, x, u);         %计算下一个采样时点
  case 9,
```

```
        sys=mdlTerminate(t, x, u);                    %结束仿真
    otherwise
        error(['Unhandled flag=', num2str(flag)]);    %出错处理
end
%------------------------------mdlInitializeSizes()子函数 ------------------------------
function [sys, x0, str, ts]=mdlInitializeSizes    %模块初始化子函数
sizes=simsizes;                                   %取默认变量, 返回 sizes 结构体变量
%下述均为缺省值, 应根据所描述的模块修改
sizes. NumContStates =0;                           %设置模块连续状态变量的个数
sizes. NumDiscStates =0;                           %设置模块离散状态变量的个数
sizes. NumOutputs =0;                              %设置模块输出变量的个数
sizes. NumInputs =0;                               %设置模块输入变量的个数
sizes. DirFeedthrough=1;                           %设置模块中直通数目
sizes. NumSampleTimes=1;                           %模块中采样周期的个数
sys= simsizes(sizes);                              %为 sys 赋初始化参数值, 切勿修改
x0 =[];                                            %模块状态初始化
str=[];                                            %保留字符串, 总为空矩阵
ts =[0 0];                                         %采样周期矩阵初始化
%------------------------------mdlDerivatives()子函数 ------------------------------
function sys= mdlDerivatives(t, x, u)              %计算连续状态导数子函数
sys=[];                                            %根据连续状态方程修改此处
%------------------------------mdlUpdate()子函数 ------------------------------
function sys= mdlUpdate(t, x, u)                   %更新离散状态子函数
sys=[];                                            %根据离散状态方程修改此处
%------------------------------ mdlOutputs()子函数 ------------------------------
function sys= mdlOutputs(t, x, u)                  %计算输出子函数
sys=[];                                            %根据输出方程修改此处
%------------------------------ mdlGetTimeOfNextVarHit()子函数 ------------------------------
function sys= mdlGetTimeOfNextVarHit(t, x, u)      %计算下一个采样点子函数
                                                   %该子函数仅在"变采样周期"情况下使用
sampleTime=1                                       %表示在当前采样周期 1 s 后再调用该模块
                                                   %根据需要修改
sys=t+sampleTime;
%------------------------------ mdlTerminate()子函数 ------------------------------
function sys= mdlTerminate(t, x, u)                %终止仿真过程子函数
sys=[];
%------------------------------------------------------------------------------------
```

说明: ① 为方便、快捷地编写 S 函数, 可以从 S 函数模板文件 sfuntmpl. m 出发, 根据所给模块的数学模型, 通过对模板进行适当的修改和"裁剪", 来构建所需的 S 函数。

② 模板文件主函数中的所有"case"项不一定全部出现在 S 函数中, 根据实际需要, 有的可以"剪掉"。例如, 当模块不采用变采样周期时, "case 4"选项和相应的子函数 mdlGet-TimeOfNextVarHit( )就可以剪掉。

③ 通过"裁剪"模板而得到的 S 函数文件中的全部输出变量和前四个输入变量的名称、数目、排列次序都必须与模板完全相同，不能做任何改动。这些变量在仿真过程中的传送和获取完全由 Simulink 自动进行。

5.9.4　S 函数设计举例

【例 5.20】 已知双输入双输出系统的状态空间表达式为

$$\begin{cases} \dot{x} = Ax + Bu \\ y = Cx \end{cases}$$

其中：

$$A = \begin{bmatrix} 2.25 & -5 & -1.25 & -0.5 \\ 2.25 & -4.25 & -1.25 & -0.25 \\ 0.25 & -0.5 & -1.25 & -1 \\ 1.25 & -1.75 & -0.25 & -0.75 \end{bmatrix}, \quad B = \begin{bmatrix} 4 & 6 \\ 2 & 4 \\ 2 & 2 \\ 0 & 2 \end{bmatrix}, \quad C = \begin{bmatrix} 0 & 0 & 0 & 1 \\ 0 & 2 & 0 & 2 \end{bmatrix}$$

输入信号分别为正弦信号和阶跃信号。试应用 S 函数求解系统的状态方程，并求出系统的输出响应。

【解】

(1) 构建系统的 Simulink 模型，模型名为 exm5_20.mdl，如图 5.100 所示。

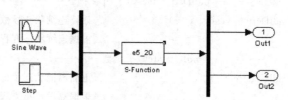

图 5.100　带有 S 函数的 Simulink 模型

(2) 创建 S 函数模块。根据状态空间表达式对 S 函数模板文件 sfuntmpl.m 进行"裁剪"，得到本例 S 函数模块的 MATLAB 程序，程序名为 e5_20.m。具体方法如下：

从 MATLAB 的 toolbox\simulink\blocks 子目录下复制 sfuntmpl.m 文件，并将它另存为 e5_20.m（为保证该模型的运行，应保证 e5_20.m 在 MATIAB 的当前路径上）；再根据状态空间表达式对其进行修改，最后形成如下 S 函数文件：

```
％ 例 5.20 文件名为 e5_20.m
function[sys, x0, str, ts]＝e5_20(t, x, u, flag, A, B, C, D)
％连续系统状态空间表达式
％x'＝Ax＋Bu
％y＝Cx＋Du
％为 A, B, C, D 赋值
A＝[2.25 -5 -1.25 -0.5; 2.25 -4.25 -1.25 -0.25; 0.25 -0.5 -1.25 -1;
    1.25 -1.75 -0.25 -0.75];
B＝[4 6; 2 4; 2 2; 0 2];
C＝[0 0 0 1; 0 2 0 2];
D＝zeros(2, 2);
switch flag,
```

```
case 0                              %初始化
    [sys, x0, str, ts]=mdlInitializeSizes(A, B, C, D);
case 1                              %连续状态变量(导数)计算
    sys=mdlDerivatives(t, x, u, A, B, C, D);
case 3                              %输出变量计算
    sys=mdlOutputs(t, x, u, A, B, C, D);
case {2, 4, 9}                      %未定义标志
    sys=[];
otherwise                           %处理错误
    error(['Unhandled flag=', num2str(flag)]);
end
    %---------------------------mdlInitializeSizes---------------------------
function[sys, x0, str, ts]=mdlInitializeSizes(A, B, C, D)
sizes=simsizes;
sizes. NumContStates=4;             %连续状态变量个数为4
sizes. NumDiscStates=0;             %没有离散状态变量
sizes. NumOutputs=2;                %输出变量的个数为2
sizes. NumInputs=2;                 %输入变量的个数为2
sizes. DirFeedthrough=0;            %模块不是直通的
sizes. NumSampleTimes=1;            %必须设置为1
sys=simsizes(sizes);                %固定格式
x0=[0; 0; 0; 0];                    %设置为零初始状态
str=[];                             %固定格式
ts=[-1 0];                          %-1表示该模块采样周期继承输入信号的采样周期
%-----------------------------mdlDerivatives-----------------------------
function sys=mdlDerivatives(t, x, u, A, B, C, D)
sys=A*x+B*u;                        %求解系统的状态方程
%连续状态导数计算子函数结束
%-----------------------------mdlOutputs-----------------------------
function sys=mdlOutputs(t, x, u, A, B, C, D)
sys=C*x;                            %系统的输出
```

(3) S 函数模块参数设置。用鼠标左键双击图 5.100 中的 S-Funtion 模块,即可打开如图 5.101 所示的 S 函数参数设置对话框,在 S-Function Name 栏中填写 e5_20。

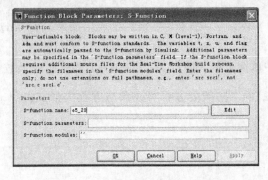

图 5.101 S 函数模块参数设置对话框

（4）仿真运行。将仿真结束时间设置为 20，用鼠标左键单击 exm5_20.mdl 模型窗口中仿真启动图标 ▶ 。仿真结束后，在 MATLAB 工作空间会得到 tout（仿真运行时间）和 yout（系统输出）两个变量。为此，在 MATLAB 命令窗口中输入：

> >> plot(tout, yout)

运行后即可得到如图 5.102 所示的输出响应曲线。

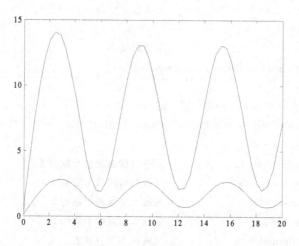

图 5.102　输出响应曲线

【例 5.21】　图 5.103 为单摆示意图。图中，m 为单摆的质量，$\boldsymbol{F}_m$ 为施加在单摆上的外力，$\boldsymbol{F}_d$ 为阻尼力（设阻尼系数为 K_d），$\boldsymbol{F}_g$ 为重力。试应用 Simulink 研究该单摆摆角 θ 的运动曲线，并用 S 函数动画模块表现单摆的运动。

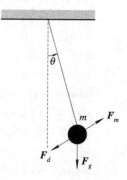

【解】

（1）建立单摆的数学模型。根据图 5.103 和牛顿第二定律，可写出单摆的动力学方程为

$$\boldsymbol{F}_m - \boldsymbol{F}_d - \boldsymbol{F}_g \sin\theta = m\ddot{\theta} \qquad (5.29)$$

即

$$\ddot{\theta} = \frac{\boldsymbol{F}_m}{m} - \frac{\boldsymbol{F}_d}{m} - \frac{\boldsymbol{F}_g}{m} \sin\theta \qquad (5.30)$$

图 5.103　单摆示意图

将 $F_d = K_d\dot{\theta}$ 代入式（5.30），得

$$\ddot{\theta} = \frac{\boldsymbol{F}_m}{m} - \frac{K_d}{m}\dot{\theta} - \frac{\boldsymbol{F}_g}{m} \sin\theta = f_m - k_d\dot{\theta} - f_g \sin\theta \qquad (5.31)$$

式中，$f_m = \dfrac{\boldsymbol{F}_m}{m}$ 为施加在单摆上的等效外力；$k_d = \dfrac{K_d}{m}$ 为等效阻尼系数；$f_g = \dfrac{\boldsymbol{F}_g}{m}$ 为等效重力。

进一步，将式（5.31）的二阶微分方程写成状态方程的形式。令 $x_1 = \dot{\theta}$，$x_2 = \theta$，$u = f_m$，则式（5.31）可写为

$$\begin{cases} \dot{x}_1 = -k_d x_1 - f_g \sin x_2 + u \\ \dot{x}_2 = x_1 \end{cases} \qquad (5.32)$$

（2）创建 S 函数模块。由式(5.31)写出本例的 S 函数文件如下：

```
%例5.21 文件名为 e5_21.m
function[sys, x0, str, ts]=simpendzzy(t, x, u, flag, dampzzy, gravzzy, angzzy)
%dampzzy          等效阻尼系数
%gravzzy          等效重力
%angzzy           初始状态，第1个元素为初始角速度，第2个元素为初始角度
switch flag,
case 0                          %Initialization
    [sys, x0, str, ts]=mdlInitializeSizes(angzzy);
case 1                          %Derivatives
    sys=mdlDerivatives(t, x, u, dampzzy, gravzzy);
case 2                          %Update
    sys=mdlUpdate(t, x, u);
case 3                          %Outputs
    sys=mdlOutputs(t, x, u);
case 9                          %Terminate
    sys=mdlTerminate(t, x, u);
otherwise                       %Unexpected flags
    error(['Unhandled flag=', num2str(flag)]);
end
%主函数结束
%------------------ mdlInitializeSizes ----------------------
function[sys, x0, str, ts]=mdlInitializeSizes(angzzy)
sizes=simsizes;
sizes.NumContStates=2;          %连续状态变量两个
sizes.NumDiscStates=0;          %没有离散状态变量
sizes.NumOutputs=1;             %有1个输出
sizes.NumInputs=1;              %有1个输入
sizes.DirFeedthrough=0;         %输入、输出间不存在直接比例关系
sizes.NumSampleTimes=1;         %只有1个采样时间
sys=simsizes(sizes);
x0=angzzy;                      %初始状态值
str=[];
ts=[0, 0];                      %该取值对应纯连续系统
%----------------------- mdlDerivatives ----------------------
function sys=mdlDerivatives(t, x, u, dampzzy, gravzzy)
dx(1)=-dampzzy*x(1)-gravzzy*sin(x(2))+u;
dx(2)=x(1);                     %对应式(5.32)
sys=dx;                         %将计算得到的导数向量向 sys 赋值
%----------------------- mdlUpdate ----------------------
function sys=mdlUpdate(t, x, u)
sys=[];                         %不引起任何更改
%----------------------- mdlOutputs ----------------------
```

```
function sys=mdlOutputs(t, x, u)
sys=x(2)；                          %将计算得到的角度变量向 sys 赋值
%------------------------ mdlTerminat ----------------------
function sys=mdlTerminate(t, x, u)
sys=[]；                            %缺省设置
```

（3）建立观察单摆运动的 Simulink 模型，模型名为 exm5_21_1. mdl，如图 5.104 所示。

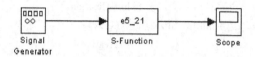

图 5.104　Simulink 模型 exm5_21_1

图中，各模块参数配置如下：① S-Function 模块：在 S-Function name 栏中填写函数名 e5_21；在 S-Function parameters 栏中依次填写函数 e5_21. m 中的输入变量名 dampzzy、gravzzy 和 angzzy。

② Signal Generator（信号发生器）模块：用来产生外作用力。其参数设置为：信号取 square 波形，幅值为 1，频率为 0.1 rad/sec。

③ 示波器模块：用来观察摆角。其参数设置为：坐标轴 y 的取值范围为[-1，1]。

（4）仿真运行。将仿真结束时间设置为 200，并对该模型运行所需的三个参数 dampzzy，gravzzy 和 angzzy 进行设置。即在 MATLAB 命令窗口中运行下述命令：

```
>>dampzzy=0.8；
>>gravzzy=2.45；
>>angzzy=[0；0]；
```

在参数设定后，用鼠标左键单击 exm5_21_1. mdl 模型窗口图标 ▶，并打开示波器窗口，即可得到如图 5.105 所示的单摆运动曲线。

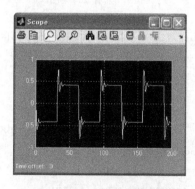

图 5.105　单摆运动曲线

（5）建立带动画演示的 Simulink 模型。为此，需引进单摆动画模块，步骤如下：

第一步：将 exm5_21_1. mdl 另存为 exm 5_21_2. mdl。

第二步：打开 toolbox\simulink\simdemos\simgeneral 子目录下的 simppend. mdl 模型，将其中的"Animation Function"、"Pivot point for pendulum"以及"x & theta"模块等复制到 exm 5_21_2. mdl 模型窗口中，并进行适当的连接，如图 5.106 所示。

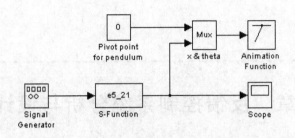

图 5.106　带动画演示的 Simulink 模型

（6）单摆动画演示仿真运行。用鼠标左键单击 exm5_21_2.mdl 模型窗口图标 ▶ ，就可见到来回摆动的单摆动画画面。图 5.107 显示的是仿真结束时刻的单摆位置。

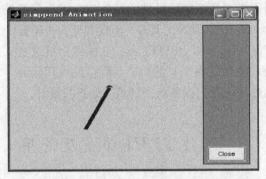

图 5.107　显示单摆运动的动画画面

说明：① 单摆动画模块是 M 文件构成的 S 函数模块。有兴趣的读者可以查看 toolbox\siumlink\simdemos\simgeneral 子目录下的 pndaniml.m 文件。但该 M 文件是按 MAT-LAB 早期的 S 函数格式写成的。

② Pivot point for pendulum（单摆枢点的水平位置）模块是由 Sources 模块组中的 Con-stant 标准模块修改而得到的。它用来控制单摆悬挂枢点的水平位置。

③ 参数 dampzzy 和 angzzy 分别用来控制单摆系统的阻尼和初始状态。改变这两个参数，就可以观察在不同阻尼下的单摆运动性状（振荡、单调运动等）和不同初始状态（初始角速度和角度）对单摆运动的影响。

第6章 反馈控制系统分析与设计工具

MATLAB 在控制系统工具箱中还提供了其他一些用于反馈控制系统分析与设计的工具，主要有：LTI Viewer、SISO 设计工具等。不仅如此，它还提供了 Simulink 响应最优化（Simulink Response Optimization，SRO）工具。本章将介绍这些工具的使用方法。通过本章的学习，读者可了解和熟悉这些工具的功能、特点及应用场合，掌握它们的基本使用方法，更加方便、快捷地进行反馈控制系统的建模、分析与设计。

6.1 LTI Viewer 及使用

LTI Viewer 是一种简化分析、观察及处理线性定常系统响应曲线的图形用户界面。应用 LTI Viewer，不仅可以观察与比较相同时间内单输入单输出系统、多输入多输出系统及多个线性系统的响应曲线，还可以绘制时间及频率响应曲线，进而获得系统的时域和频域性能指标。LTI Viewer 可以显示线性模型的下列图形形式：

（1）单位阶跃响应与单位脉冲响应曲线。

（2）Bode 图及 Nyquist 曲线。

（3）Nichols 曲线。

（4）零极点图。

（5）任意输入信号作用下的响应曲线。

（6）由给定初始状态产生的零输入响应（仅对状态空间模型而言）。

其中，时间响应及零极点图仅对传递函数模型、状态空间模型及零极点增益模型有效。在同一个图形界面中，LTI Viewer 最多可以同时显示 6 种上述图形。此外，它不仅可以显示同一个模型的不同图形，还可以显示不同模型的不同图形，其调用格式如下：

    ltiview

    ltiview(sys1, sys2, …, sysN)

    ltiview(sys1, PlotStyle1, sys2, PlotStyle2, …)

    ltiview('plottype', sys1, sys2, …, sysN)

    ltiview('plottype', sys1, PlotStyle1, sys2, PlotStyle2, …)

    ltiview('plottype', sys, extras)

说明：① 缺省输入变量时，初始化并打开一个线性定常系统响应分析的 LTI Viewer。

② 在打开 LTI Viewer 的同时将 sys1, sys2, …, sysN 等 N 个线性定常模型的响应曲

线显示在图形窗口中，曲线形式由字符串'plottype'指定，包括'step'，'impulse'，'initial'，'lsim'，'pzmap'，'bode'，'nyquist'，'nichols'等，该字符串还可以最多达 6 个，由这些曲线名称可以组成元胞向量，如{'step'；'nyquist'}；如果没有指定曲线的形式（即不包含字符串'plottype'），则绘制单位阶跃响应曲线。

③ 在图形窗口中所绘制曲线的属性如颜色、线型等分别由相应的 PlotStyle1，PlotStyle2，…，PlotStyleN 确定，缺省情况下自动确定。

④ 由字符串'plottype'指定曲线绘制函数名称，该函数所需要的输入变量由 extras 指定，extras 取决于所绘制的曲线。例如，当指定曲线为单位阶跃响应曲线时，extras 可以是响应时间（Tfinal）；如果指定曲线为零输入响应，则 extras 必须包含初始条件，也可以包含响应时间。

⑤ 在打开 LTI Viewer 的同时，可以通过变量 extras 对所绘制曲线的显示及属性等进行设置，还可以在打开以后，通过鼠标操作，进行曲线的各种设置。

下面以例 6.1 的数学模型为例，介绍 LTI Viewer 的主要使用方法。

【例 6.1】 线性定常系统的传递函数为

$$G(s) = \frac{1.5}{s^2 + 14s + 40.02} \tag{6.1}$$

建立系统的传递函数模型。

【解】 在 MATLAB 命令窗口中输入：

```
>> G=tf(1.5, [1 14 40.02])
```

运行结果为：

```
Transfer function：
      1.5
-------------------
s^2+14s+40.02
```

6.1.1 LTI Viewer 显示窗口

打开 LTI Viewer 显示窗口的方式很多，这里主要介绍两种。

1. 打开一新的 LTI Viewer

在 MATLAB 命令窗口中输入：

```
>> ltiview
```

运行后得到 LTI Viewer 的缺省显示界面如图 6.1(a)所示。

2. 打开 LTI Viewer 的同时导入系统模型

打开 LTI Viewer 时，导入例 6.1 的数学模型，并显示其单位阶跃响应曲线。则在 MATLAB 命令窗口中输入：

```
>> ltiview(G)
```

运行后得到 LTI Viewer 的显示界面如图 6.1(b)所示。

如前所示，如果没有指定曲线的形式，MATLAB 显示其单位阶跃响应曲线。若希望在打开 LTI Viewer 显示窗口的同时，显示单位阶跃响应曲线和 Nyquist 曲线，则在

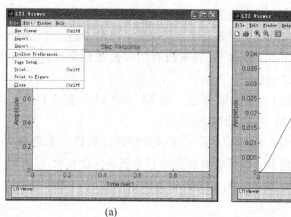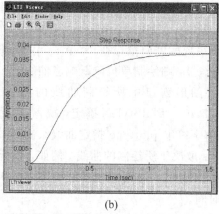

(a)   (b)

图 6.1   LTI Viewer 显示窗口

(a) 打开空窗口；(b) 打开窗口并导入系统模型

MATLAB 命令窗口输入下述命令并运行即可：

$$\gg \text{ltiview}(\{'\text{step}';'\text{nyquist}'\}, G)$$

6.1.2　模型数据的导入

选择图 6.1(a)菜单中的"File|Import…"，打开导入系统数据(Import System Data)窗口(见图 6.2)，该窗口显示了当前 MATLAB 工作空间中的所有模型，例如例 6.1 的模型 G。在该窗口中，可以选定 MATLAB 当前工作空间中的模型数据及 MAT 文件数据。选择以 MAT 文件形式导入的数据时，图 6.2 中左下部的 MAT 文件名称及存在路径选项会由禁用(灰色)变为可用(黑色)。设定 MAT 文件的名称和路径后，单击"OK"按钮即可。

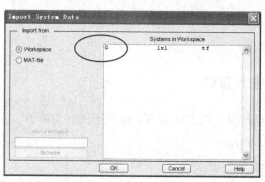

图 6.2   系统数据导入界面

实际上，在使用 LTI Viewer 的过程中，可以根据需要，应用上述方法随时导入已经存在的模型数据。

6.1.3　图形窗口中显示曲线的设置

打开 LTI Viewer 显示窗口后，可以直接在其图形窗口中对显示的曲线进行各种操作，这些操作通过右击菜单选项完成。方法是，用鼠标右键单击图形窗口，得到右击菜单，如图 6.3(a)与(b)所示。该菜单的主要控制及选项包括：

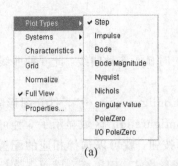
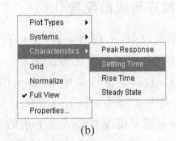

(a)   (b)

图 6.3   LTI Viewer 的右击菜单

(a) 响应曲线设定；(b) 曲线参数设定

(1) Plot Types：用以改变当前窗口中显示的图形形式。包括单位阶跃响应（Step）、单位脉冲响应（Impulse）、Bode 图（Bode）、对数幅频特性曲线（Bode Magnitude）、Nyquist 图（Nyquist）及 Nichols 曲线（Nichols）等。

(2) Systems：选择或清除在当前窗口显示的系统模型，其应用见 6.1.5 节。

(3) Characteristics：当前图形的附加信息。该信息因图形的不同而异，如 Bode 图包括稳定裕度，单位阶跃响应包括上升时间、峰值时间等。例如需要在单位阶跃响应曲线上得到调节时间，选择图 6.3(b) 菜单中的 "Characterists｜Setting Time"，得到如图 6.4 所示的单位阶跃响应曲线，图中 "●" 表示调节时间位置，将光标移动至该点，就会得到当前显示曲线所表征的系统及调节时间。

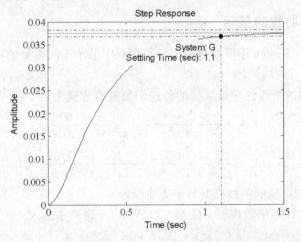

图 6.4   单位阶跃响应曲线中调节时间显示

(4) Grid：为当前图形添加网格线。

(5) Properties…：用鼠标左键单击该选项，可打开当前显示图形的属性编辑器（Property Editor），如图 6.5 所示。可以利用属性编辑器对当前显示曲线的特性进行重新设定。图 6.5 为给定的单位阶跃响应曲线性能指标的误差范围及上升时间的定义重新设定。属性编辑器窗口缺省显示的是标签 "Labels" 选项。

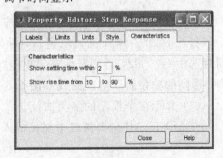

图 6.5   单位阶跃响应的特性编辑器

6.1.4　多种响应形式的配置

在一个图形窗口中，LTI Viewer 最多可以同时显示 6 种曲线，此 6 种曲线显示的图形形式及在窗口中的位置通过下述方法确定。

选择图 6.1(a)或(b)窗口菜单"Edit │ Plot Configurations…"，打开图形配置对话框，如图 6.6 所示。图中，"Select a response plot configuration"区域显示了 6 种可能的曲线配置形式，用鼠标左键单击配置形式左上角的单选按钮，就可以选择相应的配置形式；响应形式(Response type)为每一标号区域所显示的图形格式，用鼠标左键击该标号显示的图形显示，打开下拉式菜单，从中可选择所显示的曲线形式。

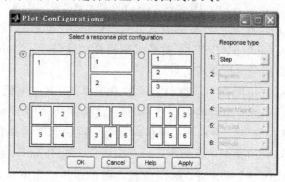

图 6.6　图形配置对话框

6.1.5　多个模型曲线的显示

如前所述，LTI Viewer 还可以在一个显示窗口中显示不同模型的不同图形。下面举例说明。

【例 6.2】　已知两个线性定常系统的传递函数模型分别为

$$\left.\begin{array}{l} G_1(s) = \dfrac{4s^3 + 8.4s^2 + 30.8s + 60}{s^4 + 4.12s^3 + 17.4s^2 + 30.8s + 60} \\[4mm] G_2(s) = \dfrac{2s^3 + 1.2s^2 + 15.1s + 7.5}{s^4 + 2.12s^3 + 10.2s^2 + 15.1s + 7.5} \end{array}\right\} \qquad (6.2)$$

要求在一个图形窗口中显示多种模型与多类曲线。

【解】　(1) 建立传递函数模型。在 MATLAB 命令窗口中输入：
>> G1=tf([4 8.4 30.8 60],[1 4.12 17.4 30.8 60]);
>> G2=tf([2 1.2 15.1 7.5],[1 2.12 10.2 15.1 7.5])

(2) 显示两个模型的单位阶跃响应曲线。

打开 LTI Viewer 的显示窗口，导入 G1、G2 模型数据，如图 6.7 所示。在图 6.7 中，同时选中 G1、G2，再用鼠标左键单击"OK"按钮，则同时导入 G1(s)和 G2(s)两个系统模型，得到的单位阶跃响应曲线如图 6.8 所示。

(3) 显示多个模型的多类曲线。

在 MATLAB 命令窗口中直接输入：
>> ltiview({'step';'bode'}, G1, G2)

运行后得到 G1(s)和 G2(s)的单位阶跃响应曲线和 Bode 图如图 6.9 所示。

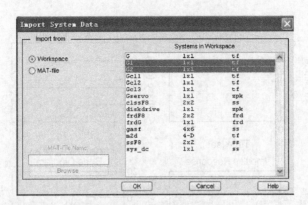

图 6.7　导入系统数据窗口

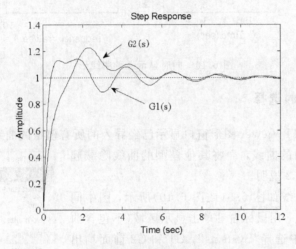

图 6.8　单位阶跃响应曲线

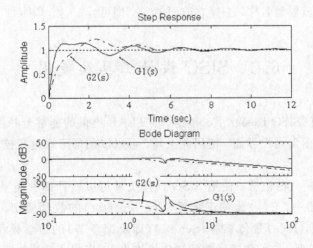

图 6.9　同时得到的单位阶跃响应曲线和 Bode 图

　　使用 LTI Viewer 图形窗口，还可以从图 6.6 所示的图形配置对话框选择同时显示一种以上图形的形式。图 6.10 为同时显示 4 种图形的情形。

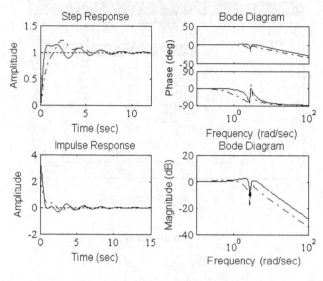

图 6.10　同时显示 4 种曲线形式

6.1.6　模型显示的选择

缺省情况下，LTI Viewer 图形窗口显示已经导入的所有模型的曲线，也可以在不同的区域仅显示所需模型的曲线，而将其他模型的曲线隐藏起来。下面仍然以例 6.2 说明。

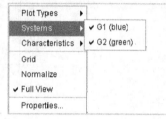

例 6.2 的响应曲线如图 6.9（或图 6.10）所示，图中同时显示两个模型曲线。用鼠标右键单击显示区域（不包含曲线），从弹出的菜单中选择"Systems"，G1 和 G2 前面均出现"√"（见图 6.11）。若不需要显示其中某一个模型曲线，则用鼠标左键单击该模型名称，去掉它前面的"√"即可。

图 6.11　选择显示模型

6.2　SISO 设计工具及使用

SISO 设计工具（SISO Design Tool）是 MATLAB 提供的能够分析及调整单输入单输出反馈控制系统的图形用户界面。使用此工具，可以以图形形式进行控制系统校正装置的综合。

依据校正装置所处的位置，使用 SISO 设计工具可以设计四种类型的反馈控制系统，如图 6.12 所示。图中，C(s) 为校正装置（Compensator）的数学模型，G(s) 为被控对象（Plant）的数学模型，H(s) 是传感器（Sensor）（即反馈环节）的数学模型，F(s) 为滤波器（Prefilter）的数学模型，它们传递函数的缺省值均为 1。组成该系统的四个环节或系统的数学模型参数都可以采用三种方式导入：工作空间（Workspace）、MAT 文件或 Simulink 仿真环境。校正装置可以依据时域或频域性能指标设计，设计的方法包括频域法、根轨迹法和 Nichols 图法。

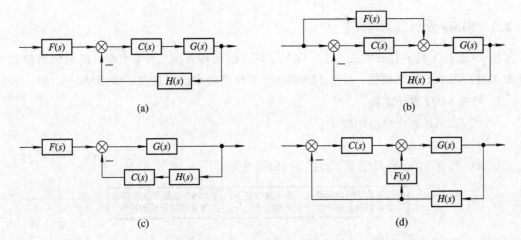

图 6.12　SISO 设计工具研究的反馈系统结构

(a) 校正装置位于前向通道(缺省)；(b) 按输入补偿的复合校正；

(c) 校正装置位于反馈通道；(d) 校正装置位于局部回路

SISO 设计工具的应用包括：

(1) 应用根轨迹法改善闭环系统的动态特性。

(2) 改变开环系统 Bode 图的形状。

(3) 添加校正装置的极点和零点。

(4) 添加及调整超前/滞后网络和滤波器。

(5) 检验闭环系统响应(应用 LTI Viewer)。

(6) 调整相位及幅值裕度。

(7) 实现连续时间模型及离散时间模型之间的转换。

SISO 设计工具的调用格式及说明如下：

格式：

　　sisotool

　　sisotool(plant)

　　sisotool(plant, comp)

　　sisotool(views)

　　sisotool(views, plant, comp, sensor, prefilt)

　　说明：① 缺省输入变量时，打开一个用于校正装置设计的 SISO 设计工具窗口，可以在该界面中应用根轨迹法或 Bode 图法设计单输入单输出系统的校正装置。

　　② 打开 SISO 设计工具的同时还可以将 plant、comp、sensor 和 prefilt 所表示的数学模型分别导入至被控对象(G(s))、校正装置(C(s))、传感器(即反馈环节)或滤波器。上述四种模型均为单输入单输出线性定常形式，且可以为传递函数、状态空间模型或零极点增益模型中的任何一种。

　　③ views 用来指定在打开 SISO 设计工具的同时所显示图形的形式，它可以为下述字符串中的一种或其几种的组合：'rlocus'(根轨迹图)，'bode'(开环系统的 Bode 图)，'nichols'(Nichols 图)，'filter'(滤波器 F(s)的 Bode 图及由输入 F(s)到校正装置 G(s)输出的闭环响应)。

6.2.1 SISO 设计工具窗口

SISO 设计工具的打开方式很多,以下主要介绍两种方法。为了方便,仍然采用例 6.1 模型为被控对象的数学模型,且在 MATLAB 工作空间中已经建立了该模型。

1. 打开 SISO 设计工具

在 MATLAB 命令窗口中输入:

>> sisotool

运行后打开 SISO 设计工具,如图 6.13(a)所示。

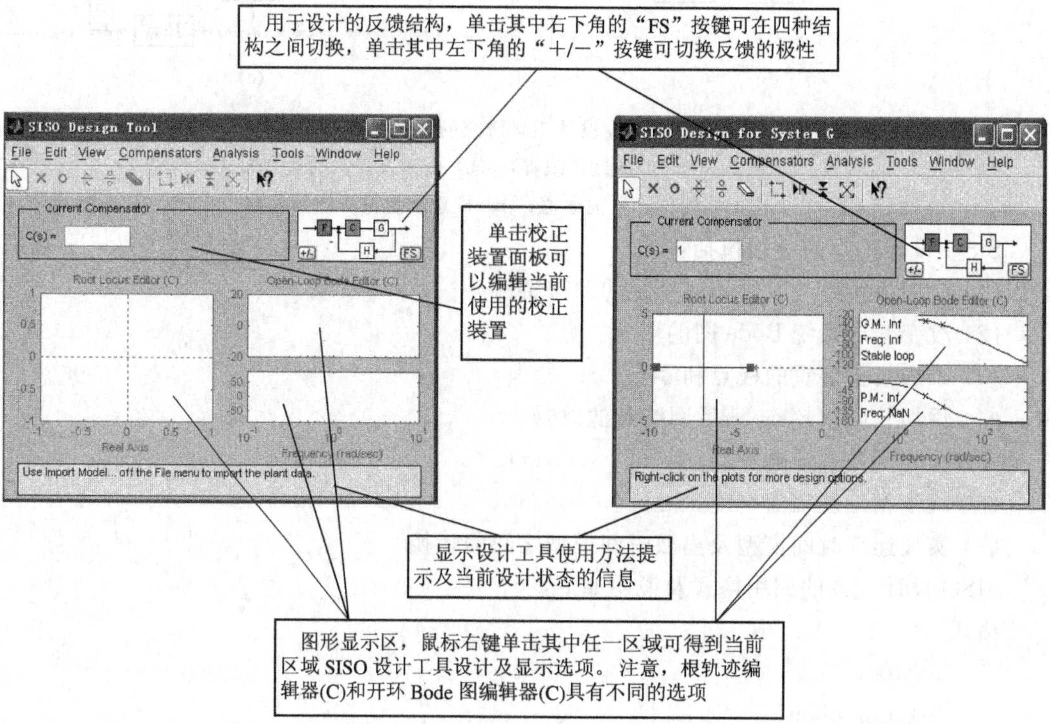

用于设计的反馈结构,单击其中右下角的"FS"按键可在四种结构之间切换,单击其中左下角的"+/—"按键可切换反馈的极性

单击校正装置面板可以编辑当前使用的校正装置

显示设计工具使用方法提示及当前设计状态的信息

图形显示区,鼠标右键单击其中任一区域可得到当前区域 SISO 设计工具设计及显示选项。注意,根轨迹编辑器(C)和开环 Bode 图编辑器(C)具有不同的选项

图 6.13 SISO 设计工具窗口

(a) 未导入系统数据;(b) 已导入系统数据

2. 打开 SISO 设计工具并导入系统数据

在 MATLAB 命令窗口中输入:

>> sisotool(G)

运行后打开的 SISO 设计工具如图 6.13(b)所示。图中,SISO 设计工具显示对象的属性有:

- 极点(以"×"表示);
- 零点(以"○"表示);
- 缺省情况下,在 Bode 图的左下方分别显示幅值裕度和相位裕度及相应参数。

缺省情况下,图 6.13 中显示的图形为根轨迹及开环 Bode 图,可以通过设置显示开环 Nichols 曲线和滤波器的 Bode 图,且最多同时显示四种。方法是,打开图 6.13 的菜单 "View"(见图 6.14),再用鼠标左键单击其中的"Open-Loop Nichols"、"Prefilter Bode",则会在它们的前面添加"√"；采用相似方法，去掉"√"，则该曲线不再显示在图 6.13 中。

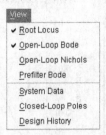

图 6.14　选定显示曲线菜单

6.2.2　系统数据的导入

SISO 设计工具中系统数据的导入方法与 LTI Viewer 图形窗口类似。在图 6.13(a)中选择菜单"File|Import…"，打开图 6.15 所示的导入系统数据对话框。选中"System Data"区域对话框中的 G，再用鼠标左键单击其左边的导入按钮"--＞"，便将模型 G 的数据导入到对象数据区中。其他模型数据的导入方法与之相同。

利用图 6.15 还可以导入 MAT 文件形式或 Simulink 中的系统数据，方法与前述 LTI Viewer 中的类似，这里不再赘述。

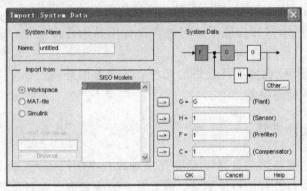

图 6.15　导入系统数据对话框

6.2.3　响应曲线的设定

进行校正装置参数设计时，应用 SISO 设计工具可以很方便地得到系统的各种响应(如单位阶跃响应、单位脉冲响应等)曲线，而且还可以指定响应曲线的起点和终点。例如，选择图 6.13 中菜单"Analysis|Other Loop Response…"，打开图 6.16 所示响应图形建立窗口。其缺省设置为由参考输入信号 $r(t)$ 至输出信号 $y(t)$ 的闭环单位阶跃响应。由图 6.16 还可以得到开环系统及闭环系统的各种曲线。

用鼠标左键单击图 6.16 中的"OK"按钮，可得到由 G(s)、C(s)、H(s)、F(s) 等按照图 6.16 所示的形式构成系统(其中，C(s)、H(s)和 F(s)的缺省传递函数为 1，G(s)的传递函数已经在 6.2.2 节导入)的单位阶跃响应曲线，如图 6.17 所示。由图可见，此时被控对象的单位阶跃响应的调节时间约为 1.5 秒，在实际应用中这是非常缓慢的，同时系统还存在着非常大的稳态误差。

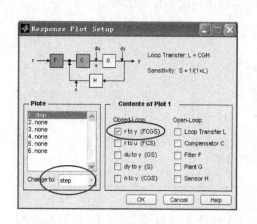

图 6.16 响应图形建立窗口

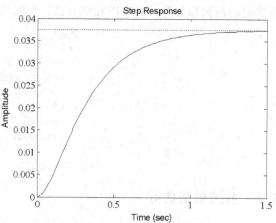

图 6.17 闭环系统的单位阶跃响应曲线

6.2.4 右击菜单的使用

SISO 设计工具的使用十分方便，设计操作既可以在图 6.13 所示的显示窗口完成，也可以使用右击菜单完成。

例如，用鼠标右键单击 Bode 图中对数幅频特性曲线的空白处，可得到图 6.18 所示的右击菜单，它包含设计工具的许多特性。

下面介绍应用 SISO 设计工具提供的几种方法改善闭环系统的单位阶跃响应及稳态误差。

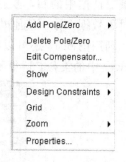

图 6.18 Bode 图右击菜单

6.2.5 Bode 图设计方法

校正装置设计的方法之一是基于系统开环对数频率响应曲线（Bode 图）的设计方法，它可以根据系统的增益及相位裕度要求，调节系统的带宽等。本节介绍在开环 Bode 图编辑器中进行校正装置设计的方法。

设被控对象的数学模型见例 6.1，设计要求包括：

（1）上升时间小于 0.5 s。

（2）稳态误差小于 0.05。

（3）最大超调量小于 10%。

（4）幅值裕度大于 20 dB。

（5）相位裕度大于 40°。

1. 调节校正装置增益

由图 6.17 可见，系统的单位阶跃响应速度非常缓慢。而提高响应速度的一种简单方法是增加校正装置的增益，即提高系统的开环增益。SISO 设计工具提供了以下两种实现方法。

1）用鼠标在对数幅频特性曲线上调节

具体步骤为：

（1）将鼠标指针移至 Bode 图中的对数幅频特性曲线上。

（2）按下鼠标左键，此时指针形状变化为手形。

（3）将对数幅频特性曲线向上移动，此时系统的增益和极点会随着曲线的移动而发生变化。

（4）释放鼠标左键。

此时，SISO 设计工具计算校正装置的增益，并在图 6.13 中的"Current Compensator"图形框内 C(s)文本框中显示计算结果。

2）直接给定校正装置增益的精确值

具体步骤为：首先打开校正装置参数编辑窗口（见图 6.19）。有下述几种方法可以使用：一是用鼠标左键单击图 6.13"Current Compensator"方框中任意位置；二是用鼠标左键单击图 6.13 校正装置结构中的"C"（红色）；三是用鼠标右键单击对数幅频特性曲线，从弹出的菜单中选择"Edit Compensator…"；四是在图 6.13 的菜单中选择菜单"Compensators|Edit|C"（见图 6.20）。然后在图 6.19 中的增益（Gain）编辑框中直接输入增益值，再用鼠标左键单击"OK"按钮即可。

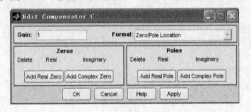

图 6.19　校正装置参数编辑窗口

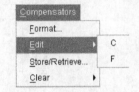

图 6.20　选择校正装置菜单

除此之外，还可以在图 6.13 中的 C(s)文本框中直接输入期望的校正装置增益来直接指定校正装置增益的精确值。

2. 带宽调节

设计要求包括上升时间为 0.5 s（即从终值的 10％上升到 90％所需的时间），尝试设置校正装置的增益，以使被控对象的截止频率等于 3 rad/s。相对于一阶系统而言，设置带宽为 3 rad/s，相当于时间常数约为 0.33 秒。

为了便于观察，首先选择图 6.18 中的菜单"Grid"，为曲线添加网格线。然后将指针移动到 Bode 图中对数幅频特性曲线上，按下鼠标左键，当鼠标形状变化为手形时，上下移动对数幅频特性曲线，直至显示的截止频率为 3 rad/s（见图 6.21）。由图可见，当截止频率为 3 rad/s 时，校正装置的增益约为 38。此时系统的单位阶跃响应如图 6.22 所示（注意，在改变校正装置增益时，应保持单位阶跃响应曲线窗口为打开状态）。

此时，只有系统单位阶跃响应的稳态误差及上升时间有了一定的改善，但是必须设计更加有效的控制器，使得所有的设计要求（特别是稳态误差）都满足。

缺省情况下，SISO 设计工具还会在 Bode 图的左下方分别显示稳定裕度信息，在对数幅频特性曲线的左下方还会给出闭环系统稳定与否的信息。

3. 添加积分器

减小稳态误差的方法之一是添加积分器。添加的方法是选择图 6.18 中的菜单"Add Pole/Zone|Integrator"（见图 6.23）即可。

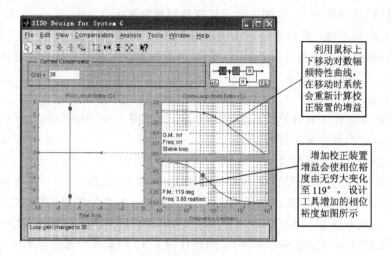

图 6.21　带宽调节示意图

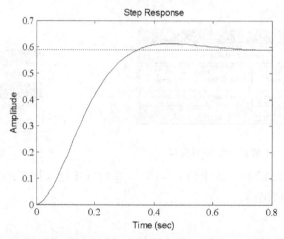

图 6.22　校正装置增益为 38 时闭环系统的单位阶跃响应

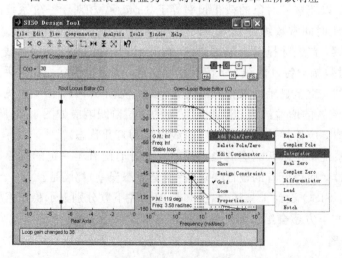

图 6.23　应用右击菜单添加积分器

注意，添加的积分器会改变系统的截止频率，所以必须重新调节校正装置的增益以使截止频率仍然为 3 弧度/秒，此时校正装置的增益约为 100。SISO 设计工具将添加的积分器以红色"×"表示在根轨迹图中的原点处（见图 6.24）。

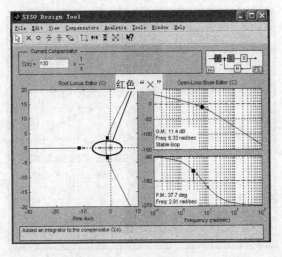

图 6.24　SISO 设计工具显示根轨迹图上的积分器

由图 6.24 可见，添加的积分器使得系统的幅值裕度由无穷大变化为 11.4 dB。此时的单位阶跃响应曲线如图 6.25 所示。由图可见，此时单位阶跃响应曲线收敛于 1，因而满足稳态误差要求。但由图 6.25 可知，单位阶跃响应的超调量为 30%，上升时间约为 0.4 秒，故包含积分器及增益的校正装置还不能完全满足设计要求。

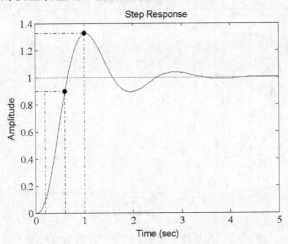

图 6.25　校正装置含有积分器时的单位阶跃响应曲线

4. 添加超前网络

根据设计要求，幅值裕度大于或等于 20 分贝，相位裕度大于或等于 40°，显然，目前设计的校正装置未能满足这一要求，下面的工作就是在减小上升时间的同时，提高稳定裕度。一种有效方法就是增加增益以加快响应速度，但是，由于系统已经处于欠阻尼状态，再增加增益就会减少系统的稳定裕度，因而这时可以考虑改善校正装置的动态特性。

一个可能采取的措施是对校正装置增加超前网络。为了便于观察，首先将 Bode 图的 x

轴适当放大。方法是：在图 6.18 所示菜单中选择"Zoom｜In-X"，然后在对数幅频特性曲线上用鼠标左键单击以确定放大区域，如在 $\omega=1$ rad/s 处按住左键直到 $\omega=50$ rad/s 处再释放（见图 6.26）。

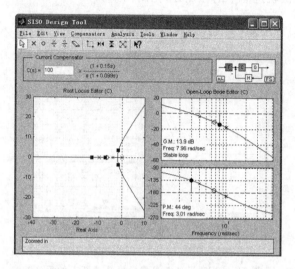

图 6.26　添加超前网络后的 SISO 设计工具

为了添加超前网络，选择图 6.23 中菜单"Add Pole/Zone｜Lead"，此时光标放置在对数幅频特性曲线上最右极点的右边，再单击鼠标左键，则图 6.24 和图 6.25 分别变化为图 6.26 和图 6.27。

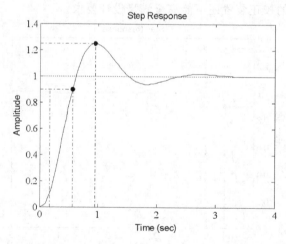

图 6.27　添加超前网络后的单位阶跃响应曲线

由图 6.27 可见，上升时间约为 0.4 秒，超调量为 25%。虽然上升时间已满足设计要求，但系统仍有较大的超调量，稳定裕度必然也不会令人满意，所以有必要再调整超前网络的参数。

5. 改变校正装置的极点和零点

为了提高单位阶跃响应速度，将超前网络的零点移动到靠近被控对象最左边（响应最慢）的极点。方法是：用鼠标左键按住该零点并移动；将超前网络的极点向右移动，注意观察此时幅值裕度会增加，还要按照前述方法减小增益及增加稳定裕度。最后得到满足要求的校正装置参数最终设计值为：

（1）极点：0 和 -28。

（2）零点：-4.3。

（3）增益：84。

这时，图 6.26 和图 6.27 分别变化为图 6.28 和图 6.29。由图 6.28 和图 6.29 可见，闭环系统的幅值裕度约为 22 分贝，相位裕度约为 66°，上升时间约为 0.45 秒，超调量为 3.31%。因此所有指标均满足设计要求。

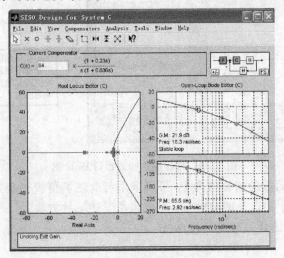

图 6.28　校正装置满足要求时的 SISO 设计工具

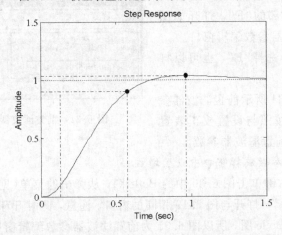

图 6.29　校正装置满足要求时的单位阶跃响应曲线

6. 添加前置滤波器

前置滤波器的典型应用包括：

（1）实现或接近前馈跟踪以减小反馈回路负担（此时稳定裕度很小）。

（2）过滤掉指令（参考）信号中的高频分量，以限制超调量或避免对象的激励共振模态。

常见的前置滤波器为简单的低通滤波器，用它来降低输入信号中的噪声。

应用 SISO 设计工具可以添加和修改前置滤波器。这时首先打开前置滤波器的 Bode

图，隐藏开环 Bode 图。方法是，用鼠标左键选择 SISO 设计工具主界面的"View|Prefilter Bode"菜单，去掉该菜单中"Open-Loop Bode"前面的"√"，在"Prefilter Bode"前面加入"√"，得到前置滤波器的 Bode 图（见图 6.30）。

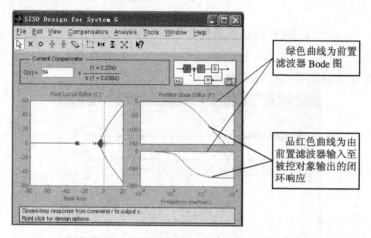

图 6.30　打开前置滤波器的 Bode 图

前置滤波器传递函数的缺省值为 1，可以采用与前述调整校正装置参数相同的方法对前置滤波器添加极点、零点及调节增益。主要包括下述三种方法。

1）直接指定前置滤波器增益的精确值

具体步骤如下：

（1）在图 6.13 所显示的反馈结构中，用鼠标左键单击右上部的"F"，打开如图 6.31 所示的前置滤波器参数编辑窗口。

（2）在图 6.20 中选择"F"，也可以打开图 6.31 所示的窗口。

一旦打开了图 6.31 所示前置滤波器参数编辑窗口，就可以按照与设置校正装置参数相同的方法设置前置滤波器参数。

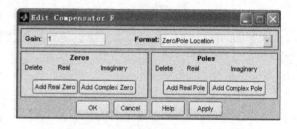

图 6.31　前置滤波器参数编辑窗口

2）在前置滤波器参数编辑窗口中设置增益

方法是：用鼠标右键单击图 6.30 中的 Bode 图，从弹出的菜单（见图 6.18）中选择菜单"Edit Compensator..."，打开与图 6.19 相同的窗口。注意，此时开环系统 Bode 图位置显示的是前置滤波器的 Bode 图，所以图 6.31 为前置滤波器参数编辑窗口。在图 6.31 中，不仅可以调节前置滤波器的增益（Gain），而且还可以设置其极点（Poles）和零点（Zeros）。

添加前置滤波器的一种快速方法是增加一对共轭极点。方法是：首先为前置滤波器 Bode 图加入网格线，然后在图 6.18 所示菜单中选择菜单"Add Pole/Zero|Complex Pole"，就可以在曲线中添加复极点。图 6.32 为将极点放置在 $\omega=50$ rad/s 时的情形。缺省情况下，复共轭极点的阻尼比为 1.0，也就是说，在 $\omega=50$ rad/s 处有 2 重极点。由前置滤波器 Bode 图可知，对数幅频特性曲线在 $\omega=50$ rad/s 时衰减量大约为 -3 dB，-40 dB/dec 斜率处的闭环增益显然对噪声扰动有一定的抑制能力。

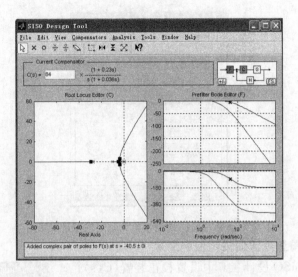

图 6.32　极点位于 $\omega=50$ rad/s 时的情形

3) 在 MATLAB 命令窗口中设置前置滤波器参数

除了以上设计前置滤波器的方法之外，还可以采用 MATLAB 中控制系统工具箱提供的函数如 ss() 和 tf() 等，直接导入事先设计的前置滤波器参数。例如可以采用下述方法导入由函数 zpk() 建立的低通滤波器。在 MATLAB 命令窗口中输入：

　　$\gg$ prefilt=zpk([], [$-35+35i$, $-35-35i$], 1);

运行后，选择 SISO 设计工具窗口菜单"Edit|Import…"，即可将 prefilt 参数导入系统数据窗口中。进一步选中"SISO Models"列表中的"prefilt"项，用鼠标左键单击"F"左边的导入按钮，再单击"OK"按钮，就可以将由 prefilt 建立的模型数据导入到前置滤波器模型中（见图 6.33）。在此基础上可进一步采用前述方法修改模型的参数，这里不再赘述。

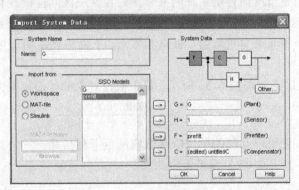

图 6.33　导入前置滤波器

7. 连续时间模型与离散时间模型之间的转换

有时，需要进行连续时间模型与离散时间模型之间的转换，这时，可选择 SISO 设计工具窗口（见图 6.13）菜单"Tool|Continuous/Discrete Conversions…"，弹出模型转换窗口如图 6.34 所示，它包括进行转换的采样时间（Discrete time）以及离散化方法如 Zero-Order Hold（零阶保持器）、First-Order Hold（一阶保持器）等。

图 6.34　连续时间模型与离散时间模型转换窗口

8. 校正装置及前置滤波器设定值的清除

以上介绍了在 SISO 设计工具中设置校正装置(C(s))和前置滤波器(F(s))参数的方法。也可以清除所设计的参数,方法如下:在图 6.13 中选择菜单"Compensators｜Clear",弹出图 6.35 所示清除菜单,它有三种选择:同时清除校正装置和前置滤波器(C and F)、仅清除校正装置(C only)或者仅清除前置滤波器(F only)。清除后的校正装置或者前置滤波器的传递函数恢复到其缺省值(均为 1)。

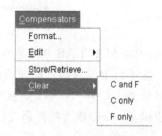

图 6.35　校正装置清除示意图

6.2.6　根轨迹设计方法

根轨迹图表示的是当反馈控制系统的某个参数在某一区间连续变化时,相应闭环系统的特征根在复平面上的变化轨迹。根轨迹法也是一种经常采用的控制系统设计方法,它包括在根轨迹图上调节校正装置的增益、极点和零点。下面举例说明应用根轨迹法设计校正装置 C(s) 的方法。

【例 6.3】 设控制系统如图 6.36 所示,其中被控对象的传递函数为

$$G(s) = \frac{40000000}{s(s+250)(s^2+40s+90000)} \tag{6.4}$$

设计校正装置 C(s),使闭环系统的单位阶跃响应满足下列指标:

(1) 调节时间不大于 0.05 s(误差范围为 ±2%)。

(2) 超调量不大于 5%。

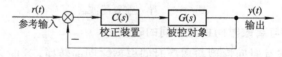

图 6.36　反馈控制系统结构图

【解】

(1) 建立被控对象的数学模型。首先在 MATLAB 命令窗口中输入:

```
>> G=tf(40000000,[1 290,100000,22500000,0]);
```

（2）打开 SISO 设计工具窗口：

>> sisotool(G)

运行后打开已经导入被控对象数学模型 G(s)的 SISO 设计工具窗口，如图 6.37 所示。采用 6.2.2 节介绍的方法，得到单位阶跃响应曲线，如图 6.38 所示，由图可确定此时调节时间约为 2 s，远远不能满足设计要求。

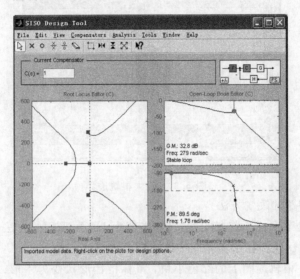

图 6.37　导入例 6.3 模型数据的窗口

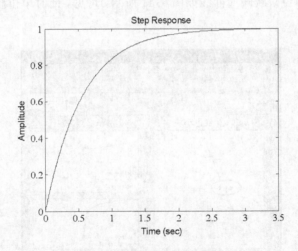

图 6.38　单位阶跃响应曲线

下面讨论应用根轨迹法设计满足上述要求的校正装置 C(s)。

（3）根轨迹图的放大。

为了方便观察分析，可适当放大根轨迹图，采用两种方法：一是用鼠标右键单击根轨迹区域，选择菜单"Zoom｜X-Y"，此时鼠标光标指针变化为"＋"形状，然后在根轨迹图上欲放大区域的左上端按下鼠标左键，拖至欲放大区域右下端时释放左键（图 6.39 为同时放大 —500～500 区域）；二是用鼠标左键单击图 6.37 中工具栏中的图标"⌑"，用同样的方法选择区域即可。

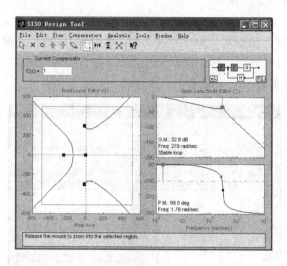

图 6.39　放大根轨迹

（4）校正装置增益的改变方法。

最简单的校正是改变校正装置的增益（缺省值为 1），可采用的方法与前述 Bode 图设计法类似。下面仅介绍用鼠标在根轨迹图中改变增益的方法。

用鼠标左键按住根轨迹图上的红色小块，鼠标指针形状变为手形，然后沿着根轨迹曲线移动，在移动的过程中，校正装置的增益会实时变化，如图 6.40 所示，图中校正装置的增益为 32.4。闭环单位阶跃响应曲线如图 6.41 所示。可见，此时单位阶跃响应的性能指标并不满足设计要求。

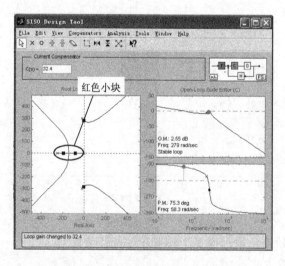

图 6.40　在根轨迹图中改变校正装置增益

（5）给校正装置添加极点和零点。

由图 6.41 可见，仅改变校正装置增益，会使闭环系统变为欠阻尼状态甚至不稳定，这时可考虑再对校正装置添加极点和零点。

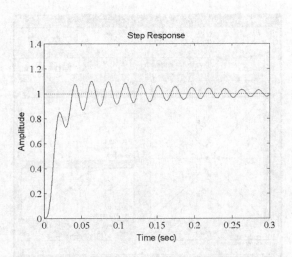

图 6.41　校正装置增益为 32.4 时的单位阶跃响应曲线

① 添加极点的方法：

（a）用鼠标右键单击根轨迹图，从弹出的菜单中选择"Add Pole/Zone|Complex Pole"，此时鼠标指针会变化为旁边带有"×"的箭头。

（b）用鼠标左键单击根轨迹图上欲放置极点的位置，就完成了极点的添加。此时，所添加的极点为红色的"×"。用鼠标左键按住该极点沿根轨迹移动，就会改变所添加极点的位置。同时，相应的 Bode 图和单位阶跃响应曲线均发生变化。

② 添加零点的方法：

在根轨迹图中添加零点的方法与添加极点的方法相同，这里不再赘述。

综合运用上述方法分别改变校正装置的增益，添加或改变极点和零点的位置，最终可使闭环系统的单位阶跃响应指标达到设计要求。

（6）直接指定校正装置极点和零点的精确值。

打开校正装置编辑窗口（见图 6.42）的方法有下述两种：

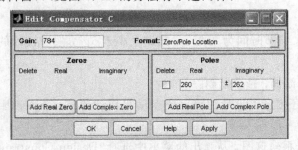

图 6.42　校正装置参数编辑窗口

① 用鼠标左键单击 SISO 设计工具窗口中"Current Compensator"区域。

② 与 Bode 图类似，用鼠标右键单击根轨迹图，选择菜单"Edit Compansator..."，也可以得到校正装置编辑窗口（见图 6.42）。在该图中，可以通过键盘输入直接完成改变校正装置增益（Gain）、添加（删除）实数极点（零点）和共轭极点（零点）等操作。例如，可以设定极点为 $-110\pm i140$、零点为 $-70\pm i270$ 及校正装置增益为 23.3，得到如图 6.43 所示根轨迹图，相应的单位阶跃响应曲线如图 6.44 所示。

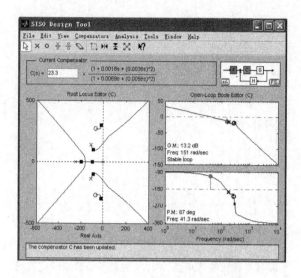

图 6.43　设定零、极点和校正装置增益时的 SISO 设计工具

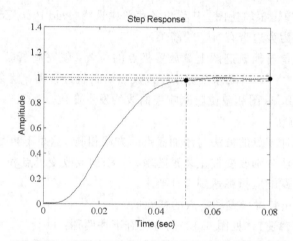

图 6.44　单位阶跃响应曲线

由图 6.44 可见，调节时间为 0.05 s，超调量小于 5%，故所设计的校正装置满足单位阶跃响应性能指标要求。

（7）设计约束的添加、修改及删除。

SISO 设计工具还提供了设计约束以便于满足设计要求，下面以阻尼比约束为例，介绍设计约束的操作。

用鼠标右键单击根轨迹图，从弹出的菜单中选择"Design Constraints|New..."，打开新约束（New Constraint）窗口（见图 6.45）。图中约束类型（Constraint Type）下拉式菜单可以添加的约束包括：调节时间（Setting Time）、超调量（Percent Overshoot）、阻尼比（Damping Ratio）、自然频率（Natural Frequency）等；约束参数（Constraint Parameters）栏自动显示与约束形式相应的参数（注意：只有设置了约束参数后才能使用约束参数编辑功能）。改变约束参数值的方法是：用鼠标左键单击显示该参数的文本框，直接输入参数值，然后用鼠标左键单击"OK"按钮；也可以在窗口中选择菜单"Design Constraints|Edit..."，再在打开的编辑约束（Edit Constraint）窗口（见图 6.46）中修改相应参数。

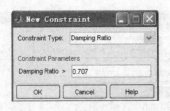

图 6.45 新约束窗口   图 6.46 约束编辑窗口

若设定阻尼比约束为 0.707（见图 6.45 或图 6.46），则图 6.43 会变化为图 6.47。由图可见，根轨迹区域有两条阻尼比为 0.707 的对称线，阻尼比线的右侧区域为黄色，该阻尼比还可以更改。方法有两种：

① 在图 6.45 中，直接修改"Damping Ratio"栏中的参数值，然后用鼠标左键单击"OK"按钮或者直接回车，就可以得到修改后的阻尼比约束。

② 直接在根轨迹图中将鼠标指针放置于阻尼比线上，此时光标会变为"⟨⟩"，然后按下鼠标左键，拖动阻尼比线至适当的位置后，再释放鼠标左键。

其他约束的设计修改方法与之类似。

下面以阻尼比为例，介绍删除设计约束的方法。将鼠标指针移动至欲删除的阻尼比线上，当光标变为"⟨⟩"时，单击鼠标右键，此时弹出的菜单只有"Edit…"和"Delete"两项选择，选中"Delete"即可。

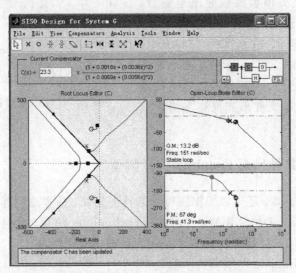

图 6.47 包含设计约束的根轨迹示意图

6.2.7 校正装置及模型参数的导出

校正装置设计完成后，接下来就是将所设计的校正装置参数导出以备使用。方法是：在 SISO 设计工具窗口中选择菜单"File|Export…"，得到如图 6.48 所示的 SISO 设计工具导出窗口。

图 6.48 中，"Export As"元胞中的变量名称为设计者以前命名的（在窗口"Import System Data"中）或缺省名称，用鼠标左键双击"Export As"元胞，即可编辑所导出变量

名称。

将校正装置参数导出至工作空间的方法是：

（1）用鼠标左键单击"Component"栏中需要导出参数的元胞，图 6.48 中选择的是"Compensator C"。

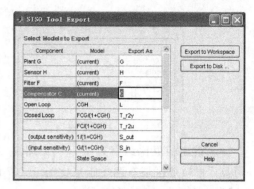

图 6.48　导出窗口

（2）用鼠标左键单击图 6.46 右上角的"Export to Workspace"按钮。

为了验证此时变量 C 已经导出至工作空间，在 MATLAB 命令窗口中输入：

$\qquad$ >> C

运行结果为：

Zero/pole/gain：

$$\frac{0.40746(s^2+140s+7.78e004)}{(s^2+220s+3.17e004)}$$

这样就得到以零极点增益形式显示的校正装置模型。

若需要将校正装置模型参数导出至磁盘，则可按照前述方法，选定需导出的模型参数后，用鼠标左键单击图 6.48 右上部的"Export to Disk..."按钮，得到图 6.49 所示的导出至磁盘（Export to Disk）对话框，然后按照提示将校正装置模型参数以 MAT 文件形式保存在指定磁盘中。

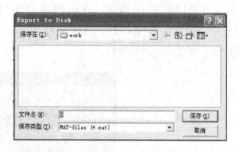

图 6.49　校正装置参数导出对话框

6.2.8　将模型参数导出至 Simulink 仿真模型

应用 SISO 设计工具，还可以根据所设计的校正装置、前置滤波器等，按照图 6.12 所选定的结构得到 Simulink 仿真模型，并能够进行 Simulink 仿真，此时 Simulink 仿真模型的文件名称即为图 6.15 左上角 System Name 对话框中的文件名。

将模型导出至 Simulink 仿真模型步骤是：

（1）在 SISO 设计工具窗口中选择菜单"Tools | Draw Simulink Diagram..."（见图 6.50），得到如图 6.51 所示的对话框。

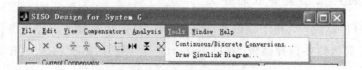

图 6.50　绘制 Simulink 菜单示意图

（2）用鼠标左键单击图 6.51 中的"Yes"按钮，就可以得到由所设计校正装置、前置滤波器以及被控对象等构成的 Simulink 模型，如图 6.52 所示。

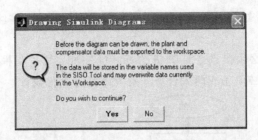

图 6.51　绘制 Simulink 模型对话框

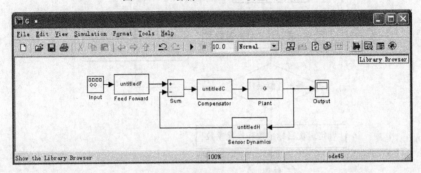

图 6.52　导出的 Simulink 模型

(3) 图 6.52 中包含了校正装置 C(s)、被控对象 G(s)、反馈环节 H(s)以及前置滤波器 F(s)等的数学模型，其输出用示波器显示，缺省情况下输入信号包括幅值和频率均可调的正弦波、方波和锯齿波等。当然，也可以通过图 6.52 中右上部的 Simulink 库浏览器图标打开 Simulink，然后更改输入信号及输出信号的形式，对该 Simulink 模型进行重新编辑及仿真运行。

6.3　Simulink 响应最优化软件包

Simulink 响应最优化(Simulink Response Optimization，SRO)软件包是 Simulink 6.0 以上版本提供的、用来进行控制系统优化设计的一个实用工具。实际上，SRO 软件包是 Simulink 6.0 以下版本中的非线性控制设计(Nonlinear Control Design，NCD)软件包的升级版。本节主要介绍 SRO 软件包的功能及使用方法。

Simulink 响应最优化，顾名思义，就是基于 Simulink 模型，对系统的时间响应进行最优化。为此，首先介绍控制系统优化设计的一些概念。

6.3.1　控制系统优化设计概述

1. 控制系统优化设计

优化设计是控制系统设计中一个非常重要的问题。控制系统设计主要是进行控制器(或校正装置)的设计，也称控制器(或校正装置)的参数整定，待整定的参数通常称为整定参数。例如，PID 控制器的参数整定。

控制系统优化设计一般是指：控制系统的被控对象已知，控制器(或校正装置)的结构、形式也已确定，调整或寻找控制器的某些参数，使系统性能在给定的目标函数（即性能指标）下达到最优。

控制系统优化设计必须借助于计算机仿真才能完成，其过程框图见图 6.53。由图知，控制系统参数优化设计必须完成两大任务：系统仿真与优化设计。

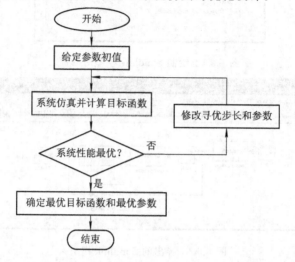

图 6.53　控制系统参数优化设计过程框图

1）系统仿真

系统仿真的主要任务是，通过求解系统在给定模型下的时间响应来确定目标函数。这是因为所给的目标函数一般都与系统的时间响应有关。通常有两类目标函数：一类是误差积分型目标函数，例如，$J = \int_0^t |e(t)|^2 \, dt$，其中的 $e(t)$ 为系统给定输入与系统的时间响应之差；第二类目标函数为经典时域性能指标，即系统单位阶跃响应的超调量、调节时间、上升时间等。SRO 软件包中的约束实际上就是经典时域性能指标。

2）优化设计

优化设计的任务就是要进行参数寻优，即使用一种参数最优化方法（如共轭梯度法、最速下降法、单纯形法等），寻找使所给目标函数达到最优（即达到极值：极大或极小）时的控制器（或校正装置）的参数。

显然，即使借助于计算机，进行控制系统优化设计也是一项十分复杂而繁琐的工作。而使用 SRO 软件包，可以轻松、愉快地完成控制系统优化设计工作。

6.3.2　SRO 功能及模块库

1. SRO 功能

SRO 提供了一个直观、方便的图形用户界面，可以辅助进行控制系统参数整定与最优化。使用 SRO，能够整定 Simulink 模型中的系统参数，使其满足时域性能要求，而这一性能要求是通过在一个时域窗口对信号进行图形约束或跟踪一个参考信号获得的。使用 SRO，能够整定 Simulink 模型中的各种变量，包括标量、向量及矩阵等。此外，SRO 还能用于具有参数不确定模型的控制系统优化设计，如鲁棒控制系统设计。SRO 使获得最优目标函数和最优化整定参数成为一种直观、容易的过程。

要使用 SRO，必须在已有的 Simulink 模型中添加一个特殊的模块，这就是信号约束（Signal Constraint）模块。将此模块连接到模型中需要进行某种约束的信号上，SRO 会自动地将时域约束转换成最优化约束问题，然后使用最优化工具箱（Optimization Toolbox）或遗传算法与直接搜索工具箱（Genetic Algorithm and Direct Search Toolbox）中的最优化算法进行求解。

SRO 求解最优化约束问题的过程是：首先将约束最优化问题公式化，然后调用 Simulink 软件包的 Simulation（即系统仿真），并将仿真结果与约束目标（即目标函数）比较，最后使用最优化算法调节被整定参数，以便更好地满足约束目标要求。

2. SRO 模块库

与 Simulink 软件包类似，SRO 软件包也是由一些模块构成的模块库。调出 SRO 模块库的方法有如下三种。

（1）在 Simulink 模块库浏览器界面（见图 5.1(a)）中，用鼠标左键单击"Simulink Response Optimization"左端的符号 ⊞，将得到 SRO 模块库的树形显示，如图 6.54(a)所示。

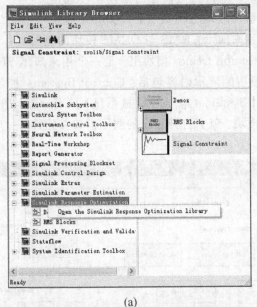

(a)

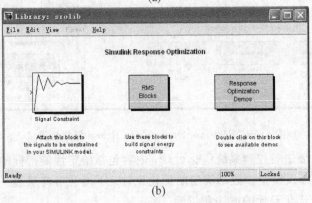

(b)

图 6.54　SRO 模块组的两种显示形式

（a）树形；（b）图标形

（2）选中并用鼠标右键单击 Simulink 模块库浏览器界面中的"Simulink Response Optimization"，再用鼠标左键单击弹出的"Open the Simulink Response Optimization Library"框（见图 6.54(a)），即可得到图 6.54(b)所示的 SRO 模块库的图标形显示。

（3）在 MATLAB 命令窗口中直接输入"srolib"并回车，则会得到 SRO 模块库的图标形显示。

由图 6.54 知，SRO 模块库包含三个模块（组），自左至右分别为 Signal Constraint 模块、RMS 模块组和 Response Optimization Demos 模块组。

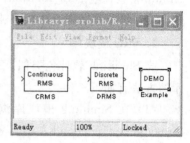

图 6.55　RMS 模块组窗口

• Signal Consraint 模块：是 SRO 模块库中最重要的模块，应用 SRO 进行控制系统优化设计时主要使用此模块。

• RMS 模块组：用鼠标左键双击此模块组，可得到图 6.55 所示的 RMS 模块组窗口。显见，该模块组又包含三个模块。其中，CRMS 模块与 DRMS 模块用于计算信号的连续和离散累积根均方值，将它们与信号约束模块一起使用，可以使模型中信号累积根均方值最优。Example 模块是一个 Simulink 模型，用来演示 CRMS 与 DRMS 模块的应用。

• Response Optimization Demos 模块组：是一个用来演示 SRO 应用的演示模块集，如图 6.56 所示。SRO 应用的演示内容包括：Control Systems（控制系统）、Aerospace（宇航）、Electro-Mechanical Systems（电子－机械系统）、Chemical Processes（化工过程）等。用鼠标左键双击图中的模块，就会打开相应的演示窗口并运行。

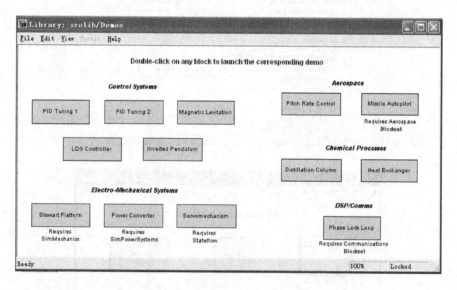

图 6.56　Response Optimization Demos 模块组窗口

SRO 软件包主要进行控制系统优化设计，内容包括给定性能指标的优化设计、跟踪参考信号的优化设计以及模型参数不确定的优化设计。下面几节将通过一些实例，介绍应用 SRO 进行控制系统优化设计的方法和步骤。

6.3.3 给定性能指标的优化设计

根据给定性能指标进行控制系统优化设计，是指将给定的控制系统时域性能指标转换为 SRO 的约束边界，通过对系统的阶跃响应加以约束，最优化指定的整定参数。这是 SRO 软件包的一种最基本应用。

【例 6.4】 控制系统结构如图 6.57 所示。图中，PID 控制器的数学模型见例 5.14。

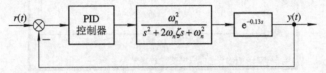

图 6.57　控制系统的结构图

已知：被控对象模型参数 $\omega_n = 1$ rad/s，$\zeta = 0.8$。系统的单位阶跃响应性能指标为：超调量≤10%；上升时间为 2 s（响应从零第一次上升到终值所需的时间）；调节时间为 5 s（误差范围为±5%）。并给定 PID 控制器参数的初始值为：$K_p = 1.89903$，$T_i = 0.816075$，$T_d = 0.222896$。试确定满足上述性能指标的 PID 控制器参数 K_p、T_i 和 T_d。

【解】

（1）建立含有 Signal Constraint 模块的 Simulink 模型。首先建立 Simulink 模型，然后将系统输出 y(t) 与 Signal Constraint 模块相连接，如图 6.58 所示，模型名为 exm6_4.m。

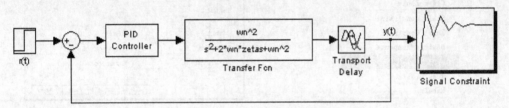

图 6.58　图 6.57 的 Simulink 模型

图 6.58 中主要模块的参数配置如下：

① r(t)模块：Step time 设置为 0，Final time 设置为 1。

② PID 控制器模块：是一个封装了的子系统，其构成见图 5.80，模块参数配置见例 5.14。

③ Transfer Fcn 模块：Numerator coefficient 栏填写[wn^2]，Denominator coefficient 栏填写[1 2*wn*zeta wn^2]。

④ Signal Constraint 模块：位于 Simulink 模块库浏览器中的 Simulink Response Optimization模块库（见图 6.54(a)或(b)）中。

（2）打开信号约束窗口。信号约束窗口是 SRO 的操作平台，控制系统优化设计的所有工作都要在这个平台上完成。用鼠标左键双击图 6.58 中的 Signal Constraint 模块，打开信号约束窗口，图 6.59 为该窗口的缺省显示。

图 6.59 显示了一个网格坐标，横坐标为时间（单位：s），纵坐标为幅值，并具有上、下约束边界，它定义了系统约束响应置于其中的区间，因而也就定义了系统的阶跃响应约束（即阶跃响应的性能指标）。图 6.59 显示的约束是：上升时间（Rise time）为 1 s，调节时间（Settling time）为 3 s，超调量（Over shoot）为 20%。进行参数最优化时，选中该窗口左下角的"Enforce signal bounds"项，则相应的约束信号（响应信号）就位于约束边界段内。

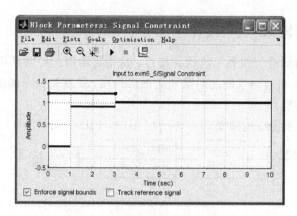

图 6.59　信号约束窗口缺省显示

在信号约束窗口添加坐标网格的方法是：在信号约束窗口内任一处单击鼠标右键（鼠标指针变成手形），弹出一个如图 6.60 所示的现场菜单，用鼠标左键单击"Grid"，在其前边就会添加"√"，则信号约束窗口具有网格坐标（见图 6.59）；否则，没有网格坐标。

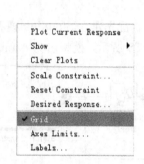

图 6.60　信号约束窗口右击菜单

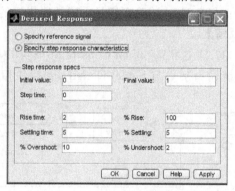

图 6.61　期望响应设置界面

（3）设置期望响应约束。使用鼠标或菜单，都可以将信号约束窗口的约束设置成期望响应约束。这里介绍使用菜单设置期望响应约束的方法。该方法分为以下两个步骤：

第一步：选择 Signal Constraint 模块窗口菜单"Goals|Desired Response…"，打开期望响应设置窗口。再选中"Specify step response characteristics"按钮，则显示图 6.61 所示的阶跃响应性能指标设置界面。

第二步：设置期望响应约束，即设置系统阶跃响应的性能指标，见图 6.61。图中各栏参数的含义及配置如下：

阶跃响应初值（Initial value）：缺省设置为 0；

阶跃时间（Step time）：缺省设置为 0；

阶跃响应终值（Final value）：缺省设置为 1；

上升时间（Rise time）：设置为 2 s；

终值的百分数（% Rise）：根据控制系统阶跃响应上升时间的定义，对于有振荡的系统，应取终值的 100%，故该栏设置为 100；

调节时间（Settling time）：设置为 5 s；

误差范围（% Settling）：设置为 5，即±5%；

超调量(Over shoot)：设置为 10，即 10%；

负超调(%Under shoot)：必须取正数，本例设置为 2。

与此同时，图 6.59 的阶跃响应约束形状也随之改变，如图 6.62 所示。

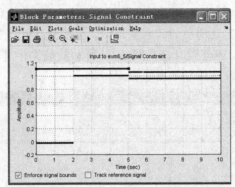

图 6.62 期望响应约束设置后的信号约束窗口

（4）定义变量，即在 MATLAB 工作空间中定义 Simulink 模型中的未知变量。本例有五个未知变量需要定义，分别是：K_p、T_i、T_d、ω_n 及 ζ。为此，在 MATLAB 命令窗口中输入：

>> Kp=1.89903；Ti=0.816075；Td=0.222896；wn=1；zeta=0.8；

运行后，上述五个变量即被定义。

说明：定义变量实际上就是为这些变量赋（初）值。定义变量是必须的。

（5）指定整定参数。在开始进行参数最优化之前，必须为 SRO 指定所需整定的参数（即最优化参数）。显然，本例的整定参数是 PID 控制器参数 K_p、T_i 和 T_d。步骤如下：

第一步：选择信号约束窗口菜单"Optimization | tuned parameters"，打开整定参数对话窗口，见图 6.63。

第二步：用鼠标左键单击图 6.63 左下方的"Add…"按钮，弹出如图 6.64 所示的添加参数窗口，该窗口列出了已在工作空间中定义了的所有 Simulink 模型变量。

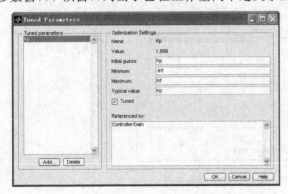

图 6.63 整定参数对话窗口　　　　　　　图 6.64 添加参数窗口

第三步：同时选中图 6.64 中的 Kp、Td 和 Ti 变量，再用鼠标左键单击"OK"按钮，即可将它们添加到整定参数对话窗口（见图 6.63）中。与此同时，此窗口还将显示这些参数的当前值。

（6）最优化计算。在完成了上述的参数设置后，即可进行 PID 控制器参数的最优化计算。用鼠标左键单击信号约束窗口图标▶或选择信号约束窗口菜单"Optimization｜Start"，开始最优化计算。

SRO 自动地将约束边界数据和整定参数信息转换成约束优化问题，并使用优化工具箱或遗传算法与直接搜索工具箱中的函数来求解，通过调节整定参数以满足阶跃响应信号约束。在优化计算开始时，还会同时打开图 6.65 所示的最优化过程窗口，每次迭代结果及最终优化计算结果都会在该窗口显示出来。

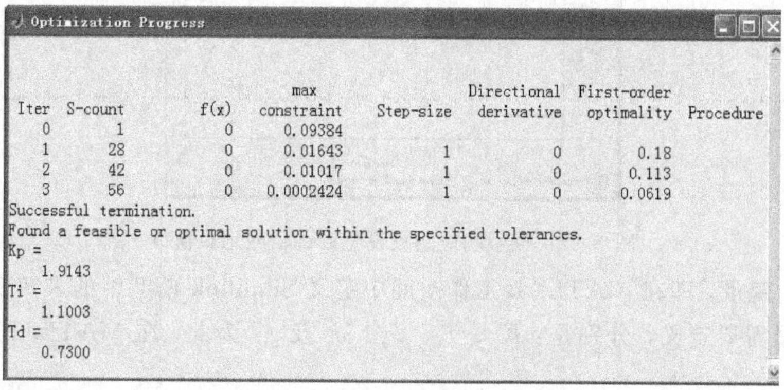

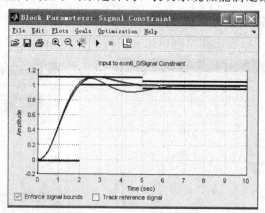

图 6.65　参数整定最优化过程窗口

优化收敛或终止所需迭代次数取决于整定参数的初始值、约束设置以及最优化设置（如优化算法、步长及误差等）。由图 6.65 知，优化算法经过三次迭代，即寻找到一个在给定容许误差限内的最优解。

进行最优化计算的同时，信号约束窗口绘出每次迭代结果对应的阶跃响应曲线，如图6.66 所示。SRO 将初始阶跃响应曲线设置为蓝色，将最终的阶跃响应曲线设置为黑色。并且，最终得到的阶跃响应曲线位于约束边界内，表明系统性能满足给定性能指标要求。

图 6.66　优化过程中系统阶跃响应曲线显示

由图 6.65 知，PID 控制器优化参数值为：$K_p = 1.9143$，$T_i = 1.1003$，$T_d = 0.7300$。也可在 MATLAB 命令窗口中输入：

　　　　>> Kp, Ti, Td

运行结果为：

```
Kp=
    1.9143
Ti=
    1.1003
Td=
    0.7300
```

（7）保存项目。在进行最优化计算之前，实际上已经创建了一个阶跃响应最优化项目，它包括：阶跃响应约束（来自模型的所有信号约束窗口），整定参数设置，参考信号设置与不确定参数设置（见 6.3.4 和 6.3.5 节）以及最优化与仿真设置。

保存最优化项目的方法是：选择信号约束窗口菜单"File|Save"，或用鼠标左键单击该窗口工具栏图标■，打开如图 6.67 所示的保存项目对话窗口。图中，可以将响应最优化项目保存为 MATLAB 工作空间变量、模型工作空间变量或 MAT 文件。若选中"Save and reload project with Simulink model"，则打开模型时，响应最优化项目将自动导出；当模型重新被打开时，如果找不到已经保存的响应最优化项目，会在 MATLAB 命令窗口给出警告。

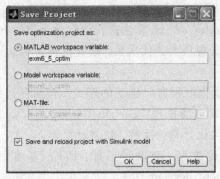

图 6.67　响应优化项目保存对话窗口

6.3.4　跟踪参考信号的优化设计

除了将给定系统性能转换成约束边界，通过约束阶跃响应对整定参数优化外，SRO 还可以使系统的阶跃响应跟踪给定的参考信号，并求出最优化整定参数。下面首先简要介绍最优化选项设置窗口。

选择信号约束模块窗口（见图 6.59）菜单"Optimization|Optimization Options…"，打开如图 6.68 所示的最优化选项设置界面，图中各选项参数设置如下。

1）最优化方法（Optimization method）选项

Algorithm：选择最优化算法。有三种选择：Gradient descent（梯度法，缺省算法）、Pattern search（模式搜索法）及 Simplex search（简单搜索法）。其中，Gradient descent 与 implex search 两种算法分别调用最优化工具箱的 M 函数文件 fmincon.m 与 fminsearch.m，而 Pattern 算法则调用遗传算法与直接搜索工具箱的 M 函数文件 patternsearch.m。

Model size：设置模型粒度。有两种选择：Medium scale（中等规模，缺省设置）和 Large scale（大规模）。选择 Large scale，可提高计算速度。

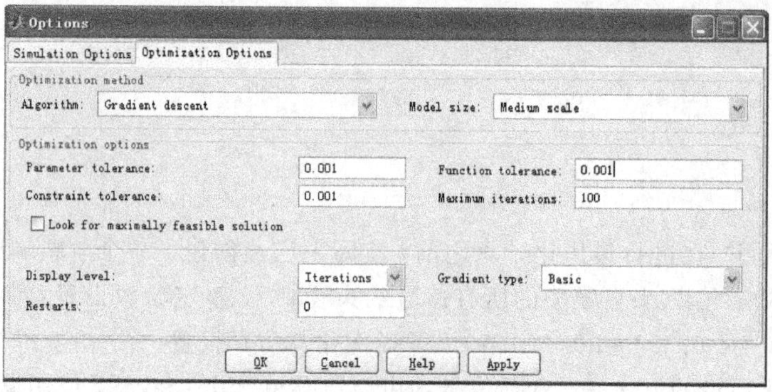

图 6.68　最优化选项设置界面

2）最优化设置（Optimization options）选项

Parameter tolerance：设置参数容许误差限。缺省设置为 0.001。

Constraint tolerance：设置约束容许误差限。缺省设置为 0.001。

Function tolerance：设置函数容许误差限。缺省设置为 0.001。进行优化计算时，若函数值小于函数容许误差限，最优化过程将被终止。改变函数容许误差限的缺省值，仅在跟踪一个参考信号或使用 Simplex search 算法进行最优化计算时有效。

Maximum iterations：设置最大迭代次数。缺省设置为 100。

3）其他选项

Display level：指定最优化过程窗口出现的形式。有四种选择：Iterations（迭代，缺省设置）、None（不出现）、Notify（通报）及 Termination（终止）。

Restarts：设置重复最优化计算的次数。缺省设置为 0。

Gradient type：设置梯度类型。有两种选择：Basic（基本，缺省设置）和 Refined（精细）。此项设置仅用于 Gradient descent 算法。

改变上述参数设置，能使最优化计算连续搜索一个解或一个更精确的解。

此外，若用鼠标左键单击最优化选项设置界面左上方的"Simulation Options"，或选择信号约束模块窗口菜单"Optimization|Simulation Options…"，则可打开如图 6.69 所示的仿真选项设置界面。该界面用于设置最优化过程中的仿真参数，参数的意义及设置方法与 Simulink 中的解算器（见 5.4.2 节）类似，这里不再赘述。

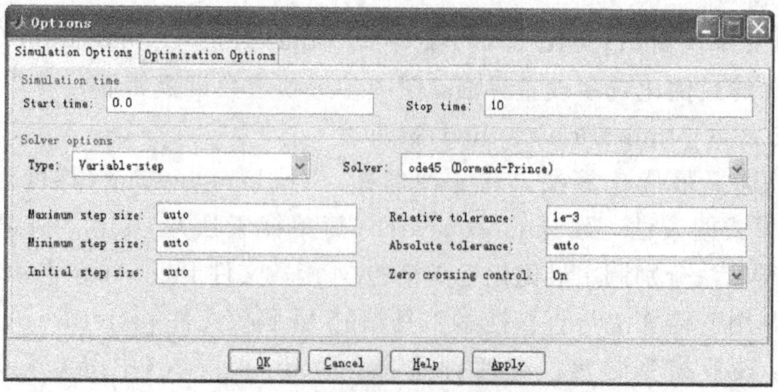

图 6.69　仿真选项设置界面

【例 6.5】 对于例 6.4，欲使系统的阶跃响应跟踪下述参考信号

$$y(t) = 1 - e^{-3t}$$

且系统性能指标及初始条件与例 6.4 相同，试确定 PID 控制器参数 K_p、T_i 和 T_d。

【解】 本例的 Simulink 建模、期望响应约束设置、变量定义、指定整定参数等内容及步骤与例 6.4 完全相同。下面主要介绍设置参考信号，进行参数优化设计的方法与步骤。

（1）设置参考信号。选择信号约束模块窗口菜单"Goals|Desired Response…"，打开期望响应设置窗口；选中"Specify reference signal"按钮，得到图 6.70 所示的参考信号设置界面。通过该界面，可建立时间向量和幅值向量给定的参考信号。

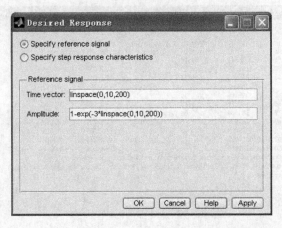

图 6.70　参考信号设置窗口

具体设置为：

Time vector 栏：输入 MATLAB 函数 linspace(0，10，200)，生成时间向量 t。

Amplitude 栏：输入 MATLAB 表达式 $1-\exp(-3*\text{linspace}(0，10，200))$，生成幅值向量 $y(t)$。

然后，用鼠标左键单击"OK"按钮，在信号约束窗口就会显示参考信号曲线，如图 6.71 所示。

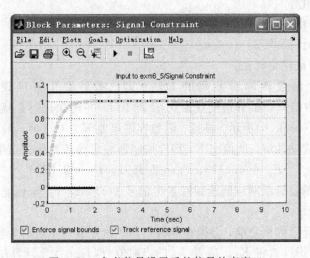

图 6.71　参考信号设置后的信号约束窗口

（2）最优化计算。

由于既要约束阶跃响应，还要使阶跃响应跟踪参考信号，因此，在最优化计算之前，必须同时选中信号约束窗口下方的"Enforce signal bounds"与"Track reference signal"，见图 6.71。

然后，用鼠标左键单击信号约束窗口图标▶或选择信号约束窗口菜单"Optimization│Start"，开始最优化计算。与此同时，最优化过程窗口打开，见图 6.72。由最优化过程窗口提供的信息可知，本次优化过程在第 10 次迭代后被终止，最优化算法没有找到一个成功的解。

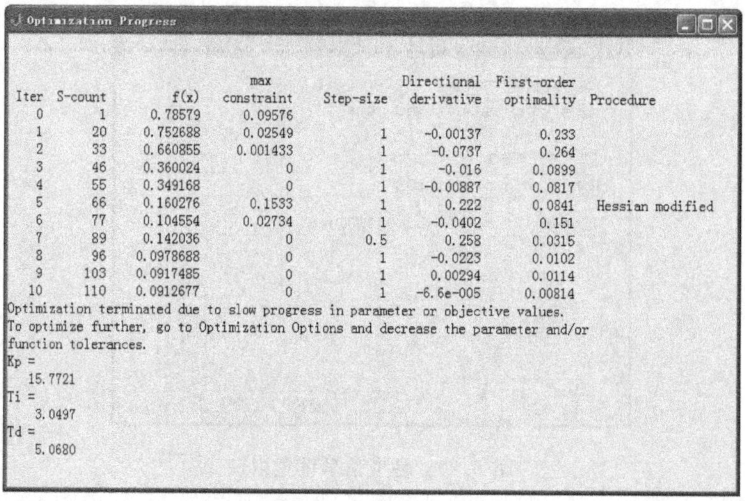

图 6.72　跟踪参考信号最优化过程（函数容许误差限为 0.001）

（3）改变最优化设置。

到目前为止的最优化计算，其最优化选项均采用的是缺省设置（见图 6.68）。当最优化算法找不到一个成功的解时，就需要改变最优化选项的缺省设置。

可以尝试改变下述一些最优化选项设置，并再次进行最优化计算，以获得一个满足性能指标要求的最优化解：

① 将梯度类型由"基本"改为"精细"。

② 增大函数容许误差限。

③ 使用不同的最优化算法。

本例采用增大函数容许误差限的方法。即，将最优化选项设置中的"Function tolerance"项的缺省值 0.001 分别设置为 0.01 和 0.1，并逐次进行最优化计算，其最优化过程窗口如图 6.73(a) 和 (b) 所示。显见，函数容许误差限为 0.1 时，最优化算法经过 3 次迭代，即找到一个成功的解，此情况下，PID 控制器整定参数的优化结果为

$$K_p = 6.1773,\ T_i = 2.2591,\ T_d = 3.9706$$

此时，系统的单位阶跃响应既能跟踪参考信号 $y(t) = 1 - e^{-3t}$，也能同时满足性能指标要求，如图 6.74 所示。

说明：每次进行最优化之前，必须在 MATLAB 命令窗口中重新为整定参数 K_p、T_i 及 T_d 赋初值。否则，SRO 就将 K_p、T_i 及 T_d 的当前值（即每次优化计算结果）作为下次最优化计算的初值，从而得到不正确的结果。

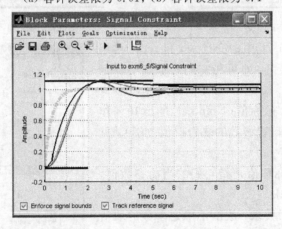

```
┌─ Optimization Progress ─────────────────────────────────────────── _ □ X ┐

                          max              Directional First-order
  Iter  S-count    f(x)   constraint Step-size derivative optimality Procedure
    0       1     0.78579   0.09576
    1      20    0.752688   0.02549      1      -0.00137    0.233
    2      33    0.660855  0.001433      1      -0.0737     0.264
    3      46    0.360024     0          1      -0.016      0.0899
Optimization terminated due to slow progress in parameter or objective values.
To optimize further, go to Optimization Options and decrease the parameter and/or
function tolerances.
Kp =
   6.1733
Ti =
   2.2591
Td =
   3.9706
```

(a)

```
┌─ Optimization Progress ─────────────────────────────────────────── _ □ X ┐

                          max              Directional First-order
  Iter  S-count    f(x)   constraint Step-size derivative optimality Procedure
    0       1     0.78579   0.09576
    1      20    0.752688   0.02549      1      -0.00137    0.233
    2      33    0.660855  0.001433      1      -0.0737     0.264
    3      46    0.360024     0          1      -0.016      0.0899
Successful termination.
Found a feasible or optimal solution within the specified tolerances.
Kp =
   6.1733
Ti =
   2.2591
Td =
   3.9706
```

(b)

图 6.73　跟踪参考信号的最优化过程

（a）容许误差限为 0.01；（b）容许误差限为 0.1

图 6.74　跟踪参考信号优化过程中单位阶跃响应曲线显示（容许误差限为 0.1）

6.3.5　模型参数不确定的优化设计

进行控制系统设计时，被控对象的数学模型常常不能精确获得，而只能得到其参数在某个范围变化的数学模型，称这一类数学模型为具有不确定参数的数学模型。鲁棒控制理论研究的对象，就是这一类数学模型。应用 SRO，可以解决模型参数不确定的控制系统优化设计问题。

【例 6.6】 控制系统结构如图 6.57 所示，且被控对象模型参数 ω_n 与 ζ 具有不确定性，设它们的取值范围分别为：$\omega_n \in [0.8, 1.2]$，$\zeta \in [0.75, 1]$。若系统性能指标及初始条件与例 6.4 相同，试确定 PID 控制器的参数 K_p、T_i 和 T_d。

【解】 与例 6.5 类似，本例的 Simulink 建模、期望响应约束设置、变量定义、指定整定参数等内容及步骤也与例 6.4 完全相同。下面主要介绍模型参数具有不确定性的控制系统优化设计方法及步骤。

(1) 设置不确定参数。分为以下几步。

第一步：选择信号约束窗口菜单"Optimization | Uncertain Parameters…"，打开如图 6.75 所示的不确定参数对话窗口。

第二步：用鼠标左键单击图 6.75 的"Add…"按钮，弹出如图 6.76 所示的添加参数窗口，该窗口列出了已经在 MATLAB 工作空间定义了的被控对象模型变量 ω_n 和 ζ。

图 6.75 不确定参数对话窗口

图 6.76 添加不确定参数

第三步：选中图 6.76 中的变量 wn 和 zeta，再用鼠标左键单击"OK"按钮，即可将它们添加到不确定参数对话窗口（见图 6.75）中。与此同时，SRO 会自动地选择参数 ω_n 和 ζ 标称值（Nominal）的 $\pm 10\%$ 作为不确定范围（即，不确定参数的缺省取值范围），见图 6.75。

注意，ω_n 和 ζ 的标称值是指它们的当前参数值，本例为：$\omega_n = 1$，$\zeta = 0.8$。

第四步：根据题目要求，改变不确定参数的取值范围。在图 6.73 中，将参数 ω_n 的最小值更改为 0.8，最大值更改为 1.2；将参数 ζ 的最小值（Min）更改为 0.75，最大值（Max）更改为 1，如图 6.77 所示。

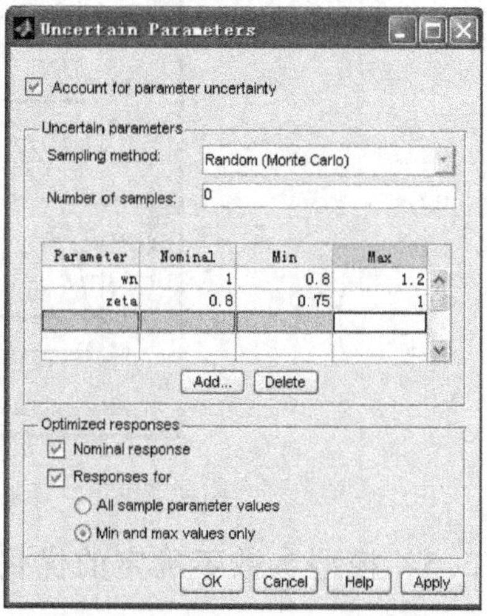

(2) 不确定参数对话窗口选项设置。在图 6.77 中继续进行下述选择或设置：

图 6.77 改变不确定参数取值范围

Sampling method：设置参数不确定的采样方法。有两种方法可供选择：一种是随机采样方法（Random，缺省设置），即蒙特卡洛方法（Monte Carlo）；另一种是网格法（Grid）。

Number of samples：设置采样数。采样数显示了除标称值、最小值和最大值外，所使用的采样值的数目。缺省设置为 0。

欲使最优化计算包括标称参数值，则应选择“Nominal response”；欲使最优化计算包括参数值，而不是标称值，则应选择“All sample parameter values”或“Min and max values only”。本例将采用不确定参数对话窗口的缺省选项设置，可对所有采样参数值的响应最优化，包括 ω_n 和 ζ 的最小值响应与最大值响应、标称响应、初始响应及最终响应等共五种。

（3）最优化计算。

用鼠标左键单击信号约束窗口图标 ▸ 或选择信号约束窗口菜单“Optimization|Start”，开始最优化计算，与此同时，最优化过程窗口打开，见图 6.78。显见，最优化算法经过 4 次迭代，即找到满足了容许误差限的优化解，此时，PID 控制器整定参数的优化结果为

$$K_p = 5.9042,\ T_i = 1.7432,\ T_d = 3.2922$$

Optimization Progress

Iter	S-count	f(x)	max constraint	Step-size	Directional derivative	First-order optimality	Procedure
0	1	0	1.115				
1	70	0	0.076	0.728	0	0.652	
2	105	-5.55112e-017	0.02575	1	-5.55e-017	0.691	
3	140	-6.93754e-018	0.002256	1	4.86e-017	0.643	
4	175	0	0	1	6.94e-018	0.0344	

Successful termination.
Found a feasible or optimal solution within the specified tolerances.
Kp =
5.9042
Ti =
1.7432
Td =
3.2922

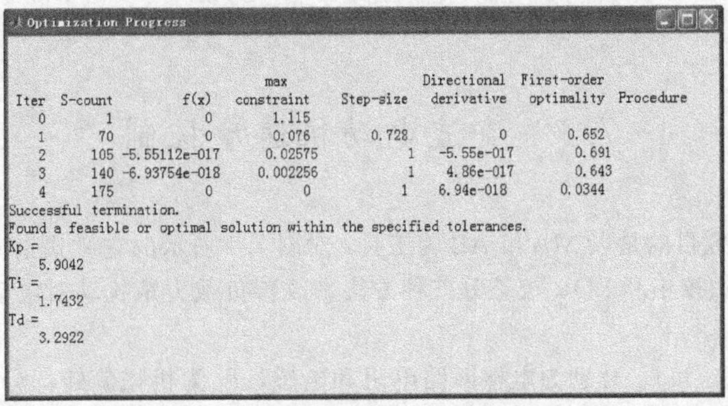

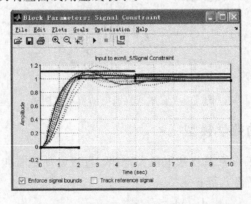

图 6.78　具有不确定参数的整定参数优化过程

在这一组参数下，系统的单位阶跃响应既能克服被控对象模型参数具有的不确定性，即 $\omega_n \in [0.8,\ 1.2]$，$\zeta \in [0.75,\ 1]$，也能同时满足性能指标的要求，如图 6.79 所示。图中，最优化过程中的单位阶跃响应曲线用虚线表示。

图 6.79　具有不确定参数的整定优化过程单位阶跃响应曲线显示

说明：欲取消信号约束窗口的不确定响应曲线，可选择该窗口右击菜单“Show|Uncertainty”（见图 6.60）；欲清除信号约束窗口的所有曲线，可选择右击菜单“Clear plots”。

第7章　MATLAB应用案例

前面几章主要介绍了 MATLAB 在控制理论中的应用，本章结合几个实际工程应用案例，介绍将 MATLAB 应用于实际的方法。内容包括：直流电动机速度控制，计算机硬盘读/写磁头位置控制器设计，飞机偏航阻尼器设计及飞行器控制系统综合与分析等。通过本章的学习，读者可熟悉将 MATLAB 应用于实际控制系统分析与设计的方法，进一步掌握 MATLAB 的使用。

7.1　直流电动机速度控制

本案例的研究目的是以 MATLAB 为工具，对图 7.1 所示的它激式直流电动机分别采用前馈校正、反馈校正和 LQR 校正等三种方法来改善负载力矩扰动对电动机转动速度的影响。

图 7.1 中，R_a 和 L_a 分别为电枢回路电阻和电感，J_a 为机械旋转部分的转动惯量，f 为旋转部分的粘性摩擦系数，$u_a(t)$ 为电枢电压，$\omega(t)$ 为电动机转动速度，$i_a(t)$ 为电枢回路电流。通过调节电枢电压 $u_a(t)$，控制电动机的转动速度 $\omega(t)$。电动机负载变化为电动机转动速度的扰动因素，用负载力矩 $M_d(t)$ 表示（见图 7.1）。

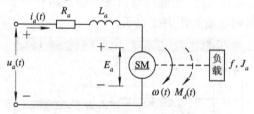

图 7.1　它激式直流电动机示意图

7.1.1　直流电动机的数学模型

根据直流电动机的工作原理及基尔霍夫定律，直流电动机有四大平衡方程：

（1）电枢回路电压平衡方程：

$$L_a \frac{\mathrm{d}i_a(t)}{\mathrm{d}t} + R_a i_a(t) + E_a = u_a(t) \tag{7.1}$$

式中，E_a 为电动机的反电势。

（2）电磁转矩方程：

$$M_m(t) = K_a i_a(t) \tag{7.2}$$

式中，$M_m(t)$ 为电枢电流产生的电磁转矩，K_a 为电动机转矩系数。

（3）转矩平衡方程：

$$J_a \frac{\mathrm{d}\omega(t)}{\mathrm{d}t} + f\omega(t) = M_m(t) + M_d(t) \tag{7.3}$$

式中，J_a 为机械旋转部分的转动惯量，f 为旋转部分的粘性摩擦系数。

（4）由电磁感应关系，得

$$E_a = K_b \omega(t) \tag{7.4}$$

式中，K_b 为反电势系数。

根据式(7.1)～式(7.4)，得到图7.2所示它激式直流电动机的结构图。

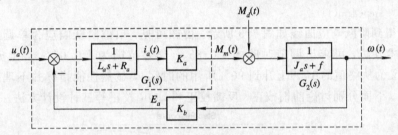

图 7.2 直流电动机结构图

7.1.2 数学模型的 MATLAB 描述

为了方便，在以下讨论中，选取电动机各参数分别为 $R_a = 2.0$ Ω，$L_a = 0.5$ H，$K_a = 0.015$，$K_b = 0.015$，$f = 0.2$ Nms，$J_a = 0.02$ kg·m^2。

如图7.2所示，分别以电动机电枢电压 $u_a(t)$ 和负载力矩 $M_d(t)$ 为输入变量，以电动机的转动速度 $\omega(t)$ 为输出变量，在 MATLAB 中建立电动机的数学模型。

在 MATLAB 命令窗口中输入：

```
>> Ra=2; La=0.5; Ka=0.1;
>> Kb=0.1; f=0.2; Ja=0.02;
>> G1=tf(Ka, [La Ra]);
>> G2=tf(1, [Ja f]);
>> dcm=ss(G2)*[G1, 1];          %u_a(t)和 M_d(t)至 ω(t)前向通路传递函数
>> dcm=feedback(dcm, Kb, 1, 1);  %闭环系统数学模型
>> dcm1=tf(dcm)
```

运行结果为：

Transfer function from input 1 to output: %$u_a(t)$ 至 $\omega(t)$ 的传递函数

　　10
　──────────────
s^2+14s+43

Transfer function from input 2 to output: %$M_d(t)$ 至 $\omega(t)$ 的传递函数

　50s+200
　──────────────
s^2+14s+43

即，电动机的传递函数分别为

$$\frac{\Omega(s)}{U_a(s)} = \frac{10}{s^2 + 14s + 43}$$

$$\frac{\Omega(s)}{M_d(s)} = \frac{50s + 200}{s^2 + 14s + 43}$$

可见，直流电动机的传递函数为二阶系统数学模型形式。

7.1.3 电枢电压 $u_a(t)$ 作用下的单位阶跃响应

由上述求得的传递函数，可以得到电枢电压 $u_a(t)$ 作用下的单位阶跃响应。

在 MATLAB 命令窗口中输入：

$\gg$ step(dcm(1));

运行后得到阶跃响应曲线如图 7.3 所示。由图可见，单位阶跃响应为单调上升。应用 4.1.2 节所述方法，可求出调节时间 $t_s = 0.85$ s(误差范围为 $\pm 0.05\%$)，上升时间 $t_r = 0.598$ s(定义为从终值的 10% 上升到 90% 所用的时间)，显然性能指标并不理想，必须进行校正设计。下面分别讨论前馈校正、反馈校正和 LQR 校正等三种设计方法。

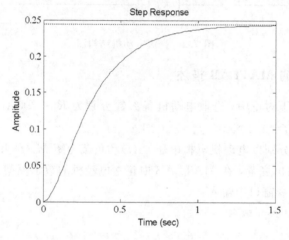

图 7.3　单位阶跃响应曲线

7.1.4 前馈校正设计

采用前馈校正时，增加的校正环节如图 7.4 所示，其目的是：使电动机的转动速度 $\omega(t)$ 等于给定速度 $\omega_r(t)$。为此，选定前馈增益 K_f 等于 $u_a(t)$ 至 $\omega(t)$ 静态增益的倒数，并选取 $K_f = 4.1$。

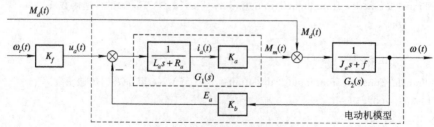

图 7.4　前馈校正示意图

为了检验前馈校正对负载扰动的抑制作用，给定速度 $\omega_r(t)=1$，当在 $t=5\sim10$ s 之间存在 $M_d(t)=-0.1$ N·m 的扰动时，求取电动机的输出速度 $\omega(t)$。

在 MATLAB 命令窗口中输入：

```
>> Kf=4.1;
>> t=0:0.1:15;
>> Md=-0.1*(t>5 & t<10);           %负载力矩扰动
>> u=[ones(size(t)); Md];          %由给定输入和负载扰动同时形成输入信号
>> sys=dcm*diag([Kf,1]);           %将静态增益加入系统
>> lsim(sys, 'o-', u, t);
>> title('Setpoint tracking and disturbance rejection');
```

运行后得到的 $\omega(t)$ 如图 7.5(图中的输出信号曲线)所示。由图知，前馈校正对扰动的抑制效果并不理想。

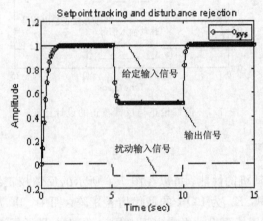

图 7.5　采用前馈校正时的曲线

7.1.5　反馈校正设计

采用反馈校正的直流电动机结构图如图 7.6 所示。为了使稳态误差为零，校正装置选用积分形式 $G_c(s)=K/s$，选取参数 $K=5$。然后在相同条件下，与 7.1.4 节得到的设计结果进行比较。

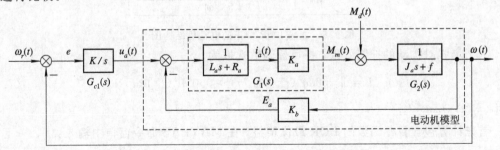

图 7.6　电动机负反馈校正结构图

在 MATLAB 命令窗口中输入：

```
>> K=5;
>> Gc1=tf(K, [1 0]);               %校正装置为 K/s
```

```
>> sys1=feedback(dcm * append(Gc1,1),1,1,1);
>> lsim(sys, '-.', sys1, 'o-', u, t);           %u和t与前馈校正时相同
>> title('Setpoint tracking and disturbance rejection')
```

运行后得到的 $\omega(t)$ 曲线如图 7.7 所示。图中还给出了前馈校正设计的输出曲线。由图可见，采用反馈校正对扰动有一定的抑制效果，但在扰动的起始阶段和终止阶段控制效果也不理想。

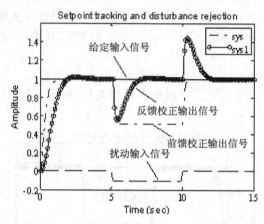

图 7.7　前馈校正与反馈校正的设计比较

7.1.6　LQR 校正设计

为了进一步改善电动机的性能，可以在图 7.6 所示的反馈校正结构中再加入 LQR 校正，如图 7.8 所示。其中，K_{lqr} 为 LQR 的最优增益矩阵。图中，电动机模型以一个环节表示。由图知，在应用 LQR 校正设计生成电枢电压 $u_a(t)$ 时，目标函数除了包含误差信号的积分外，还包含电枢回路电流 $i_a(t)$ 和输出变量 $\omega(t)$。

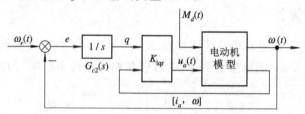

图 7.8　加入 LQR 校正的电动机结构图

为了增强对扰动的抑制效果，将目标函数选取为

$$J = \int_0^\infty \left[20q^2(t) + \omega^2(t) + 0.01u_a^2(t) \right] \, dt \qquad (7.5)$$

式中，$q(s) = \omega(s)/s$。

首先计算包含目标函数的 LQR 最优增益。在 MATLAB 命令窗口中输入：

```
>> dc_aug=[1; tf(1,[1 0])] * dcm(1);       %将输出 ω(s)加入到电动机模型
>> K_lqr=lqry(dc_aug, [1 0; 0 20], 0.01);
```

接着，建立电动机闭环模型。在 MATLAB 命令窗口中输入：

```
>> P=augstate(dcm);                        %输入为 uₐ(t), M_d(t)，输出为 ω(t)
```

```
>> Gc2=K_lqr * append(tf(1,[1 0]),1,1);      %包含 1/s 的校正装置
>> OL=P * append(Gc2,1);                      %构成开环系统
>> CL=feedback(OL,eye(3),1:3,1:3);            %构成闭环系统
>> sys2=CL(1,[1 4]);                          %求 $\omega_r(t)$、$M_d(t)$ 至 $\omega(t)$ 的传递函数
```

最后，同时得到前馈校正、反馈校正及 LQR 校正时系统的响应，且系统的给定输入及扰动输入信号的形式与前馈校正相同。

在 MATLAB 命令窗口中输入：

```
>> lsim(sys,'-.',sys1,'o-',sys2,u,t)
```

运行后得到如图 7.9 所示的曲线。由图可见，三种校正方式中，相对而言，LQR 校正对负载扰动的抑制效果最为理想。

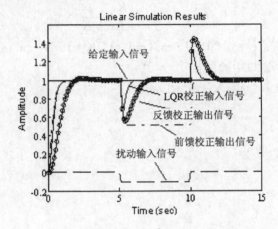

图 7.9　三种校正分别作用时的输出曲线比较

7.2　计算机硬盘读/写磁头位置控制器设计

本案例研究的目的是：通过对计算机硬盘读/写磁头位置控制器（见图 7.10）设计全过程的介绍，说明运用 MATLAB 设计经典数字控制器的方法。

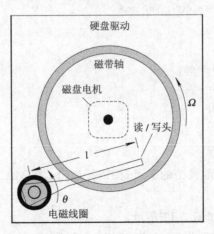

图 7.10　计算机硬盘读/写磁头位置控制器示意图

7.2.1 硬盘读/写磁头的数学模型及 MATLAB 描述

设 $\theta(t)$ 为磁头的角位移，$i(t)$ 为输入电流，根据牛顿定律，读/写磁头可用微分方程表示为

$$J\frac{d^2\theta(t)}{dt^2} + C\frac{d\theta(t)}{dt} + K\theta(t) = K_i i(t) \tag{7.6}$$

式中，J 为磁头装置的转动惯量，C 为支承的粘滞阻尼系数，K 为弹性系数，K_i 为单击力矩常数。

对上式进行拉氏变换，得到由 $i(t)$ 至 $\theta(t)$ 的传递函数为

$$G(s) = \frac{K_i}{Js^2 + Cs + K} \tag{7.7}$$

设 $J=0.01$ kg·m^2，$C=0.004$ N·m/(rad/s)，$K=10$ N·m/rad，$K_i=0.05$ N·m/rad。在 MATLAB 命令窗口中输入：

```
>> J=0.01; C=0.004; K=10; Ki=0.05;
>> num=Ki;
>> den=[J C K];
>> G=tf(num, den)
```

运行后结果为：

```
Transfer function：
        0.05
--------------------------
0.01s^2+0.004s+10
```

7.2.2 模型离散化及性能分析

给定采样周期 $T_s=0.005$ s，以零阶保持器(ZOH)方法对硬盘读/写磁头的数学模型离散化。在 MATLAB 命令窗口中输入：

```
>> Ts=0.005; Gd=c2d(G, Ts, 'zoh')
```

运行后结果为：

```
Transfer function：
6.233e-005z+6.229e-005
-----------------------------------
    z^2-1.973z+0.998
Sampling time：0.005
```

1. 离散模型的性能分析

首先，将连续模型及离散模型的 Bode 图进行比较。在 MATLAB 命令窗口中输入：

```
>> bode(G, '-', Gd, '-.')
```

运行后得到 Bode 图，如图 7.11 所示。

其次，求离散模型的阶跃响应。在 MATLAB 命令窗口中输入：

```
>> step(Gd)
```

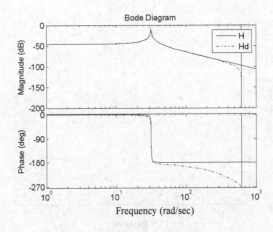

图 7.11　连续模型及离散模型的 Bode 图

运行后得到离散模型的阶跃响应曲线，如图 7.12 所示。由图可见，系统存在严重的振荡，这是因系统的阻尼比过小而导致的，可以通过其极点来验证。

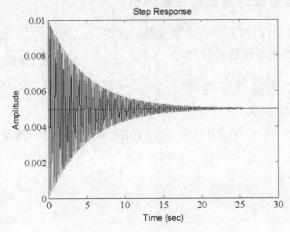

图 7.12　离散系统的阶跃响应曲线

2. 离散模型的极点

根据建立的传递函数，在 MATLAB 命令窗口中输入：

>> damp(Gd)

运行后结果为：

Eigenvalue	Magnitude	Equiv. Damping	Equiv. Freq. (rad/s)
9.87e−001＋1.57e−001i	9.99e−001	6.32e−003	3.16e+001
9.87e−001−1.57e−001i	9.99e−001	6.32e−003	3.16e+001

显然，极点具有非常小的阻尼比，且极点靠近单位圆周。因此需要设计校正装置来补偿这些极点的阻尼比。可以通过根轨迹确定校正装置的具体形式。

3. 离散模型的根轨迹

在 MATLAB 命令窗口中输入：

>> rlocus(Gd)

运行后得到的根轨迹如图 7.13 所示。由图可见，极点很快离开单位圆，从而使得系统变得不稳定，所以需要引入超前或带有零点的校正装置。

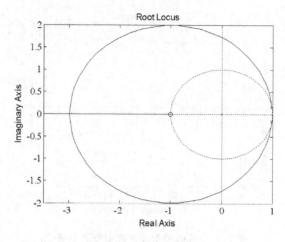

图 7.13　根轨迹曲线

7.2.3　附加超前校正装置及性能分析

将超前校正装置 $D(z)$ 与 $G_d(z)$ 串联连接，如图 7.14 所示。且 $D(z)$ 的脉冲传递函数为

$$D(z) = \frac{z+a}{z+b} = \frac{z-0.85}{z} \qquad (7.8)$$

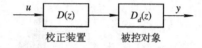

图 7.14　附加超前校正网络示意图

在 MATLAB 命令窗口中输入：

   >> D=zpk(0.85, 0, 1, Ts)　　　　　　　%建立校正装置的数学模型

运行后结果为：

  Zero/pole/gain：

  (z-0.85)

  ----

    z

  Sampling time：0.005

   >> oloop=Gd * D　　　　　　　　　%串联连接的开环模型

运行后结果为：

  Zero/pole/gain：

  6.2328e-005(z+0.9993)(z-0.85)

  ----

  z (z^2-1.973z+0.998)

  Sampling time：0.005

比较校正前后系统的性能。在 MATLAB 命令窗口中输入：

   >> bode(Gd, '-.', oloop)

运行后得到校正前后系统的 Bode 图如图 7.15 所示。由图可见，在 $\omega > 10\text{rad/s}$ 频率范围内，校正装置使得系统的稳定裕度有所增加。

最后，观察校正后开环系统的根轨迹图。在 MATLAB 命令窗口中输入：

   >> rlocus(oloop)

   >> zgrid

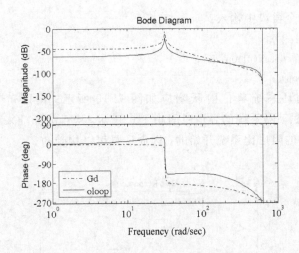

图 7.15　附加校正装置前后的开环频率响应曲线比较

运行后得到的根轨迹如图 7.16 所示。同时为了便于观察，图中将水平及垂直坐标的范围选定为 $[-1, 1]$。

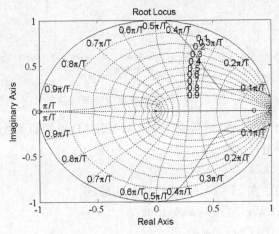

图 7.16　校正后的开环根轨迹图

由图中可以看到，包含校正装置系统的极点会在单位圆内停留一段时间。

7.2.4　闭环控制系统设计与性能分析

首先，构建闭环控制系统如图 7.17 所示，并选取 $K = 4110$，然后求取其单位阶跃响应。

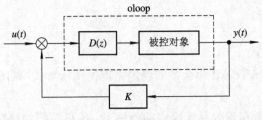

图 7.17　闭环系统示意图

在 MATLAB 命令窗口中输入：

```
>> K=4.11e+03;
>> cloop=feedback(oloop, K);
>> step(cloop)
```

运行后得到的闭环系统单位阶跃响应如图 7.18 所示。由图可见，调节时间小于 0.07 s，即闭环硬盘驱动器系统的寻道时间小于 0.07 s。从目前标准来看，这显然比较慢，但本设计是以非常小的阻尼比系统开始的，因而还是可以接受的。

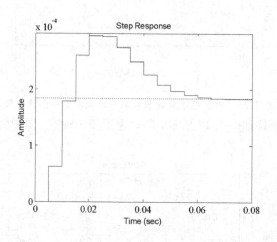

图 7.18　闭环系统单位阶跃响应

接下来分析所设计系统的稳定裕度。采用 MATLAB 提供的函数 margin()确定性能指标。在 MATLAB 命令窗口中输入：

```
>> olk=k * oloop;
```

求系统的稳定裕度。在 MATLAB 命令窗口中输入：

```
>> [Gm, Pm, Wcg, Wcp]=margin(olk);
>> Margins=[Gm Wcg Pm Wcp]
```

运行结果为：

```
Margins =

          3.7987    296.7978    43.2031    106.2462
```

为了得到以分贝形式表示的幅值裕度，在 MATLAB 命令窗口中输入：

```
>> 20 * log10(Gm)
```

运行结果为：

```
ans=

     11.5926
```

即幅值裕度约为 11.6 dB。

也可以通过下述 MATLAB 命令得到稳定裕度的图示形式（见图 7.19）：

```
>> margin(olk)
```

可见，这种校正装置在确保系统稳定的条件下，使得系统的稳定裕度有所增加。

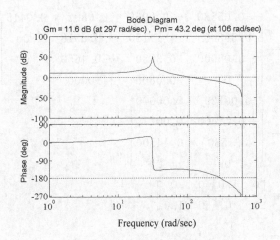

图 7.19　包含稳定裕度的 Bode 图

7.3　飞机偏航阻尼器设计

一般情况下，为了满足飞行品质要求，飞机的纵向运动和侧向运动都需要有能够连续工作的阻尼器，前者称为俯仰阻尼器(Pitch Damper)，后者称为偏航阻尼器(Yaw Damper)。本案例研究的目的是：通过对某型飞机偏航阻尼器的设计过程的介绍，说明运用 MATLAB 的经典控制系统设计工具进行系统设计的方法。

7.3.1　数学模型及 MATLAB 描述

巡航状态下，某型飞机侧向运动的状态空间模型为

$$
\begin{bmatrix} \dot{x}_1(t) \\ \dot{x}_2(t) \\ \dot{x}_3(t) \\ \dot{x}_4(t) \end{bmatrix} = \begin{bmatrix} a_{11} & a_{12} & a_{13} & a_{14} \\ a_{21} & a_{22} & a_{23} & a_{24} \\ a_{31} & a_{32} & a_{33} & a_{34} \\ a_{41} & a_{42} & a_{43} & a_{44} \end{bmatrix} \begin{bmatrix} x_1(t) \\ x_2(t) \\ x_3(t) \\ x_4(t) \end{bmatrix} + \begin{bmatrix} b_{11} & b_{12} \\ b_{21} & b_{22} \\ b_{31} & b_{32} \\ b_{41} & b_{42} \end{bmatrix} \begin{bmatrix} u_1(t) \\ u_2(t) \end{bmatrix}
$$

$$
\begin{bmatrix} y_1(t) \\ y_2(t) \end{bmatrix} = \begin{bmatrix} c_{11} & c_{12} & c_{13} & c_{14} \\ c_{21} & c_{22} & c_{23} & c_{24} \end{bmatrix} \begin{bmatrix} x_1(t) \\ x_2(t) \\ x_3(t) \\ x_4(t) \end{bmatrix}
$$

(7.10)

式中，状态向量分别为：

$x_1(t)$ 为侧滑角(单位为 rad)，$x_2(t)$ 为偏航角速度(单位为 rad/s)，$x_3(t)$ 为滚转角速度(单位为 rad/s)及 $x_4(t)$ 为倾斜角(单位为 rad)。

输入向量及输出向量分别为：$u_1(t)$ 为方向舵(rudder)偏角(单位为 rad)，$u_2(t)$ 为副翼(aileron)偏角(单位为 rad)；$y_1(t)$ 为偏航角速度(单位为 rad/s)，$y_2(t)$ 为倾斜角(单位为 rad)。

已知飞机巡航飞行时的速度为 0.8 马赫，高度为 40 000 英尺，此时模型参数为

$$A = \begin{bmatrix} -0.05580 & -0.9968 & 0.0802 & 0.0415 \\ 0.59800 & -0.1150 & -0.0318 & 0 \\ -3.05000 & 0.3880 & -0.4650 & 0 \\ 0 & 0.0805 & 1.0000 & 0 \end{bmatrix}$$

$$B = \begin{bmatrix} 0.00729 & 0.00000 \\ -0.47500 & 0.00775 \\ 0.1530 & 0.14300 \\ 0 & 0 \end{bmatrix}$$

$$C = \begin{bmatrix} 0 & 1.0 & 0 & 0 \\ 0 & 0 & 0 & 1.0 \end{bmatrix}$$

$$D = \begin{bmatrix} 0 & 0 \\ 0 & 0 \end{bmatrix}$$

首先输入飞机状态空间模型参数。在 MATLAB 命令窗口中输入：

```
>> A=[-0.0558,-0.9968,0.0802,0.0415;0.5980,-0.1150,-0.0318,0;...
      -3.0500,0.3880,-0.4650,0;0,0.0805,1.000,0];
>> B=[0.00729,0.0000;-0.47500,0.00775;0.15300,0.1430;0,0];
>> C=[0,1,0,0;0,0,0,1];
>> D=[0,0;0,0];
```

然后，定义系统的状态变量、输入变量及输出变量，并建立状态空间模型。在 MATLAB 命令窗口中输入：

```
>> states={'beta' 'yaw' 'roll' 'phi'};    %定义状态变量名称。其中，beta 为侧滑角（单位
                                          %为 rad），yaw 为偏航角速度（单位为 rad/s），
                                          %roll 为滚转角速度（单位为 rad/s），phi 为倾斜
                                          %角（单位为 rad）
>> inputs={'rudder' 'aileron'};           %定义输入变量名称。其中，rudder 为方向舵偏角
                                          %（单位为 rad），aileron 为副翼（aileron）偏角（单位
                                          %为 rad）
>> outputs={'yaw rate' 'bank angle'};     %定义输出变量名称。其中，yaw rate 为偏航角速
                                          %度（单位为 rad/s），bank angle 为倾斜角（单位为
                                          %rad）
>> sys=ss(A, B, C, D, 'statename', states, 'inputname', inputs, 'outputname', outputs)
```

运行结果为：

```
a=
            beta        yaw         roll        phi
    beta    -0.0558     -0.9968     0.0802      0.0415
    yaw     0.598       -0.115      -0.0318     0
    roll    -3.05       0.388       -0.465      0
    phi     0           0.0805      1           0
b=
            rudder      aileron
    beta    0.00729     0
```

yaw	−0.47500	0.00775
roll	0.153	0.143
phi	0	0

c=

	beta	yaw	roll	phi
yaw rate	0	1	0	0
bank angle	0	0	0	1

d=

	rudder	aileron
yaw rate	0	0
bank angle	0	0

Continuous-time model.

7.3.2 校正前系统性能分析

根据前述系统的状态空间模型，首先分析系统性能。

1. 计算开环特征值

在 MATLAB 命令窗口中输入：

>> damp(sys)   %计算开环特征值

运行结果为：

Eigenvalue	Damping	Freq. (rad/s)
−7.28e−003	1.00e+000	7.28e−003
−5.63e−001	1.00e+000	5.63e−001
−3.29e−002+9.47e−001i	3.48e−002	9.47e−001
−3.29e−002−9.47e−001i	3.48e−002	9.47e−001

绘制零极点图。在 MATLAB 命令窗口中输入：

>> pzmap(sys)

运行后结果如图 7.20 所示。由图可见，此模型含有接近虚轴的一对共轭极点，它们对应飞机的"荷兰滚(Dutch Roll)"模态，此时系统具有较小阻尼，控制系统设计的目的是提高系统的阻尼比，改善荷兰滚模态的阻尼特性。

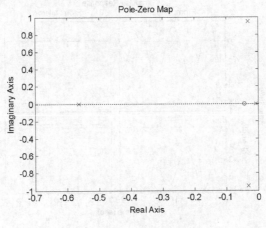

图 7.20　系统的零极图

2. 求取系统的单位脉冲响应

在 MATLAB 命令窗口中输入：

>> impulse(sys)

运行后得到的单位脉冲响应曲线如图 7.21 所示。由图可见，系统过渡过程振荡剧烈，飞机确实存在很小的阻尼。图中响应时间较长，而乘客及飞行员关心的只是飞机在最初几秒钟而不是最初几分钟的行为。所以，应再绘制飞机在最初 20 s 以内的单位脉冲响应曲线。在 MATLAB 命令窗口中输入：

>> impulse(sys, 20)

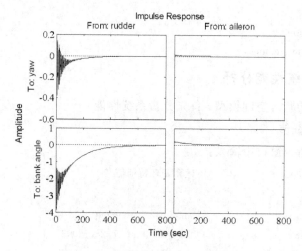

图 7.21 单位脉冲响应曲线

运行后得到的脉冲响应曲线如图 7.22 所示。为了更清楚地观察从副翼偏角（输入 2）到倾斜角（输出 2）的响应，用鼠标右键单击图 7.22，从弹出的菜单（见图 7.23(a)）中选择"I/O Selector"，打开如图 7.23(b) 所示的 I/O Seletor 对话框。用鼠标左键单击 [In(2)，Out(2)] 选项，得到如图 7.24 所示的曲线。

由图 7.24 可见，飞机围绕非零倾斜角产生了振荡，因此在副翼脉冲信号作用下，飞机会发生改变。在本案例下面的讨论中，这种特性是很重要的。

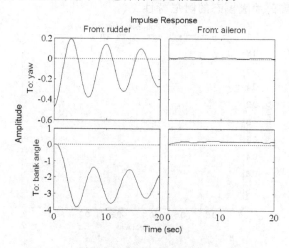

图 7.22 响应时间为 20 秒时的单位脉冲响应

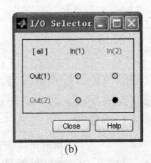

(a) (b)

图 7.23 显示菜单的选择

(a) 右击菜单；(b) I/O 选择对话框

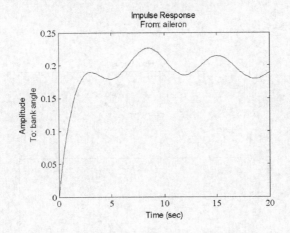

图 7.24 副翼偏角至倾斜角的单位脉冲响应

在典型的偏航阻尼器设计中，使用方向舵偏角作为控制输入，使用偏航角速度作为传感输出，为得到相应的频率响应，在 MATLAB 命令窗口中应输入：

>> sys11＝sys('yaw', 'rudder');   %选择输入/输出对

>> bode(sys11)

运行后得到的 Bode 图如图 7.25 所示。由图可见，方向舵的变化对小阻尼的荷兰滚模态(接近 $\omega＝1$ rad/s)具有明显的影响。

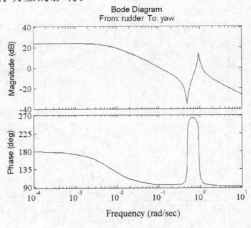

图 7.25 Bode 图

7.3.3 校正装置设计

1. 根轨迹法设计

如前所示，一种合理的设计目标是确保自然频率 $\omega_n < 1.0$ rad/s 时，阻尼比 $\zeta \geqslant 0.30$。如前所述，最简单的校正是改变校正装置的增益，首先应用根轨迹法确定合适的增益值。

在 MATLAB 命令窗口中输入：

>> rlocus(sys11)　　　　　%绘制由方向舵至偏航通道的根轨迹图

运行后得到的曲线（见图 7.26）为负反馈的根轨迹图。由图可见，采用负反馈连接会使系统立即变得不稳定。为确保系统稳定，应使用正反馈连接。此时在 MATLAB 命令窗口中输入：

>> rlocus(−sys11)

>> sgrid

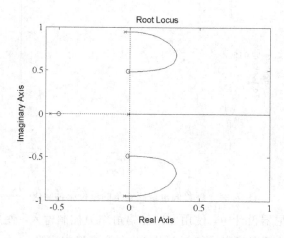

图 7.26　负反馈时的根轨迹曲线

运行后得到的正反馈根轨迹图如图 7.27 所示。由图可见，正反馈的结果比负反馈要好得多。这样，仅采用简单的反馈就可以满足 $\zeta \geqslant 0.30$ 的设计要求。用鼠标左键单击图形上部的曲线，然后移动得到数据标记"■"，显示增益及阻尼比。选取 $\zeta = 0.45$，此时系统增益约为 2.85（见图 7.28）。

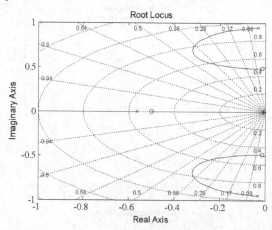

图 7.27　正反馈时的根轨迹曲线

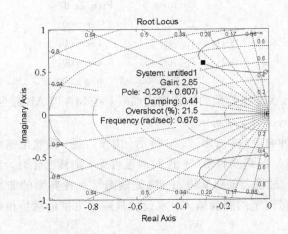

图 7.28　$\zeta=0.45$ 时的根轨迹图

接着，构成单输入单输出闭环反馈回路，在 MATLAB 命令窗口中输入：

>> K＝2.85;

>> cl11＝feedback(sys11，－K);

运行后得到负反馈系统 cl11。由下述 MATLAB 命令求取系统响应时间为 20 s 的单位脉冲响应，并将其与前述的开环系统单位脉冲响应比较。

在 MATLAB 命令窗口中输入：

>> impulse(sys11，cl11，'o-'，20)

运行后得到图 7.29 所示闭环系统单位脉冲响应曲线。由图可见，与开环系统单位脉冲响应相比，闭环响应速度快并且没有产生很大的振荡。

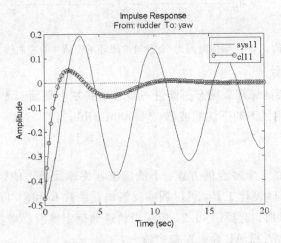

图 7.29　响应时间为 20 秒时的单位脉冲响应曲线

将全部多输入多输出模型构成闭合回路，分析在副翼输入信号作用下的响应。将系统由输入 1 连至输出 1，构成反馈回路。在 MATLAB 命令窗口中输入：

>> cloop＝feedback(sys，－K，1，1);

>> damp(cloop)　　　　　　　　　%得到闭环极点

运行结果为：

Eigenvalue	Damping	Freq. (rad/s)
$-3.42e-001$	$1.00e+000$	$3.42e-001$
$-2.97e-001+6.06e-001i$	$4.40e-001$	$6.75e-001$
$-2.97e-001-6.06e-001i$	$4.40e-001$	$6.75e-001$
$-1.05e+000$	$1.00e+000$	$1.05e+000$

接着，绘制多输入多输出模型的脉冲响应曲线。在 MATLAB 命令窗口中输入：

$\gg$ impulse(sys，'-.'，cloop，20)

运行后得到的脉冲响应曲线如图 7.30 所示。由图可见，偏航角速度响应具有很好的阻尼比，但是从副翼(输入 2)到倾斜角(输出 2)通道可见，副翼变化时，系统不再像常规飞机那样连续偏转，而呈现过稳定的螺旋模态。螺旋模态是一种典型的非常慢的模态，它允许飞机滚转和偏转而无需恒定的副翼输入。本设计消除了飞机的螺旋模态，使得它具有很高的频率。

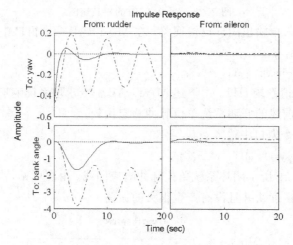

图 7.30　响应时间为 20 秒时的闭环单位脉冲响应曲线

2. 下洗滤波器设计

当形成闭环时，要确保螺旋模态不能进一步移动到左半平面。飞行控制设计者解决此问题的一种方法是使用如下的下洗滤波器(Washout Filter)：

$$G_c(s) = \frac{s}{s+\alpha}$$

通过在原点处设置 1 个零点的方式，下洗滤波器将螺旋模态的极点限制在原点附近。利用 6.2 节介绍的 SISO 设计工具，可以调整反馈增益系数 K 和 α，以确定最佳组合。本例中，当时间常数为 5 秒时，选择 $\alpha=0.2$，应用根轨迹法确定滤波器增益 $G_c(s)$。首先确定滤波器的固定部分，在 MATLAB 命令窗口中输入：

$\gg$ Gc=zpk(0，-0.2，1)

运行结果为：

Zero/pole/gain：

```
      s
  ---------------
     (s+0.2)
```

然后将此滤波器与设计模型 sys11 以串联形式连接,得到开环模型。在 MATLAB 命令窗口中输入:

>> oloop=Gc * sys11;

接下来绘制此开环模型的另外一个根轨迹图并加入网格线。在 MATLAB 命令窗口中输入:

>> rlocus(−oloop);sgrid

运行后得到开环模型的根轨迹曲线如图 7.31(a)所示。

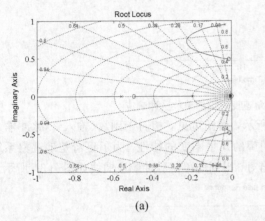
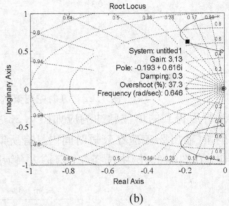

(a)　　　　　　　　　　　　　　(b)

图 7.31　根轨迹曲线

(a) 开环模型的根轨迹曲线;(b) 闭环模型的根轨迹曲线

采用与前述相同的设计方法,在根轨迹图的上部分支中,确定阻尼比约为 ζ=0.3,此时增益约为 2.07,得到此时的开环根轨迹曲线如图 7.31(b)所示。

7.3.4　校正后系统性能分析

1. 观察从方向舵到偏航角速度通道的闭环脉冲响应

首先构成闭环回路,在 MATLAB 命令窗口中输入:

>> K=2.07;

>> cl11=feedback(oloop,−K);

>> impulse(cl11,20)

运行后得到单位脉冲响应曲线如图 7.32 所示,由图可见,此时的响应良好,但阻尼比小于前面的设计。

2. 验证设计的下洗滤波器固定了飞机的螺旋模态问题

构成完整的下洗滤波器(增益+滤波器)。在 MATLAB 命令窗口中输入:

>> WOF=−K * Gc;

接着将多输入多输出模型 sys 的第 1 对输入/输出通道闭合并求取其单位脉冲响应。在 MATLAB 命令窗口中输入:

>> cloop=feedback(sys,WOF,1,1);

>> impulse(sys,'-.',cloop,20)　　%系统的开环响应以点划线表示,系统的闭环响应以
　　　　　　　　　　　　　　　　　　　%实线表示

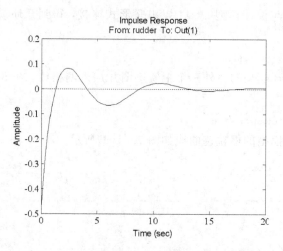

图 7.32　方向舵到偏航角速度通道的单位脉冲响应

　　运行后得到的单位脉冲响应如图 7.33 所示，由图可见，相对于副翼(输入 2)脉冲输入的倾斜角(输出 2)响应在较短时间内具有所期望的几乎不变的特性。为了更清楚地观察系统的响应，在图 7.23(b)中选择(2，2)输入/输出对，得到的单位脉冲响应曲线如图 7.34 所示。

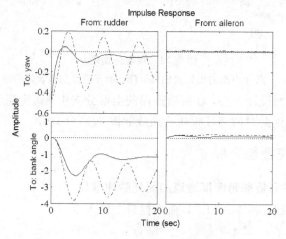

图 7.33　第 1 对输入/输出通道的脉冲响应

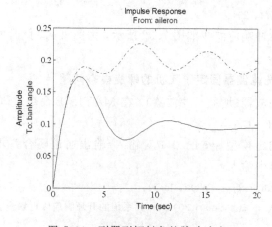

图 7.34　副翼到倾斜角的脉冲响应

尽管并没有完全符合阻尼比要求，但是这里的设计已经充分增加了系统的阻尼比，并使得飞行员能够正常驾驶飞机。

7.4　飞行器控制系统综合与分析

飞行器控制系统的主要功用是控制和稳定飞行器在空中的飞行。飞行器控制系统是一个复杂系统，对其进行综合与分析既是飞行器设计的重要内容，也是一项十分复杂的工作。本节介绍应用 MATLAB/Simulink 进行飞行器控制系统综合与分析的方法。

7.4.1　飞行器控制系统数学模型

某型飞行器控制系统俯仰通道由舵回路（即舵系统）、阻尼回路和加速度回路组成，其结构如图 7.35 所示。

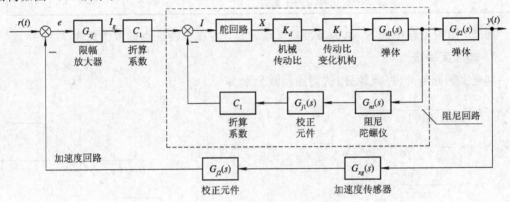

图 7.35　飞行器控制系统结构图

1. 舵回路（Helm loop）

舵回路结构如图 7.36 所示。图中各元件（或装置）的传递函数分别为

$$G_{zf}(s) = \frac{12.5}{2.5 \times 10^{-3}s + 1}, \quad G_{ql}(s) = \frac{K_{ql}\mathrm{e}^{-0.008s}}{T_{ql}s + 1}, \quad K_{fk} = 0.24$$

式中，$G_{ql}(s)$ 是飞行状态的函数；K_{ql} 与 T_{ql} 称为气动参数，其意义及在各特征点的取值见表 7.1。

说明：特征点又称计算点（或典型弹道点），是进行飞行器控制系统动态分析或初步设计时所选择的特殊气动点。

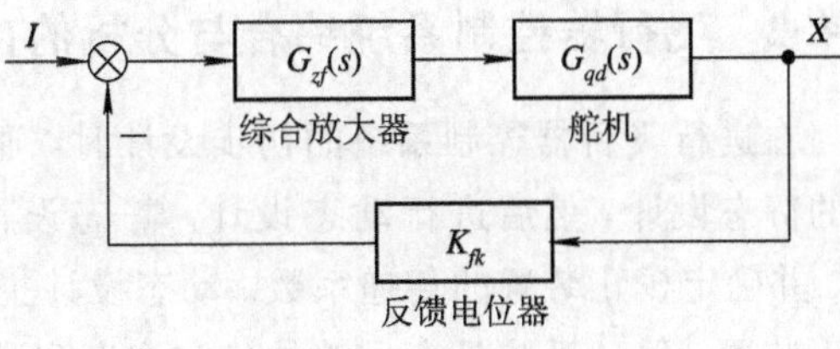

图 7.36　舵回路结构图

2. 阻尼回路（Damp loop）

阻尼回路各元件（或装置）的传递函数分别为

$$G_{d1}(s) = \frac{K_M(T_d s + 1)}{T_M^2 s^2 + 2\zeta_M T_M s + 1}$$

$$G_{nt}(s) = \frac{0.56}{(14 \times 10^{-3})^2 s^2 + 2 \times 0.45 \times 14 \times 10^{-3}s + 1}$$

$$C_2 = 2, \quad K_d = 0.8$$

式中，$G_{d1}(s)$ 为飞行状态的函数，气动参数 K_M、T_M 与 ζ_M 的意义及在各特征点的取值见表 7.1。

表 7.1　飞行器各特征点的气动参数值

参数	意义	各特征点的值			
		I	II	III	IV
K_{qd}/(mm/mA)	舵机传递系数	10.899	3.05	4.291	5.563
T_{qd}/(s)	舵机时间常数	0.585	0.215	0.312	0.357
V_d/(m/s)	飞行速度	193.9	174.7	208.1	293.8
K_M/(1/s)	弹体纵向传递系数	0.1215	0.2853	0.3886	0.2633
T_M/(s)	纵向时间常数	0.3001	0.1943	0.159	0.1602
ζ_M	弹体纵向阻尼比	0.0645	0.1012	0.1106	0.101
T_d/(s)	弹体纵向气动时间常数	5.2692	2.0476	1.6024	2.2114
K_i	传动比变化机构传递系数	1	0.9422	0.6066	0.508

此外，阻尼回路中的 K_i 也为飞行器气动参数，它在各特征点的取值见表 7.1。

3. 加速度回路

加速度回路各元件（或装置）的传递函数分别为

$$G_{d2}(s) = \frac{V_d}{57.3g(T_d s + 1)}$$

$$G_{xg}(s) = \frac{3.25}{(5.5 \times 10^{-3})^2 s^2 + 2 \times 0.45 \times 5.5 \times 10^{-3} s + 1}$$

$$G_{j2}(s) = \frac{0.171}{0.01s + 1}, \quad C_1 = 4$$

式中，$G_{d2}(s)$ 是飞行状态的函数，气动参数 V_d 与 T_d 的意义及在各特征点的取值见表 7.1。

4. 限幅放大器

限幅放大器是一个非线性装置，其输入/输出静态特性为饱和非线性，如图 7.37 所示。图中：$K_{xf} = 2.2$，$U_{xf} = 1.3781$。

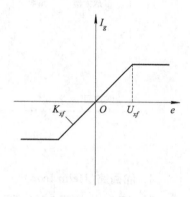

图 7.37　限幅放大器的静态特性

7.4.2　飞行器控制系统综合与分析的内容

在进行飞行器控制系统的初步设计时，通常以系数"冻结"法为基础，首先进行控制系统的静态设计，然后进行动态设计。静态设计的主要任务是计算系统的静态开环传递系数，并确定校正装置的传递系数。动态设计主要是根据给定的性能指标要求，设计合适的校正装置，保证系统具有足够的稳定裕度和满意的动态品质。

本案例不涉及静态设计内容，而着重于飞行器控制系统的动态设计及性能分析。具体要求如下。

已知，通过性能分析及静态设计，确定出阻尼回路校正装置传递函数的形式为

$$G_{j1}(s) = \frac{K_j(T_j^2 s^2 + 2\zeta_j T_j s + 1)}{(T_{j1} s + 1)(T_{j2} s + 1)}$$

式中，K_j、ζ_j 及 T_j、T_{j1}、T_{j2} 分别为传递系数、阻尼比及时间常数，且 $K_j = 0.113$。

要求以特征点Ⅲ为基准，对校正装置参数进行优化设计。即，应用 MATLAB 的 SRO 软件包，确定使系统单位阶跃响应满足下述性能指标的校正装置参数 ζ_j、T_j、T_{j1} 及 T_{j2}：

(1) 上升时间 $t_r \leqslant 0.25$ s（单位阶跃响应从零第一次上升到终值所需的时间）。

(2) 调节时间 $t_s \leqslant 0.5$ s（误差范围为 $\pm 5\%$）。

(3) 超调量 $\sigma\% \leqslant 20\%$。

给定这些参数的初始值为

$$\zeta_j = 0.5, \ T_j = 1, \ T_{j1} = 0.1, \ T_{j2} = 2$$

在对校正装置参数进行优化设计的基础上，应用 MATLAB 分析系统的时域性能及频域性能。

7.4.3 校正装置参数优化设计

1. 构建 Simulink 模型

根据图 7.35～图 7.37 及图中各环节（或装置）的传递函数，构建出飞行器控制系统的 Simulink模型如图 7.38(a)～(e)所示，模型名为 exm7_4.mdl。

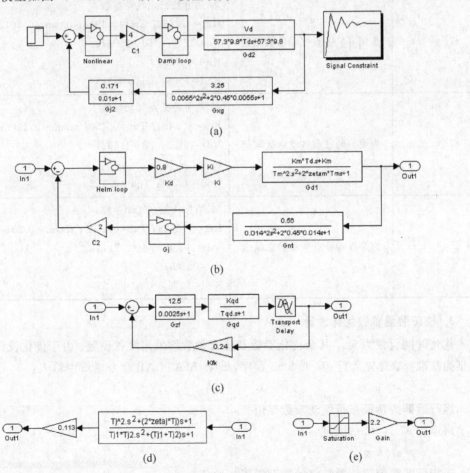

图 7.38 飞行器控制系统的 Simulink 模型

(a) 加速度回路；(b) 阻尼回路子系统；(c) 舵回路子系统；

(d) 校正装置子系统；(e) 限幅放大器子系统

2. 用于初始条件设置及气动参数赋值的 M 文件

由于本案例模型复杂,初始条件及可变参数(指特征点气动参数)较多,故采用 M 文件形式处理。为此,分别建立五个 M 文件,并确保它们被保存在当前路径中。这些文件的文件名、功能及文件内容见表 7.2。

表 7.2　用于初始条件设置及气动参数赋值的 M 文件

文件名	功　能	文　件　内　容
e7_4_0.m	设置校正装置参数初始值	% 校正装置参数初始值 zetaj=0.5;Tj=1;Tj1=0.1;Tj2=2
e7_4_1.m	为第Ⅰ特征点气动参数赋值	% 第Ⅰ特征点气动参数 Km=0.1215;Tm=0.3001;zetam=0.0645; Vd=193.9;Td=5.2692; Ki=1; Kqd=10.899;Tqd=0.585
e7_4_2.m	为第Ⅱ特征点气动参数赋值	% 第Ⅱ特征点气动参数 Km=0.2853;Tm=0.1943;zetam=0.1012; Vd=174.7;Td=2.0476; Ki=0.9422; Kqd=3.05;Tqd=0.215
e7_4_3.m	为第Ⅲ特征点气动参数赋值	% 第Ⅲ特征点气动参数 Km=0.3886;Tm=0.159;zetam=0.1106; Vd=208.1;Td=1.6024; Ki=0.6066; Kqd=4.291;Tqd=0.312
e7_4_4.m	为第Ⅳ特征点气动参数赋值	% 第Ⅳ特征点气动参数 Km=0.2633;Tm=0.1602;zetam=0.101; Vd=293.8;Td=2.2114; Ki=0.508; Kqd=5.563;Tqd=0.357

3. 校正装置参数优化设计

优化时间设置为 5 s,其余优化参数及仿真参数均采用缺省设置。由于优化设计以特征点Ⅲ为基准,故首先运行 e7_4_3.m 程序,即在 MATLAB 命令窗口中输入:

　　　　>> e7_4_3

运行后即为特征点Ⅲ气动参数赋值。

再运行 e7_4_0.m 文件:

　　　　>> e7_4_0

运行后即为校正装置整定参数设置了初始值。

此后就可以进行校正装置的参数优化。期望响应设置如图 7.39 所示,所确定的整定参数如图 7.40 所示,优化过程窗口及单位阶跃响应曲线分别如图 7.41 和图 7.42 所示。

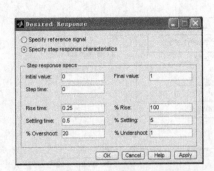

图 7.39 期望响应设置显示

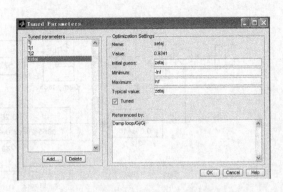

图 7.40 整定参数选择显示

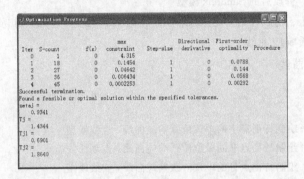

图 7.41 校正装置整定参数优化过程窗口

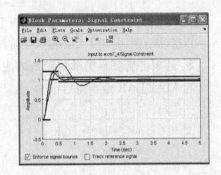

图 7.42 优化过程中系统单位阶跃
响应曲线显示

由图 7.41 可得，校正装置参数优化值为
$$\zeta_j = 0.9341, \ T_j = 1.4344, \ T_{j1} = 0.6901, \ T_{j2} = 1.8640$$
将上述优化参数保存在 M 文件 e7_4_opt. m 中，文件内容如下：

% 校正装置参数优化值

zetaj =0.9341；Tj=1.4344；Tj1=0.6901；Tj2=1.8640；

7.4.4 时域性能分析

1. 求各特征点的单位阶跃响应

将系统的 Simulink 模型（见图 7.38(a)）稍加修改，如图 7.43 所示，用来分别求各特征点的单位阶跃响应，模型名为 exm7_4_step. mdl。图中，两个 To Workspace 模块将单位阶跃响应 y 及时间 t 保存到 MATLAB 工作空间。用 y1，y2，y3，y4 四个数组分别保存四个特征点的单位阶跃响应数据，用 t1，t2，t3，t4 四个数组分别保存对应的时间数据。

下面以特征点 Ⅰ 为例，介绍求取单位阶跃响应的方法。首先根据表 7.2 所示文件为该特征点的气动参数赋值。在 MATLAB 命令窗口中输入：

$>>$ e7_4_1

再将 Simulink 模型中的 To Workspace1 模块的变量名设置为 y1，将 To Workspace2 模块的变量名设置为 t1（见图 7.43）。然后运行 Simulink 模型 exm7_4_step. mdl，则在 MATLAB 工作空间生成变量 t1 与 y1。

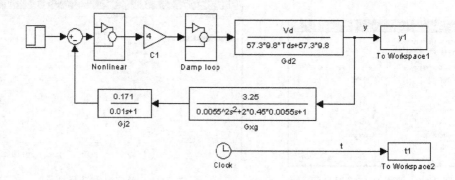

图 7.43　修改后的 Simulink 模型

按照同样的方法，可求出特征点 Ⅱ、Ⅲ、Ⅳ 的单位阶跃响应数据 t2、y2、t3、y3、t4 及 y4，并据此绘制四个特征点的单位阶跃响应曲线。

2. 绘制各特征点的单位阶跃响应曲线

在 MATLAB 命令窗口中输入：

```
>> hold on
>> plot(t1, y1, ':')              %绘制特征点Ⅰ的单位阶跃响应曲线，虚线线型
>> plot(t2, y2, '-.')             %绘制特征点Ⅱ的单位阶跃响应曲线，点划线线型
>> plot(t3, y3, '-')              %绘制特征点Ⅲ的单位阶跃响应曲线，实线线型
>> plot(t4, y4, '--')             %绘制特征点Ⅳ的单位阶跃响应曲线，双划线线型
```

运行后得到各特征点的单位阶跃响应曲线如图 7.44 所示（图中适当作了一些注释）。

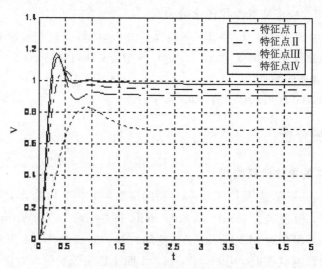

图 7.44　各特征点的单位阶跃响应曲线

根据图 7.44，可近似求出表征系统时域性能的各项时域性能指标，如表 7.3 所示。由表 7.3 知，特征点Ⅲ的各项性能指标均满足设计要求，其余三个特征点的性能指标基本满足要求。具体讲，在四个特征点上，系统的上升时间和峰值时间均小于 1 s，且调节时间小于或等于 1 s（除特征点Ⅰ外），因此系统具有非常快的响应速度和较短的过渡过程。且各特征点均具有一定的超调量，系统过渡过程比较平稳。

表 7.3　飞行器控制系统时域性能指标

性能指标	说　明	特　征　点			
		I	II	III	IV
上升时间 t_r	响应由零第一次到达稳态值的时间	0.55	0.26	0.24	0.24
峰值时间 t_p	响应到达第一个峰值的时间	0.85	0.5	0.35	0.45
调节时间 t_s	误差范围为±5%	1.6	1	0.5	0.95
超调量 $\sigma\%$		12	12	19	22

7.4.5　频域性能分析

1. 求各特征点的系统开环传递函数

将系统的 Simulink 模型(见图 7.38(a))改为开环工作状态(即将主反馈通路断开),如图 7.45 所示,用来求各特征点的开环传递函数,模型名为 exm7_4_kh.mdl。

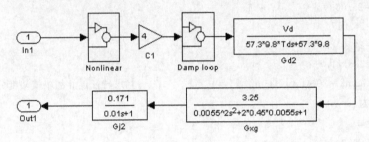

图 7.45　断开主反馈通路的 Simulink 模型

编写如下 MATLAB 程序求各特征点的开环传递函数:

```
%求各特征点的开环传递函数,模型名为 e7_4_kh.m
open_system('exm7_4_kh')
e7_4_0;                              %为阻尼回路的校正装置参数赋最优值
e7_4_1;                              %为特征点 I 的气动参数赋值
[num1,den1]=linmod('exm7_4_kh');     %线性化特征点 I 的开环系统
Gk1=tf(num1,den1);                   %求出特征点 I 的开环传递函数
e7_4_2;
[num2,den2]=linmod('exm7_4_kh');
Gk2=tf(num2,den2);                   %求出特征点 II 的开环传递函数
e7_4_3;
[num3,den3]=linmod('exm7_4_kh');
Gk3=tf(num3,den3);                   %求出特征点 III 的开环传递函数
e7_4_4;
[num4,den4]=linmod('exm7_4_kh');
Gk4=tf(num4,den4);                   %求出特征点 IV 的开环传递函数
```

程序运行后,求出对应四个特征点的开环传递函数分别为:Gk1、Gk2、Gk3 和 Gk4。

2. 求各特征点的系统开环频域指标

系统开环频域指标包括：幅值裕度 h、相角裕度 γ、穿越频率 ω_x 及截止频率 ω_c。

在 MATLAB 命令窗口中输入：

      `>>[Gm1，Pm1，Wx1，Wc1]=margin(Gk1)`   %求特征点 I 的开环频域指标

运行结果为：

      Gm1＝64.2482   %幅值裕度单位不是分贝

      Pm1 = 58.5778

      Wx1 ＝20.5045

      Wc1 = 2.6539

      `>> Gmm1=20 * log10(Gm1)`   %求特征点 I 的幅值裕度分贝值

运行结果为：

      Gmm1＝

         36.1572

      `>> [Gm2，Pm2，Wx2，Wc2]=margin(Gk2)`   %求特征点的开环频域指标

运行结果为：

      Gm2＝25.0699

      Pm2＝56.0174

      Wx2＝29.6482

      Wc2＝3.8111

      `>> Gmm2=20 * log10(Gm2)`   %求特征点 II 的幅值裕度分贝值

运行结果为：

      Gmm2＝

         27.9830

      `>> [Gm3，Pm3，Wx3，Wc3]=margin(Gk3)`   %求特征点 III 的开环频域指标

运行结果为：

      Gm3＝15.8310

      Pm3＝58.4996

      Wx3＝30.4993

      Wc3＝4.6425

      `>> Gmm3=20 * log10(Gm3)`   %求特征点 III 的幅值裕度分贝值

运行结果为：

      Gmm3＝

         23.9902

      `>> [Gm4，Pm4，Wx3，Wc4]=margin(Gk4)`   %求特征点 IV 的开环频域指标

运行结果为：

      Gm4＝17.3435

      Pm4＝59.1538

      Wx3＝27.2345

      Wc4＝4.7478

      `>> Gmm4=20 * log10(Gm4)`   %求特征点 IV 的幅值裕度分贝值

运行结果为：

Gmm4＝
24.7827

根据运行结果,将对应四个特征点的系统开环频域指标列于表 7.4。显见,系统在四个特征点上都具有较大的稳定裕度。

表 7.4 飞行器控制系统频域性能指标

性能指标	单 位	特 征 点			
		Ⅰ	Ⅱ	Ⅲ	Ⅳ
幅值裕度 h	dB	36.1572	27.9830	23.9902	24.7827
相角裕度 γ	°(度)	58.5778	56.0174	58.4996	59.1538
穿越频率 ω_x	rad/s	20.5045	29.6482	30.4993	27.2345
截止频率 ω_c	rad/s	2.6539	3.8111	4.6425	4.7478

附录 A MATLAB Notebook 与 Microsoft Word 的连接

MATLAB Notebook(以下简称 Notebook)成功地将 Microsoft Word(以下简称 Word)和 MATLAB 结合在一起，为文字处理、科学计算和工程设计营造了一个完美的工作环境，使得 MATLAB 不仅具有原有的计算能力，而且又增加了 Word 软件的编辑能力。Notebook 可以在 Word 中随时修改计算命令，随时计算并生成图像返回；在 Word 文档中可以很方便地使用 MATLAB，如同在 MATLAB 命令窗口中一样。

Notebook 的工作方式是，用户在 Word 文档中创建命令，然后传送到 MATLAB 的后台中执行，最后将结果返回到 Word 中。

A.1 Notebook 的安装与启动

Notebook 文件又称为 m-book 文件。使用 Notebook 时，计算机中必须同时安装有 Word 和 MATLAB。下面以 MATLAB 7.1 和 Word 2003 为例，介绍 Notebook 的安装与启动。

1. Notebook 的安装

Notebook 是在 MATLAB 环境下安装的，其步骤如下：

（1）在系统中分别安装 MATLAB 7.1 和 Word 2003，并启动 MATLAB 7.1，打开 MATLAB 桌面；

（2）在 MATLAB 命令窗口中输入：

>> notebook -setup

运行后得到如下提示：

Welcome to the utility for setting up the MATLAB Notebook
for interfacing MATLAB to Microsoft Word

Choose your version of Microsoft Word；

[1] Microsoft Word 97

[2] Microsoft Word 2000

[3] Microsoft Word 2002（XP）

[4] Microsoft Word 2003（XP）

[5] Exit, making no changes

（3）计算机已经安装了 Word 2003，选择相应的代号，本文选择[4]并回车，则得到如下提示：

Microsoft Word Version：4

Notebook setup is complete.

这样就可以使用 Notebook 了（如果 Notebook 已经安装，则不会得到选择 Word 版本的提示，但有"Notebook 已经成功安装"的提示）。

2．Notebook 的启动

在 Word 中打开 m-book 文件的方法是，首先打开 Word 2003（不必打开 MATLAB），然后选择菜单"文件|新建"（不要直接点击新建按钮 ☐ ），则在窗口的左侧会弹出图 A.1(a) 所示对话框。如果安装的是 Word 2002，则显示的对话框如图 A.1(b) 所示。选择其中的 "m-book"模板，在新建的 Word 文档菜单中就会添加一个菜单"Notebook"，如图 A.2 所示。

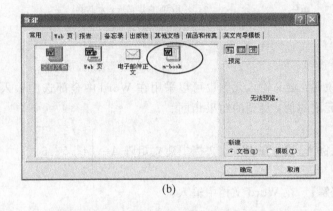

(a)   (b)

图 A.1　新建 m-book 文档对话框

(a) Word 2003 时的情形；(b) Word 2002 时的情形

文件(F)　编辑(E)　视图(V)　插入(I)　格式(O)　工具(T)　表格(A)　Notebook　MathType　窗口(W)　帮助(H)　Acrobat(B)

图 A.2　Notebook 菜单

说明：有些情况下，图 A.1(a)中没有显示"m-book"模板，此时打开选项"本机上的模板"，得到与图 A.1(b)类似的界面，从中选择"m-book"模板即可。

打开或新建 m-book 文件之后，Word 会自动打开 MATLAB。

A.2　Notebook 的使用

Notebook 通过动态链接实现与 MATLAB 的交互，其交互的基本单位为元胞（Cell）。Notebook 需要输入 MATLAB 中的命令组成元胞，再传送到 MATLAB 中运行，运行得到的结果再以元胞的方式传送回 Notebook。

Notebook 采用输入元胞定义 MATLAB 的输入命令。在 Word 中运行 MATLAB 命令的方法是：

（1）采用文本格式输入命令，在命令结束时不要按回车和空格键。

（2）选中输入的命令，在图 A.2 中选择菜单"Notebook｜Define Input Cell"，定义输入元胞。

（3）在图 A.2 中选择菜单"Notebook｜Evaluate Cell"，求元胞的值，也就是在 Notebook 中运行输入的 MATLAB 命令。

其中，输入元胞都显示为灰色方括号包括的绿色字符，输出元胞（即运行结果）都是灰色方括号包括的蓝色字符，如果出现错误，则错误处为红色字符，其他文本都默认为黑色字符。下面举例说明。

【例 A.1】 在 Word 文档中建立 3 阶单位矩阵。

【解】 （1）在 Word 文档中输入：

```
m＝eye(3)            %此行为绿色，在 Word 文档中输入时没有提示符">>"
```

（2）定义输入元胞，再求元胞的值，运行后在 Word 文档中得到结果为：

```
m＝                  %得到的矩阵 m 为蓝色
    1   0   0
    0   1   0
    0   0   1
```

说明：定义输入元胞也可以采用在 Word 中全部选中输入命令的方法代替，然后同样再求元胞的值，得到的结果相同。

【例 A.2】 在 Word 文档中建立矩阵 $A=\begin{bmatrix} 1 & 2 & 3 \\ 4 & 5 & 6 \\ 7 & 8 & 9 \end{bmatrix}$。

【解】 在 Word 文档中输入：

```
A＝[1 2 3；4 5 6；7 8 9]
```

采用同样的方法，在 Word 文档中得到：

```
A＝
    1   2   3
    4   5   6
    7   8   9
```

【例 A.3】 绘制一条曲线的例子。

【解】 生成完整图形的多条图形指令必须定义在同一元胞群中。

（1）将当前 Word 文档中输入以下程序：

```
t＝0：0.1：20；y＝1－cos(t).＊exp(－t/5)；
Time＝[0，20，20，0]；
Amplitude＝[0.95，0.95，1.05，1.05]；
fill(Time，Amplitude，'g')，axis([0，20，0，2])；
xlabel('Time')，ylabel('Amplitude')；
hold on
plot(t，y，'r'，'LineWidth'，2)
hold off
ymax＝min(y)
```

（2）全部选中，将其定义为输入元胞。

（3）求元胞的值，得到如下结果及图形（见图 A.3）（此时选中的字符颜色变为绿色）：

ymax＝

    0

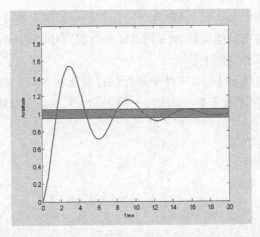

图 A.3　在 Word 文档中绘制的图形

说明：在 Word 文档中会显示所绘制的图形，在 MATLAB 图形窗口也绘制了图 A.3 所示的图形。

【例 A.4】　设系统的传递函数为

$$G(s) = \frac{s^2 + 2s + 4}{s^3 + 10s^2 + 5s + 4}$$

绘制其单位阶跃响应曲线。

【解】　直接在 Word 文档中输入下述 MATLAB 命令：

```
step(tf([1 2 4],[1 10 5 4]))
```

然后全部选中以上文字，选择菜单"Notebook|Evaluate Cell"，求元胞的值。则会在当前 Word 文档中显示如图 A.4 所示的曲线。

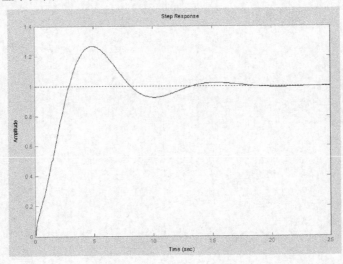

图 A.4　例 A.4 的结果

A.3 使用 Notebook 的注意事项

(1) 在 m-book 文件中，MATLAB 命令与标点符号都应在英文状态下输入。

(2) 在 m-book 文件中只能运行 MATLAB 命令窗口中的内容，用鼠标在图形窗口中的操作不能在 m-book 文档中运行。

(3) MATLAB 命令在 m-book 文件中运行的速度比在 MATLAB 命令窗口中慢很多。

(4) 可将元胞转换为普通文本，方法与一般 Word 文档的字符操作类似。

附录 B 缩略词表

缩写	英语词义	中文词义
LTI	Linear Time-Invariant	线性定常（时不变）
SISO	Single-Input-Single-Output	单输入单输出
MIMO	Mingle-Input-Mingle-Output	多输入多输出
GUI	Graphical User Interface	图形用户界面
TF	Transfer Function	传递函数
ZPK	Zero-Pole-Gain	零极点增益
SS	State-Space	状态空间
FRD	Frequency Response Data	频率响应数据
CAD	Computer Aided Design	计算机辅助设计
LMI	Linear Matrix Inequality	线性矩阵不等式
PDF	Portable Documentation Format	便携式文档格式
SRO	Simulink Response Optimization	Simulink 响应最优化
NCD	Nonlinear Control Design	非线性控制设计
LQR	Linear-Quadratic-Regulator	线性二次型调节器
LQG	Linear-Quadratic-Gaussian	线性二次型高斯
ZOH	Zero-Order Hold	零阶保持器
FOH	First-Order Hold	一阶保持器

参 考 文 献

[1] The Mathworks, Inc. Control System Toolbox - Getting Started (Ver. 6. 2. 1). 2005

[2] The Mathworks, Inc. Control System Toolbox - User's Guide (Ver. 6.2.1). 2005

[3] The Mathworks, Inc. Control System Toolbox - Reference (Ver. 6.2.1). 2005

[4] The Mathworks, Inc. Using Simulink (Ver. 6.3). 2005

[5] The Mathworks, Inc. Simulink Reference (Ver. 6.3). 2005

[6] The Mathworks, Inc. Simulink-Writing S-Functions (Ver. 6). 2005

[7] The Mathworks, Inc. Simulink Response Optimization-User's Guide (Ver. 2). 2005

[8] The Mathworks, Inc. MATLAB-Programming (Ver. 7). 2005

[9] The Mathworks, Inc. MATLAB-Using MATLAB Graphics(Ver. 7). 2005

[10] The Mathworks, Inc. MATLAB-MAT-File Format(Ver. 7). 2005

[11] The Mathworks, Inc. MATLAB-Mathematics (Ver. 7). 2005

[12] Arnold W F, Laub A J. Generalized Eigenproblem Algorithms and Software for Algebraic Riccati Equations. Proceedings of the IEEE. 1984: 1746-1754

[13] 胡寿松. 自动控制原理. 4 版. 北京：科学出版社, 2002

[14] 何衍庆, 姜捷, 江艳君, 等. 控制系统分析、设计与应用. 北京：化学工业出版社, 2003

[15] 刘豹. 现代控制理论. 2 版. 北京：机械工业出版社, 2003

[16] 薛定宇. 控制系统计算机辅助设计——MATLAB 语言与应用. 2 版. 北京：清华大学出版社, 2006

[17] 薛定宇. 控制系统仿真与计算机辅助设计. 北京：机械工业出版社, 2005

[18] 尤昌德. 现代控制理论基础. 北京：电子工业出版社, 1996

[19] 徐昕, 等. MATLAB 工具箱应用指南——控制工程篇. 北京：电子工业出版社, 2000

[20] 范影乐, 杨胜天, 李轶. MATLAB 仿真应用详解. 北京：人民邮电出版社, 2001

[21] 胡寿松, 王执铨, 胡维礼. 最优控制理论与系统. 2 版. 北京：科学出版社, 2005

[22] 施阳, 李俊, 等. MATLAB 语言工具箱——TOOLBOX 实用指南. 西安：西北工业大学出版社, 1998

[23] 刘兴堂, 吴晓燕. 现代系统建模与仿真技术. 西安：西北工业大学出版社, 2001

[24] 张志涌, 等. 精通 MATLAB 6.5 版. 北京：北京航空航天大学出版社, 2003

[25] 孙祥, 徐流美, 吴清, 等. MATLAB 7.0 基础教程. 北京：清华大学出版社, 2005

[26] 黄永安, 马路, 刘慧敏. MATLAB 7.0/Simulink 6.0 建模与仿真开发与高级工程应用. 北京：清华大学出版社, 2005